KB146343

자동차정비기능장

필답형 실기

GoldenBell

PREFACE

자동차정비인의 꽃, 「자동차정비기능장」

평생을 자동차기술 교육의 일선에서 살아오면서 급변하는 자동차 발달은 가히 메가톤급이다.

솔직히, 첨단기술을 쫓아가기에는 참 버겁다. 전기자동차를 넘어 증강현실 같은 무인자율주행자동차까지 목전에 와 있으니 말이다.

하지만 자동차의 기본 구조 · 기능 · 원리는 모태만 변형된 것 뿐이다.

보라! 이러한 첨단 자동차가 생산될수록 고급기술 인력은 미래에 가장 각광받는 직업군으로 자리매김하리라 확신한다. 그 중에 정비현장에서 「자동차정비기능장」 만큼은 고객과 기술인들간에 자타가 인정하는 자격증임은 분명하다.

기능장 실기시험에서 작업형 시험은 능숙하면서도 논술같은 「필답형」에서 고배를 마시는 수험생들이 종종 어려움을 호소하고 있다. 이유라면 대체로 기능인들이 글을 접하는 기회가 적어 서술적인 「필답형」에 익숙지 않기 때문으로 사료된다.

이 책을 한권의 책으로 묶기까지 해묵은 일선 교육의 경험과 선천적인 자료수집, 필답형의 문제 출제 동향 등을 면밀히 파악하여 다듬고 다듬어 세상에 빛을 보게 한 작품이다. 물론 '골든벨'의 독려도 있었지만 ········

출제문제는 유동적이다. 하지만 그 때마다 수정과 보완을 게을리 하지 않고 매만질 것이다.

이 책을 잡은 응시생 모두에게 합격의 영광이 함께 하기를 ········

2017. 3

저자 김인태

이 책의 특징

01 기능장필답형 출제 문제의 동향을 면밀히 분석 !

02 얇고 간결하게 핵심만 간추린 수험서 !

03 새롭게 출제되고 있는 GDI문제까지 수록 !

04 문제에 별표(★)를 붙여서 수험자들이 문제에 대한 중요도를 느낄 수 있도록 구성 !

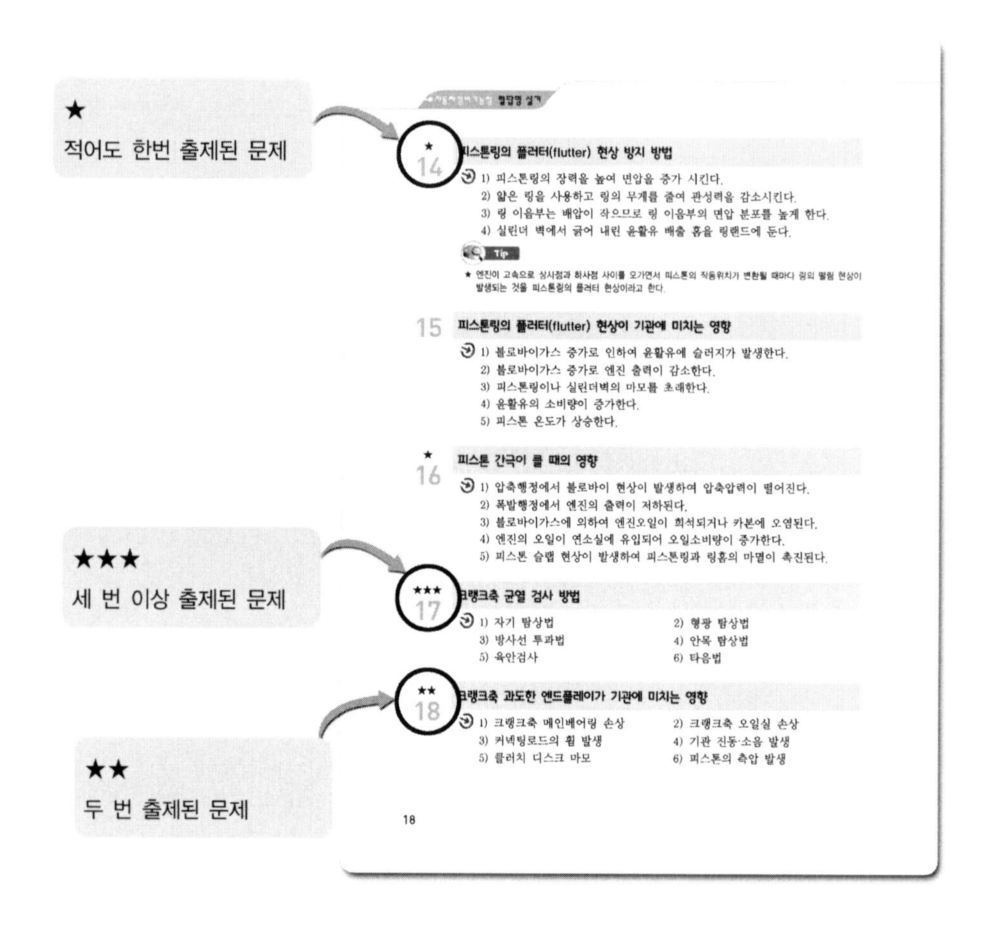

★ 14 피스톤링의 플러터(flutter) 현상 방지 방법

1) 피스톤링의 장력을 높여 면압을 증가 시킨다.
2) 얇은 링을 사용하고 링의 무게를 줄여 관성력을 감소시킨다.
3) 링 이음부는 배압이 작으므로 링 이음부의 면압 분포를 높게 한다.
4) 실린더 벽에서 긁어 내린 윤활유 배출 홈을 링랜드에 둔다.

Tip

★ 엔진이 고속으로 상사점과 하사점 사이를 오가면서 피스톤의 작동위치가 변환될 때마다 링의 떨림 현상이 발생되는 것을 피스톤링의 플러터 현상이라고 한다.

15 피스톤링의 플러터(flutter) 현상이 기관에 미치는 영향

1) 블로바이가스 증가로 인하여 윤활유에 슬러지가 발생한다.
2) 블로바이가스 증가로 엔진 출력이 감소한다.
3) 피스톤링이나 실린더벽의 마모를 초래한다.
4) 윤활유의 소비량이 증가한다.
5) 피스톤 온도가 상승한다.

★ 16 피스톤 간극이 클 때의 영향

1) 압축행정에서 블로바이 현상이 발생하여 압축압력이 떨어진다.
2) 폭발행정에서 엔진의 출력이 저하된다.
3) 블로바이가스에 의하여 엔진오일이 희석되거나 카본에 오염된다.
4) 엔진의 오일이 연소실에 유입되어 오일소비량이 증가한다.
5) 피스톤 슬랩 현상이 발생하여 피스톤링과 링홈의 마멸이 촉진된다.

★★★ 17 크랭크축 균열 검사 방법

1) 자기 탐상법 2) 형광 탐상법
3) 방사선 투과법 4) 안목 탐상법
5) 육안검사 6) 타음법

★★ 18 크랭크축 과도한 엔드플레이가 기관에 미치는 영향

1) 크랭크축 메인베어링 손상 2) 크랭크축 오일실 손상
3) 커넥팅로드의 휨 발생 4) 기관 진동·소음 발생
5) 클러치 디스크 마모 6) 피스톤의 측압 발생

18

실기검정방법 : 복합형

시험시간 : 7시간 30분 정도(필답형 1시간 30분, 작업형 6시간 정도)

실기과목명	주요항목	세부항목
자동차정비 실무	1. 자동차 일반사항	1. 자동차 정비 안전 및 장비 관련사항 이해하기
	2. 자동차 실무에 관한 사항	1. 엔진 실무에 관한 사항 이해하기 2. 섀시 실무에 관한 사항 이해하기 3. 전기전자장치 실무에 관한 사항 이해하기 4. 차체수리 및 보수도장 실무에 관한 사항 이해하기
	3. 엔진정비작업	1. 엔진 정비하기 2. 연료장치 정비하기 3. 배출가스장치 및 전자제어 장치 정비하기 4. 엔진 부수장치 정비하기
	4. 섀시정비작업	1. 동력전달 장치 정비하기 2. 조향 및 현가장치 정비하기 3. 제동 및 주행 장치 정비하기
	5. 전기전자장치정비 작업	1. 엔진 관련 전기전자장치 정비하기 2. 차체 관련 전기장치 정비하기

차 례
Contents

Chapter I 기관

01 엔진 총론 ······ 10
02 엔진 본체 ······ 15
03 가변밸브 타이밍 시스템 ······ 22
04 냉각장치 ······ 23
05 윤활장치 ······ 25
06 가솔린 연료와 연소 ······ 28
07 흡·배기장치 ······ 32
08 전자제어 연료분사장치 ······ 33
09 희박연소엔진 및 가솔린 직접분사엔진 ······ 38
10 자동차 배출가스 ······ 40
11 LPG 연료장치 ······ 47
12 LPI 연료장치 ······ 49
13 디젤엔진 ······ 50
14 디젤엔진의 과급기 ······ 55
15 독립형 분사펌프 ······ 57
16 분배형 분사펌프 ······ 59
17 전자제어 디젤엔진 ······ 59
18 디젤의 배출가스와 대책 ······ 62

Chapter II 섀시

01 섀시 총론 ······ 66
02 클러치와 수동변속기 ······ 67
03 유체클러치 토크컨버터 & 댐퍼클러치 ······ 72
04 전자제어 자동 변속기 ······ 75
05 무단변속기(CVT) ······ 82
06 드라이브 라인, 종감속 장치 및 바퀴 ······ 83
07 4WD(four wheel drive) ······ 89
08 주행성능 및 동력성능 ······ 90

09 현가장치 ························ 92
10 전자제어 현가장치 ························ 96
11 조향장치 ························ 100
12 전자제어 동력조향장치 ························ 105
13 4바퀴 조향장치(4WS) ························ 106
14 휠 얼라인먼트 ························ 106
15 선회 성능 ························ 110
16 제동장치(brake system) ························ 111
17 ABS(바퀴미끄럼 방지 제동장치) ························ 118
18 BAS(제동력 배력장치) ························ 121
19 EBD(전자 제동력 분배장치) ························ 122
20 TCS(구동력 제어장치) ························ 123
21 ESP(차체 자세제어장치) ························ 124
22 검사 ························ 125

Chapter Ⅲ 전기

01 기초 전기 ························ 130
02 반도체 ························ 134
03 IC와 마이크로컴퓨터 논리회로 ························ 139
04 전기회로 판독방법 및 기호의 정의 ························ 148
05 자동차에 사용되는 센서 ························ 150
06 배터리 ························ 154
07 기동장치 ························ 158
08 예열장치 ························ 161
09 점화장치 ························ 162
10 충전장치 ························ 168
11 조명장치 ························ 170
12 안전장치 ························ 172
13 히터와 에어컨 ························ 173
14 계기장치 ························ 178
15 전자제어 시간경보장치 (ETACS) ························ 178
16 에어백 ························ 180
17 LAN 통신 ························ 183
18 도난 방지 장치 ························ 185
19 스마트키 ························ 186

Chapter Ⅳ 차체수리도장

BODY REPAIR

01 재료의 성질 및 가공 ······ 190
02 차량 및 차체의 구조 ······ 192
03 차체 파손의 계측 및 분석 ······ 194
04 차체 고정 ······ 200
05 차체 수리 및 판금 ······ 203
06 용접 ······ 208

PAINTING

01 도장의 개요 ······ 217
02 하지 작업 ······ 228
03 중도 작업 ······ 233
04 마스킹 및 도장 준비 ······ 236
05 조색 작업 ······ 237
06 상도 도장 ······ 239
07 도장 결함과 광택 ······ 243

Chapter Ⅴ 신기술하이브리드 전기자동차

01 그린카 일반 ······ 252
02 하이브리드 자동차 ······ 253
03 연료전지, 전기, 천연가스 ······ 263
04 신기술 ······ 268

Chapter Ⅵ 최신 기출문제

01 제63회차 [2018년 상반기] ······ 282
02 제64회차 [2018년 하반기] ······ 287
03 제65회차 [2019년 상반기] ······ 292
04 제66회차 [2019년 하반기] ······ 297

CHAPTER I 기관

Part 01 엔진 총론

01 직렬형 8실린더 점화순서가 1-6-2-5-8-3-7-4일 때 3번 실린더가 폭발행정 초에 있을 때 6번 실린더는 어떤 행정을 하는가?

흡입행정 초

★ 8기통 점화순서의 그림을 보면 6번 실린더는 흡입행정 초에 있다.

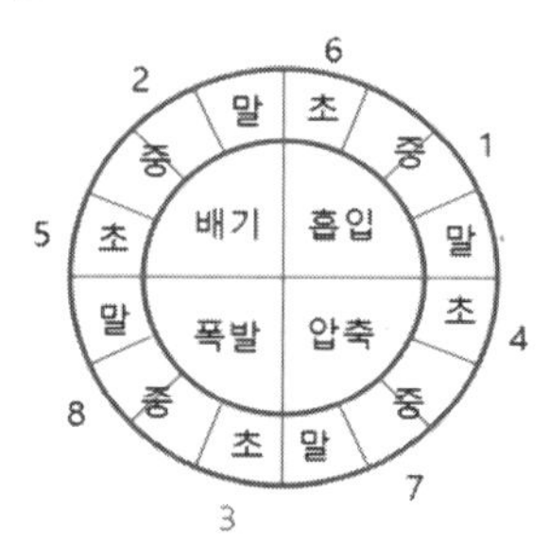

★ 02 6기통 우수식일 때 4번 실린더가 폭발 중일 때 크랭크축 방향으로 180° 더 회전할시 각 실린더는 어떤 행정을 하는가?

점화순서와 행정 관계

① 1번 - 폭발중
② 2번 - 배기말
③ 3번 - 압축초
④ 4번 - 배기초
⑤ 5번 - 압축말
⑥ 6번 - 흡기중

★ 우수식일 때 점화순서 : 1-5-3-6-2-4

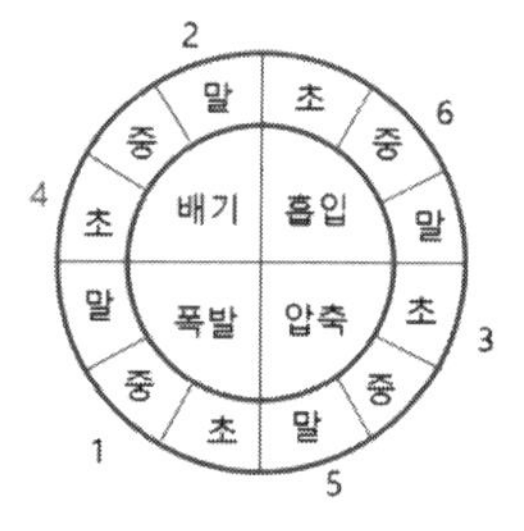

크랭크축 회전방향으로 180° 회전 후
점화순서와 행정 관계

★

03 흡기밸브의 열려있는 각도는 (①)이며 배기밸브는 (②)에 열려 (③)에 닫히기 때문에 배기밸브가 열려있는 각도는 (④)이다. 이 엔진의 밸브 오버랩은 (⑤)이다.

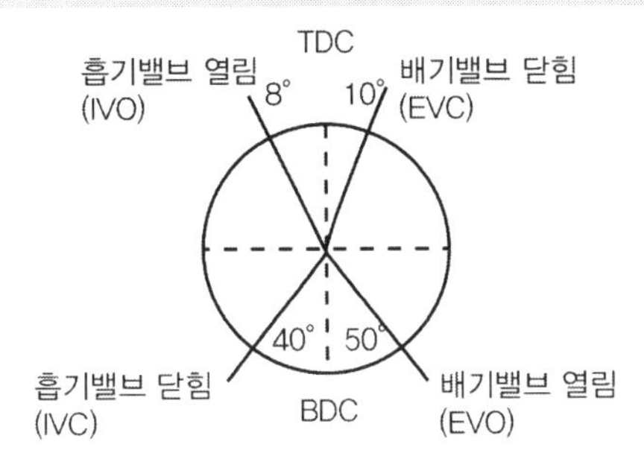

① 228°
② 하사점 전 50°
③ 상사점 후 10°
④ 240°
⑤ 18°

04 밸브 오버랩의 정의와 필요성

1) **정의** : 배기말과 흡기초에 흡기 · 배기 밸브가 동시에 열려있는 상태를 말한다.
2) **필요성** : 가스의 흐름 관성을 이용하여 흡입행정시 흡입(체적)효율을 증대시키고, 배기행정시 배기효율을 증대시키며 기관 연소실의 부품 냉각 효과를 주기 위함이다.

★★★

05 P-V선도 (지압선도)를 사용하는 목적

1) 행정체적에 의하여 압축비를 구할 수 있다.
2) 면적에 의하여 일량을 구할 수 있다.
3) 출입열량에 따른 일량을 측정하여 열효율을 구할 수 있다.

06 내연기관의 오토 사이클 P-V선도

가솔린 기관의 이론 표준사이클로서 열량(Q)의 공급과 방출이 정적하에서 이루어져 정적사이클이라고도 한다.

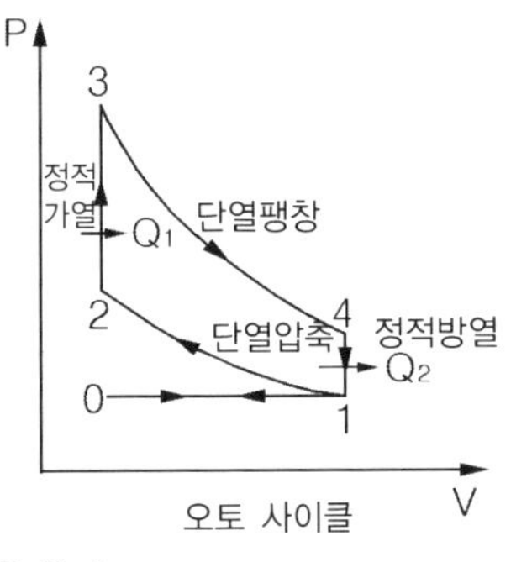

1) 공기는 ① → ②과정에서 단열압축되고,
2) ② → ③과정의 정적상태에서 열량 Q_1을 공급받는다.
3) ③ → ④과정의 단열팽창하면서 동력을 얻으며,
4) ④ → ①과정의 정적상태에서 열량 Q_2를 방출한다.
5) 따라서, 하나의 사이클 동안 외부에 한 일량(W)은 공급열량(Q_1)에서 방출열량(Q_2)을 뺀 값이다.

07 디젤 사이클(정압 사이클) P-V선도

정압 사이클이란 정압상태에서 열량공급이 이루어지는 사이클로서, 저속디젤기관의 기본사이클이다.

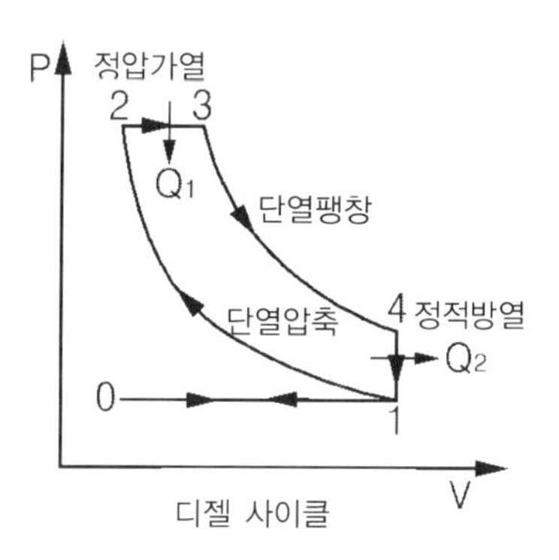

디젤 사이클

1) ① → ② 과정에서 단열압축되고
2) ② → ③ 과정에서 공급열량 Q_1을 받아 정압가열된다.
3) ③ → ④ 과정에서 단열팽창하여 일(동력)을 하며,
4) ④ → ① 과정에서 정적상태에서 Q_2를 방출한다.
5) 따라서, 하나의 사이클 동안 외부에 한 일량(W)은 공급열량(Q_1)에서 방출열량(Q_2)을 뺀 값이다.

08 사바테 사이클(복합사이클) P-V선도

열의 공급이 정적 및 정압상태에서 이루어지며, 고속디젤기관의 기본사이클이다.

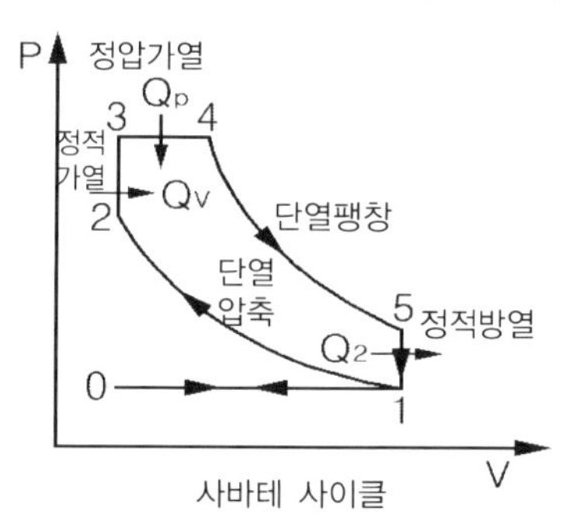

사바테 사이클

1) ① → ② 과정에서 단열압축 되고
2) ② → ③ 과정에서 공급열량 Qv를 받아 정적가열 되고
3) ③ → ④ 과정에서 Qp를 공급받아 정압가열 된다.
4) ④ → ⑤ 과정에서 단열팽창하여 일(동력)을 하며,
5) ⑤ → ① 과정에서 열량 Q_2를 정적상태로 방출한다.
6) 일량(W)은 공급열량(Q_p+Qv)에서 방출열량(Q_2)을 뺀 값이다.

09 엔진성능 곡선도에서 확인할 수 있는 내용

1) 축토크 (차륜토크)
2) 축출력 (제동출력)
3) 연료소비율
4) 기계효율
5) 제동열효율

★ 엔진성능 곡선도

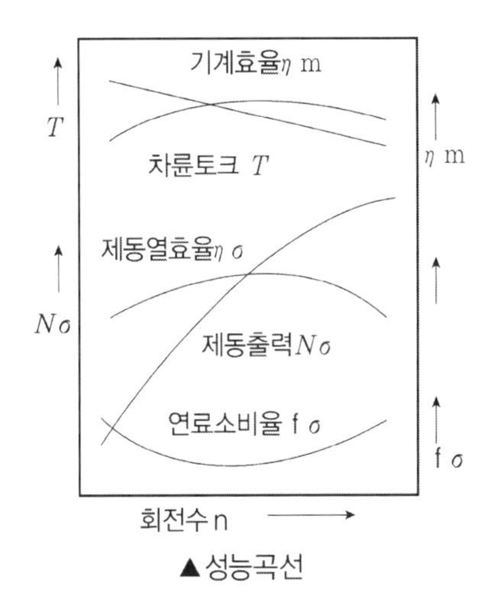

▲성능곡선

10 자동차 엔진 성능향상 장치

1) 가변벨브 타이밍 시스템
2) 전자제어 스로틀 시스템
3) 전자제어 터보 시스템
4) 직분사식 가솔린 연료 시스템

★ 11 블로바이 현상, 블로백 현상, 블로다운 현상

1) **블로바이(blow-by) 현상** : 압축 및 폭발 행정시 피스톤링과 실린더 사이의 마모로 인한 간극 과대로 미연소 가스가 크랭크 케이스로 누기 되는 현상으로, 탄화수소가 다량 포함된 블로바이가스가 생성된다.
2) **블로백(blow-back) 현상** : 압축 및 폭발 행정시 밸브 페이스와 밸브 시트의 밀착 불량으로 인해 미연소 가스가 누기되는 현상을 말한다.
3) **블로다운(blow-down) 현상** : **배기행정 초기에** 배기밸브가 열려 폭발 가스의 자체 압력에 의하여 배기가스가 배출되면서 연소실압력이 낮아지는 현상을 말한다.

★★
12 단행정기관(over square engine)의 특징

1) 장점
① 피스톤의 평균속도를 높이지 않고 기관의 회전속도를 높일 수 있다.
② 단위 실린더 체적당 고출력 고속도 엔진이 가능하다.
③ 흡·배기 밸브의 지름을 크게 할 수 있어 체적효율을 증대 시킬 수 있다.
④ 기관의 높이를 낮게 할 수 있다.

2) 단점
① 엔진의 회전속도가 빠르기 때문에 피스톤이 과열되기 쉽다.
② 회전수가 빨라지면 관성력의 불평형으로 회전부의 진동이 커진다.
③ 내경이 커서 폭발압력이 높아 베어링에 가해지는 하중이 크다.
④ 베어링이 커지므로 기관의 길이가 길어진다.
⑤ 표면적이 크게 되어 탄화수소의 배출량이 많아진다.

★
13 실린더 배열에 따른 엔진의 종류

1) 직렬형 기관(in-line engine)
2) V형 기관(V-type engine)
3) 수평 대향형 기관(horizontal opposed engine)
4) 방사형 기관(radial engine)

Part 02

엔진 본체

01 실린더 헤드 개스킷의 기능

1) 압축가스 누출 방지　　2) 냉각수 누출 방지
3) 엔진오일 누출 방지

★ 02 실린더 헤드의 기계적 특성과 관련된 구비조건

1) 고온·고압에 대한 강도가 크고 열팽창이 적어야 한다.
2) 주조 및 가공이 쉬워야 한다.
3) 열전도가 좋아야 한다.
4) 가열되기 쉬운 돌출부가 없어야 한다.

★ 03 연소실의 구비조건

1) 노크방지 및 열효율 증대를 위하여 화염전파 거리가 짧을 것
2) 압축행정 끝에서 강한 와류를 줄 수 있어야 하고, 엔드가스(end gas)의 영역에 적당한 냉각면적을 두어 엔드가스의 온도를 저하시킬 것
3) 체적효율을 증가시킬 수 있도록 밸브면적을 크게 하여 가스교환이 원활하고, 저항이 적은 흡·배기구멍을 둘 것
4) 열효율 증대를 위해 실린더로 전도되는 열량을 적게 할 것
5) 조기점화를 방지하기 위하여 가열되기 쉬운 돌출부나 틈새(dead space)가 없어야 하고 카본이 퇴적되지 않도록 할 것
6) 압축비를 높일 수 있도록 연소실 내의 표면적은 최소가 되도록 할 것

★ 04 엔진의 연소실에 스퀴시부(squish area)를 설치하는 이유

피스톤 헤드의 일부와 실린더 헤드 사이에 만들어지는 작은 간극을 말한다. 이 스퀴시부에 의하여 피스톤으로부터 압축을 받은 혼합가스가 연소실의 모양에 따라 압축되면서 생기는 소용돌이가 생겨 연료와 공기를 잘 혼합시켜 연소 효율을 높인다.

★★ 05 연소실 와류발생의 종류와 의미

1) 스월(swirl) : 흡입 공기가 실린더로 들어올 때 실린더의 원주방향으로 회전하는 흐름
2) 텀블(tumble) : 흡입 공기가 피스톤 헤드의 홈에 의해 위·아래 방향으로 구르는 흐름
3) 스퀴시(squish) : 압축 상사점 부근에서 연소실벽과 피스톤 윗면과의 압축에 의하여 생성되는 와류

★ 06 다기통 기관 설계시 점화순서를 결정할 때 고려해야 할 사항

1) 연소가 동일한 간격으로 일어나게 한다.
2) 크랭크축에 비틀림 진동이 발생되지 않게 한다.
3) 혼합기가 각 실린더에 균일하게 분배되도록 한다.
4) 인접한 실린더에 연이어 폭발되지 않게 한다.
5) 하나의 메인 베어링에 연속해서 하중이 집중되지 않도록 한다.

★ 07 실린더 헤드의 손상 원인

1) 실린더 헤드의 볼트를 규정 토크로 조이지 않았을 경우
2) 냉각불량에 의한 실린더가 과열되었을 경우
3) 윤활 불량에 의한 마찰부가 마모되었을 경우
4) 크랭크축과 캠축의 타이밍이 맞지 않을 경우
5) 점화시기가 부정확한 경우
6) 노킹 또는 조기점화 등의 이상연소가 발생 했을 경우

★ 08 실린더(라이너 내측)가 마멸되었을 때 일어나는 현상 (단, 기관본체에 한함)

1) 엔진의 출력이 감소한다.
2) 압축압력이 낮아져 연소에 충분한 착화온도를 얻을 수 없다.
3) 연료 소비량 증가한다.
4) 블로바이가스가 발생하여 오일을 열화 시킨다.
5) 윤활유 소비량이 증가한다.
6) 피스톤의 슬랩현상이 발생한다.
7) 불완전 연소로 인하여 엔진 시동성이 떨어진다.

09 가솔린 엔진의 성능을 좌우하는 3요소

1) 최적의 혼합비
2) 최적의 압축압력
3) 정확한 점화시기

10 실린더 압축압력 시험을 하는 목적

1) 기관에 이상이 있을 때 또는 엔진의 성능이 현저하게 저하되었을 때 분해·수리 여부를 결정하기 위한 수단
   ① 출력 부족시
   ② 과도한 엔진오일 소모시
   ③ 연비 불량시
2) 피스톤링, 밸브, 실린더벽 등의 마모나 접촉불량 등의 기계적 결함을 찾기 위한 수단

11 피스톤의 구비조건

1) 무게가 가벼울 것
2) 열전도율이 크고 열팽창률이 적을 것
3) 고온·고압에 견딜 수 있을 것
4) 블로바이가스가 없을 것
5) 적당한 간극이 있을 것
6) 피스톤 상호간의 무게 차이가 적을 것
7) 윤활유가 연소실로 유입되지 못하는 구조일 것

12 피스톤링의 기능과 종류

1) 기능
   ① 기밀유지 작용
   ② 오일제어 작용
   ③ 열전도 작용

2) 종류
   ① 압축링 : 실린더 벽과 피스톤 사이의 기밀작용과 피스톤 헤드의 열을 실린더 벽에 전달하는 열전도 작용
   ② 오일링 : 실린더 벽에 비산된 과잉의 오일을 긁어내리는 작용
   ③ 익스팬더 오일링 : 엔진 고속시 오일링의 장력을 높여 오일을 긁어내리는데 도움을 주는 작용

13 피스톤링의 구비조건

1) 높은 온도에서 탄성을 유지할 것
2) 열팽창률이 적을 것
3) 오랫동안 사용하여도 피스톤링 자체나 실린더 벽의 마모가 적을 것
4) 실린디 벽에 대하여 균일한 압력을 가할 것
5) 피스톤링의 재질이 실린더 벽 보다 경도가 적어서 실린더 벽의 마멸이 적을 것

★ 14 피스톤링의 플러터(flutter) 현상 방지 방법

1) 피스톤링의 장력을 높여 면압을 증가 시킨다.
2) 얇은 링을 사용하고 링의 무게를 줄여 관성력을 감소시킨다.
3) 링 이음부는 배압이 작으므로 링 이음부의 면압 분포를 높게 한다.
4) 실린더 벽에서 긁어 내린 윤활유 배출 홈을 링랜드에 둔다.

Tip

★ 엔진이 고속으로 상사점과 하사점 사이를 오가면서 피스톤의 작동위치가 변환될 때마다 링의 떨림 현상이 발생되는 것을 피스톤링의 플러터 현상이라고 한다.

15 피스톤링의 플러터(flutter) 현상이 기관에 미치는 영향

1) 블로바이가스 증가로 인하여 윤활유에 슬러지가 발생한다.
2) 블로바이가스 증가로 엔진 출력이 감소한다.
3) 피스톤링이나 실린더벽의 마모를 초래한다.
4) 윤활유의 소비량이 증가한다.
5) 피스톤 온도가 상승한다.

★ 16 피스톤 간극이 클 때의 영향

1) 압축행정에서 블로바이 현상이 발생하여 압축압력이 떨어진다.
2) 폭발행정에서 엔진의 출력이 저하된다.
3) 블로바이가스에 의하여 엔진오일이 희석되거나 카본에 오염된다.
4) 엔진의 오일이 연소실에 유입되어 오일소비량이 증가한다.
5) 피스톤 슬랩 현상이 발생하여 피스톤링과 링홈의 마멸이 촉진된다.

★★★
17 크랭크축 균열 검사 방법

1) 자기 탐상법
2) 형광 탐상법
3) 방사선 투과법
4) 안목 탐상법
5) 육안검사
6) 타음법

★★
18 크랭크축 과도한 엔드플레이가 기관에 미치는 영향

1) 크랭크축 메인베어링 손상
2) 크랭크축 오일씰 손상
3) 커넥팅로드의 휨 발생
4) 기관 진동·소음 발생
5) 클러치 디스크 마모
6) 피스톤의 측압 발생

19 밸브스프링의 구비조건

1) 밸브페이스와 밸브시트가 접촉되어 기밀을 유지하도록 충분한 장력이 있을 것
2) 밸브스프링의 고유 진동인 서징현상을 일으키지 않을 것
3) 엔진의 최고속도에서 견딜 수 있는 내구성이 있을 것
4) 밸브기구의 관성력을 이기고 캠의 형상대로 움직이게 할 수 있을 것

20 밸브 회전의 필요성

1) 밸브 소손의 원인이 되는 카본을 제거한다.
2) 밸브스템과 가이드 사이의 카본에 의해 발생하는 밸브 고착을 방지한다.
3) 불규칙한 스프링 장력에 의한 밸브페이스와 시트 사이의 편마멸을 방지한다.
4) 밸브회전에 의해 밸브헤드의 온도를 일정하게 한다.

★★★
21 밸브스프링 서징현상과 방지책

1) 서징현상

밸브스프링이 캠에 의한 강제진동과 자체의 고유진동이 공진하여 캠의 작동과 무관하게 스프링이 위·아래로 오르내리는 현상

2) 서징현상의 영향

① 스프링 일부의 큰 압축력으로 변형 또는 파손 된다.
② 밸브의 개폐가 부정확하여 기관의 부조를 일으킨다.

3) 방지책

① 부등피치 스프링을 사용한다.
② 이중 스프링을 사용한다.
③ 원추형 스프링을 사용한다.
④ 정해진 양정내에서 충분한 스프링 정수를 얻도록 한다.

★★★ 22 흡·배기 밸브가 클 때와 작을 때 연소에 미치는 영향

1) 밸브간극이 너무 크면
   ① 정상운전 온도에서 밸브가 완전하게 열리지 못한다.
   (늦게 열리고 일찍 닫힌다.)
   ② 흡입 밸브 간극이 크면 흡입량 부족을 초래한다.
   ③ 배기 밸브 간극이 크면 배기의 불충분으로 기관이 과열된다.
   ④ 심한 소음이 나고 밸브기구에 충격을 준다.

2) 밸브간극이 너무 작으면
   ① 일찍 열리고 늦게 닫혀 밸브 열림 기간이 길어진다.
   ② 블로다운으로 인하여 기관의 출력이 감소한다.
   ③ 흡입 밸브 간극이 작으면 역화(back fire) 및 실화(miss fire)가 발생한다.
   ④ 배기 밸브 간극이 작으면 후화(after fire)가 일어나기 쉽다.

23 평균 유효압력 증가방법으로 엔진의 출력을 증가시킬 수 있는 방법

1) 흡기·배기 밸브의 저항을 감소시킨다.
2) 노킹이 유발되지 않는 범위 내에서 압축비를 높게 한다.
3) 흡기밸브를 크게 한다.
4) 배압을 낮게 한다.
5) 흡기관 압력을 높이기 위하여 과급기를 설치한다.
6) 과급된 흡기온도를 낮추기 위하여 인터쿨러를 사용한다.
7) DOHC 및 가변흡기 시스템을 채택한다.

Tip

★ **평균 유효 압력**(mean effective pressure) 이란 동력행정 전 과정에 걸쳐 연소가스의 압력이 피스톤에 작용하여 피스톤에 행한 일과 같은 양의 일을 수행할 수 있는 균일한 압력을 말한다. 평균유효압력을 증가시키기 위해서는 압축비를 높이거나 충진률을 높이는 방법 등을 고려한다.

★ 24 차량정비 작업 시 재사용하지 않고 신품으로 교체하는 부품

1) 오일실류
2) 오링류
3) 오일류
4) 필터류
5) 개스킷류
6) 분할핀
7) 플라스틱 너트
8) 록크 너트
9) 록크 와셔
10) 구동벨트류

★★★
25 흡 · 배기 밸브 간극이 클 때 기관에 미치는 영향

1) 정상운전 온도에서 밸브가 늦게 열리고 일찍 닫히는 불완전 개폐가 발생한다.
2) 흡입 밸브 간극이 크면 흡입 열림 기간이 짧아 흡입 공기량이 작아 엔진 출력이 저하 된다.
3) 배기 밸브 간극이 크면 배기밸브의 열림 기간이 짧아서 배기량이 적어 신기 흡입량이 적어지면서 엔진이 과열 된다.
4) 로커암이나 밸브 스템엔드 등의 밸브장치의 마멸이 증대되며 밸브 기구에 충격을 주면서 소음이 증가한다.

★
26 엔진출력이 현저히 저하될 때 분해 · 정비 여부를 판단하는 기준

1) **압축압력** : 규정 압축 압력의 70% 이하로 저하되는 경우
2) **윤활유 소비율** : 표준 윤활유 소비율의 50% 이상 증가하는 경우
3) **연료 소비율** : 표준 연료 소비율의 60% 이상 증가하는 경우

Part 03

가변밸브 타이밍 시스템

01 VVT(variable valve timing) 가변밸브 타이밍 시스템의 정의와 효과

1) 정의

캠샤프트의 위상을 변화시켜 밸브개폐시기를 엔진의 회전수나 부하에 따라 가변하여 흡·배기효율을 최적화하는 장치

2) 효과

① 엔진성능 향상 : 밸브오버랩을 변화시켜 충진효율과 엔진성능을 향상시킨다.

② 연비 향상 : 흡기관 부압과 펌핑 로스를 줄여 연비를 향상시킨다.

③ 유해배출가스 감소 : 밸브오버랩을 크게 하여 내부 EGR을 증가시켜 NOx와 HC를 저감시킨다.

④ 공회전속도 안정 : 공회전시 흡기밸브를 지각시켜 안성화를 도모한다.

02 VVT(variable valve timing) 가변밸브 타이밍 시스템의 입·출력 요소

1) 입력 요소

① 흡입공기량

② 엔진회전 속도

③ 상사점 센서 신호

④ 냉각수 온도

⑤ 엔진오일 온도

⑥ 배터리 전압

2) 출력 요소

① 오일제어 밸브

② 연료분사량

③ ISA

④ 점화시기

Part 04

냉각장치

01 라디에이터의 구비조건

1) 단위 면적당 방열량이 클 것
2) 가볍고 작으며 강도가 클 것
3) 냉각수의 흐름이 원활 할 것
4) 공기의 흐름저항이 적을 것

★★★ 02 엔진 과열시 라디에이터와 관련된 원인

1) 라디에이터 코어가 20%이상 막히거나 파손되었다.
2) 라디에이터 냉각핀의 변형 또는 이물질이 많이 부착되었다.
3) 라디에이터 파손으로 냉각수가 누출되었다.
4) 라디에이터 캡 스프링이 이완 또는 파손되었다.
5) 오버플로우 호스가 막혔다.

★★★ 03 수냉식 기관의 과열 원인

1) 물 펌프 구동벨트 장력이 약하거나 파손된 경우
2) 냉각 팬 모터 고장의 경우
3) 라디에이터 코어가 20% 이상 과다 막힘의 경우
4) 물 펌프 자체의 결함이거나 라디에이터 호스가 막힌 경우
5) 수온조절기의 열리는 온도가 높거나 닫힌 상태로 고장발생의 경우
6) 물 재킷 내에 스케일이 많이 쌓인 경우

★★★ 04 엔진 과열시 기계적 손상 부분

1) 실린더 헤드 변형 및 균열 발생
2) 실린더 블록 및 실린더벽 긁힘 또는 변형
3) 실린더와 피스톤 및 링의 고착
4) 엔진 베어링 소손에 의한 크랭크축 저널마모
5) 커넥팅로드 변형
6) 밸브 또는 밸브가이드 소손

★★★
05 라디에이터 종류에 있어서 입구제어 방식의 장 · 단점

1) 장점
① 냉각수의 온도조절을 정밀하게 할 수 있다.
② 워밍업 시간이 단축된다.
③ 바이패스 파이프가 없어도 된다.

2) 단점
① 냉각수 주입이 어렵다.
② 공기 빼기 작업이 어렵다.
③ 서모스탯 하우징 구조가 복잡하다.
④ 냉각수 통로 내 진공이 발생될 수 있다.

★
06 부동액(anti-freezer)의 구비조건

1) 비등점이 물보다 높아야 하며 빙점은 물보다 낮을 것
2) 물과 혼합이 잘 될 것
3) 휘발성이 없고 순환이 잘 될 것
4) 내부식성이 크고 팽창계수가 적을 것
5) 침전물이 없을 것
6) 온도변화에 따라 화학적 변화를 일으키지 않을 것
7) 물재킷, 방열기 등 냉각계통에 부식을 일으키지 않을 것

07 엔진이 과냉 되었을 때의 영향

1) 연료의 응결로 연소가 불량해진다.
2) 연료가 쉽게 기화하지 못한다.
3) 연료 소비율이 증가한다.
4) 엔진오일의 점도가 높아져 엔진을 시동할 때 회전저항이 커진다.

Part 05

윤활장치

★★

01 엔진오일 (윤활유)의 구비조건

1) 점도가 적당할 것
2) 점도지수가 커 온도와 점도와의 관계가 적당할 것
3) 인화점 및 자연발화점이 높을 것
4) 강인한 오일막을 형성할 것
5) 응고점이 낮을 것
6) 비중이 적당할 것
7) 기포발생 및 카본생성에 대한 저항력이 클 것
8) 열과 산에 대하여 안정성이 있을 것

02 엔진오일(윤활유)의 7대 기능

1) 마찰의 감소 및 마멸방지 작용
2) 실린더 내의 가스 누출방지 작용
3) 열전도 작용
4) 세척 작용
5) 완충 작용
6) 부식방지 작용
7) 소음완화 작용

★★

03 오일 여과 방식의 종류

1) **전류식**(full flow filter) : 오일펌프에서 압송된 오일 전부가 오일 여과기를 거쳐 여과된 다음 윤활부로 보내게 하는 형식을 여과기가 막히면 급유부족 현상이 발생할 수 있다.
2) **분류식**(bypass filter) : 오일펌프에서 압송된 오일을 각 윤활부에 직접 공급하고, 일부의 오일을 오일필터로 보내어 여과시킨 다음 오일 팬으로 되돌아가게 하는 형식. 여과기를 거치지 않은 오일이 윤활부로 공급되므로 베어링 손상이 우려된다.
3) **샨트식**(shunt flow filter) : 복합식이라고도 하며, 오일펌프에서 공급된 오일의 일부를 여과하고 여과되지 않은 오일과 합세하여 엔진의 윤활부로 공급하는 형식

04 내연기관의 유압이 높아지는 원인

1) 오일점도가 높을 때
2) 윤활회로 통로가 막혔을 때
3) 펌프의 회전이 과다할 때
4) 유압조절 밸브스프링의 장력이 과다할 때
5) 릴리프 밸브의 고착

★★★ 05 엔진의 유압이 낮아지는 이유

1) 크랭크축 베어링의 과다 마멸로 오일간극이 커졌다.
2) 오일펌프의 마멸 또는 윤활회로에서 오일이 누출된다.
3) 오일 팬의 오일량이 부족하다.
4) 유압 조절 밸브 스프링 장력이 약하거나 파손되었다.
5) 오일이 연료 등으로 현저 하게 희석되었다.
6) 오일의 점도가 낮다.

06 엔진오일 열화의 영향

1) 윤활유의 완전 윤활기능 저하
2) 오일여과기의 성능저하로 오일 청정기능 상실
3) 유성의 저하로 유막보존 능력 감소
4) 피스톤 또는 실린더 마모 증대
5) 피스톤링 고착·융착 발생
6) 각 베어링부 부식 · 마모 촉진

★ 07 엔진오일의 열화방지 대책

1) 오일라인의 청소를 충분히 한다.
2) 수분, 연료, 불순물 등 이물질 혼입을 방지한다.
3) 산화 안전성이 좋으며 유황성분이 적은 연료를 사용한다.
4) 오일 및 필터를 적기에 교환한다.
5) 연료를 완전 연소시켜서 카본 발생을 억제한다.
6) 블로바이가스 발생을 억제한다.

08 기관 윤활유가 소비되는 원인

1) 실린더 과대 마멸
2) 피스톤 오일간극 과대
3) 피스톤링 장력 불량
4) 밸브 가이드 씰(seal) 불량
5) 밸브스템과 가이드간극 과대
6) 밸브 조립방향 오류
7) 크랭크축 저널부 과대 마멸
8) 리테이너 불량

★ 09

오일쿨러의 파손으로 인한 자동변속기오일(ATF)이 우유색으로 변하는 이유

1) 오염되지 않은 자동변속기오일의 원래 색상은 투명도 높은 붉은색이지만 이 오일에 수분이 다량으로 혼입되거나 냉각수가 혼입되면 우유색으로 변질될 수 있다.

2) 이럴 때는 라디에이터와 오일쿨러를 수리하고 오일을 교환한다.

Tip

★ 엔진오일 상태 점검 방법

· 갈색 : 오일이 부족한 상태에서 계속 주행에 의한 오염

· 검정색 : 교환시기가 넘었거나 자동변속기 클러치 디스크 마모에 의한 오염

· 니스색 : 클러치 또는 브레이크 마멸에 의한 오염

Part 06 가솔린 연료와 연소

01 가솔린의 구비조건

1) 체적 및 무게가 적고 발열량이 클 것
2) 연소 후에 유해화합물을 남기지 말 것
3) 옥탄가가 높을 것
4) 온도와 무관하게 유동성이 좋을 것
5) 연소속도가 빠를 것

★★★ 02 MBT(minimum spark advance for best torque) 제어

최대토크를 얻기 위하여 노크 센서로 엔진의 노킹 진동을 감지하여 컴퓨터가 연산한 후 노킹영역까지 점화시기를 접근시키는 제어

Tip

① 점화 : 스파크플러그 온도가 올라감
② 연소 : 연소가 시작됨
③ 폭발 : 최대 폭발압력 발생
④ 종료 : 배기밸브 열려 배기가스 배출

①~② 구간 : 피스톤의 압축행정 압력 상승
②~③ 구간 : 가스연소 압력 급상승

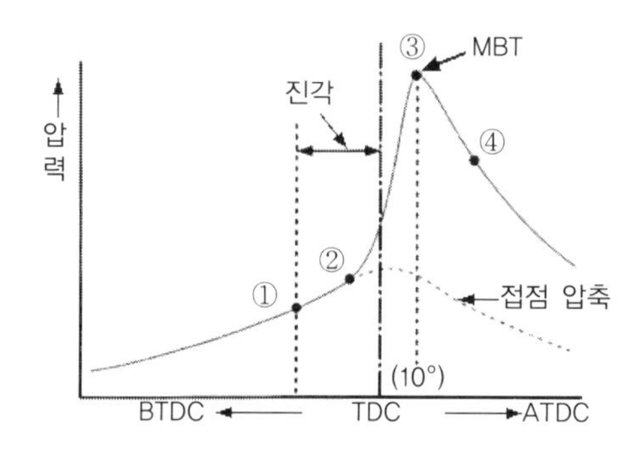

★★ 03 전자제어 가솔린 엔진에서 시동불량 원인

1) 크랭크각 센서 불량
2) 점화코일 불량
3) 파워트랜지스터 불량
4) 인젝터 불량
5) 연료펌프 불량
6) 점화플러그 불량
7) 하이텐션코드 불량

04 가솔린 엔진의 연소실에서 화염전파거리를 단축하여 연소시간을 줄이기 위한 방법

1) 연소실 형상을 콤팩트 하게 한다.

2) 점화위치를 연소실 중심에 둔다.

1. 점화지연 : 플러그에 불꽃이 튈 대까지의 시간
2. 착화지연 : 혼합기에 착화한 화염핵이 발생 될 때까지의 시간
3. 화염전파 : 혼합기 착화 후 최대압력이 도달 할 때까지의 시간

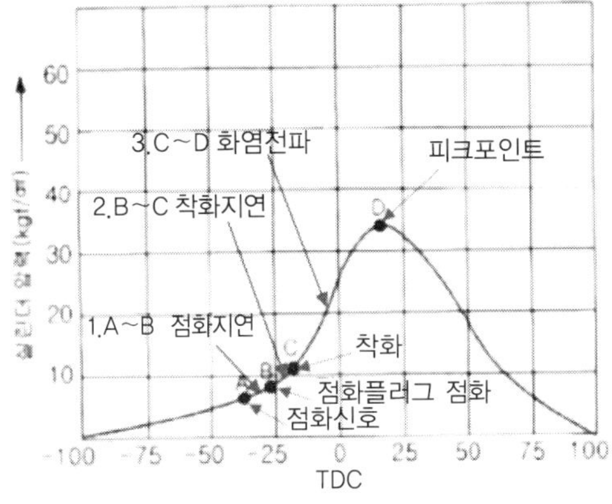

▲ 가솔린엔진의 연소압력 곡선

★ 05 가솔린 기관의 연소실에서 화염전파 속도에 영향을 주는 요소 (단, 점화계통과 연료계통 이상 무)

1) 압축비
2) 공기의 와류
3) 점화시기
4) 흡기온도 및 압축압력
5) 실린더나 피스톤 온도
6) 점화플러그의 설치위치나 상태
7) 사용연료의 성질

06 가솔린엔진의 점화시기가 빠를 때와 늦을 때 영향

1) 빠를 경우

① 피스톤, 피스톤 헤드 및 실린더가 파손된다.
② 노킹이 일어난다.
④ 엔진의 수명이 단축된다.
⑤ 엔진의 출력이 감소한다.

2) 늦을 경우

① 실린더벽 및 피스톤 스커트부가 손상된다.
② 엔진이 과열된다.
③ 연료 소비량이 증가한다.
④ 배기관에 카본이 퇴적된다.
⑤ 엔진의 출력이 감소한다.

★

07 가솔린기관의 노킹을 확인하는 방법과 제어하는 방법

1) 노킹 확인 방법

① 노킹음
② 배기가스의 색
③ 실린더온도 상승
④ 조기점화
⑤ 배기온도의 강하
⑥ 최고온도의 상승
⑦ 밸브, 실린더 피스톤, 헤드 등 부품 손상

2) **노킹을 제어하는 방법** : 노킹 발생시 실린더 블록에 압전소자 방식의 노크 센서를 장착하고, 이 센서에서 진동을 감지한 후 점화시기를 일시적으로 지각시켰다가 다시 진각 위치로 제어한다.

★★★

08 가솔린 엔진에서 노킹 발생시 엔진에 미치는 현상

1) 출력저하
2) 엔진과열
3) 배기가스 변색
4) 소음발생
6) 배기음 불규칙

★

09 가솔린 엔진 공전시 부조 원인(단, 센서와 점화장치는 이상 없음)

1) 스로틀 보디의 개스킷 불량으로 외부 공기유입
2) EGR밸브가 열린 상태에서 고정
3) 연료계통 고장 (연료필터 막힘, 인젝터 불량, 체크밸브 불량)
4) 진공호스의 공기 누설 또는 유입 (PCSV, PCV)
5) ISA 불량

★

10 노크 센서에는 이상이 없는데 체크 램프는 노크 센서가 이상이라고 출력되는 원인

1) 노크 센서 커넥터 접촉상태 불량
2) 노크 센서의 접속볼트 조임 토크 불량
3) 노크 센서 실드선 접지 불량
4) 외부 전파잡음 간섭
5) 점화플러그 불량
6) 인젝터 불량
7) MAP 센서 불량
8) 냉각수온도 센서 불량
9) 크랭크각 센서 불량

★★★

11 가솔린엔진의 노킹 발생원인과 방지책

1) 원인

① 엔진이 과부하가 걸릴 때
② 흡기 및 실린더 온도가 높을 때
③ 점화시기가 너무 빠를 때
④ 혼합비가 희박할 때
⑤ 옥탄가가 낮은 연료 사용시
⑥ 압축비나 흡입압력이 너무 높을 때

2) 방지책

① 고옥탄가 연료를 사용한다.
② 점화시기를 알맞게 조정한다.
③ 혼합비를 농후하게 한다.
④ 압축비, 혼합기 및 냉각수 온도를 낮춘다.
⑤ 화염전파 속도를 빠르게 한다.
⑥ 혼합기의 와류를 증대 시킨다.
⑦ 연소실의 카본을 제거 한다.
⑧ 기관의 회전수를 빠르게 한다.

★

12 가솔린 기관에서 노크발생시 예상되는 피해 개소

1) 실린더헤드와 블록
2) 흡·배기 밸브 기구
3) 점화플러그
4) 피스톤과 피스톤링
5) 크랭크축의 변형과 저널베어링
6) 크랭크축 핀 베어링
7) 실린더 헤드 개스킷
8) 크랭크축 메인베어링

Part 07

흡·배기장치

★★★

01 가변흡기 시스템(VIS, variable induction system)의 원리와 특징

1) 원리 : 흡기다기관의 일부를 고속용과 저속용으로 분리하여 각각의 관 길이를 스텝모터를 이용하여 기관 회전수에 맞게 변환시키는 시스템

2) 특징

① 저속에서는 VIS 밸브를 완전히 닫아 흡입공기의 흐름을 길게 하여 흡입관성을 강하게 함으로써 흡입효율을 증대시킨다.

② 고속에서는 VIS 밸브를 열어 흡입공기의 흐름을 짧게 하여 빠른 흡입 공기의 공급으로 회전속도를 빠르게 증가시킨다.

③ 이와 같이 자동차의 저속에서 고속까지의 모든 속도 범위에서 엔진 출력을 향상시킨다.

★★

02 가변흡기 장치의 작동 효과

1) **관성과급 효과** : 흡기관을 가늘고 길게 만들어 흡기행정에서 발생된 혼합기의 흐름이 관성에 의해 피스톤이 하사점을 지나 상승을 시작하는 시점에도 실린더 내에 흡기가 유입되는 효과를 말한다. 즉, 흡기행정의 후반에서 피스톤이 상승할 때 정압파에 의해 새로운 혼합기 또는 공기가 실린더 내로 유입되도록 하여 흡기효율을 향상시키는 효과를 말한다.

2) **가변흡기 효과** : 고속 회전용과 중·저속 회전용의 흡기관을 별개로 가지도록하고 이를 변환하여 사용함으로써 저속에서부터 고속까지 과급 효과를 잘 활용할 수 있도록 하는 것을 말한다.

3) **공명과급 효과** : 흡기 밸브가 닫히려고 하는 순간에 압력파가 흡기 밸브에 도달되도록 흡기관의 길이를 선정하여 실린더 내에 여분으로 혼합기가 흡입되도록 하는 효과를 말한다. 즉, 압력의 맥동을 흡기행정 후반에 새로운 공기 또는 혼합기가 흡기관 내로 되돌아오려 할 때 동조되도록 하여 흡기효율을 향상시키는 효과를 말한다.

Part 08

전자제어 연료분사장치

★

01 혼합기가 희박해지는 원인

1) 연료펌프 고장 또는 연료필터 막힘
2) 공기흐름 센서 불량
3) 냉각수온도 센서 불량
4) 인젝터 불량
5) 흡기다기관 밀착 불량으로 진공누설
6) EGR 솔레노이드 밸브의 불량
7) 산소 센서 불량

★★

02 온간시 시동이 갑자기 걸리지 않는 원인

1) **점화회로 이상** (점화코일 열화, 파워 TR의 열화, 배선의 단락)
2) **연료장치 이상** (연료의 베이퍼록, 공기침입)
3) 흡기구의 막힘이나 실린더 및 밸브에 카본 퇴적
4) 연료탱크의 연료 부족
5) 냉각수온도 센서 불량
6) 과열로 인한 피스톤링이 실린더벽에 고착

★★

03 가솔린 전자제어 엔진에서 크랭킹은 잘되나 시동이 안 걸리는 원인중 시동 관련 장치 원인 (단, 점화계통은 정상)

1) 타이밍 벨트 조립 불량
2) 흡기장치 막힘
3) 낮은 압축압력
4) 연료공급장치 불량

04 주행중 갑자기 시동이 꺼질 때 연료계통의 원인

1) 연료펌프 구동릴레이 고장
2) 연료펌프 고장
3) 연료압력 조절기 고장
4) 연료라인 연료 누출
5) 베이퍼록 발생
6) 연료필터 막힘
7) 연료량 부족

05 MPI 엔진에서 연료압력이 낮아지는 원인

1) 연료펌프의 불량
2) 연료필터의 막힘
3) 연료압력 조절밸브 불량
4) 연료 공급계통 연료 누출
5) 연료 공급라인에 공기 침입
6) 연료량 부족

★ 06 연료압력조절기는 이상이 없는데 연료압력이 낮아지는 원인

1) 연료펌프 자체의 고장으로 구동 전압이 낮을 때
2) 연료필터의 막힘
3) 연료 공급 라인에 공기 침입이나 연료 누출
4) 연료 공급 라인에 베이퍼록 현상 발생
5) 연료 모터 브러시가 많이 닳아 접촉상태 불량
6) 연료 공급 펌프의 연료 공급 압력이 너무 낮음
7) 연료탱크의 연료량 부족

★ 07 전자제어 엔진의 흡기계량 방식

1) 직접계량 방식

① 칼만 와류식 ② 베인식
③ 핫와이어식 ④ 핫필름식

2) 간접계량 방식 : MAP 센서

★ 08 핫와이어식에서 크린버닝(clean burning)의 이유와 방법

1) **이유** : 핫와이어식은 열선에 오염물질이 부착되면 측정오차가 발생한다. 즉, 공기 흐름량에 비례해서 핫와이어가 냉각되면서 저항이 감소한다. 이에 따라 출력전압이 비례하여 나와야 하는데, 열선에 부착된 오염물질에 의해 냉각이 잘 이루어지지 못해서 측정오차가 발생하므로 크린버닝을 해야 한다.
2) **방법** : 열선에 부착된 오염 물질에 의한 측정오차를 없애기 위해, 엔진의 작동이 정지할 때마다 일정시간 동안 열선에 높은 전류를 인가하여, 높은 온도로 핫와이어를 가열하여 태워서 청소를 한다.
3) **크린 버닝 조건**
   ① 엔진 회전수 1000rpm 이상
   ② 냉각수 온도 30℃ 이상
   ③ 기관의 작동 정지

★ 09 핫와이어식 에어플로우 센서(AFS)에서 5000rpm으로 급가속 했을 때의 파형으로서 센서 점검방법

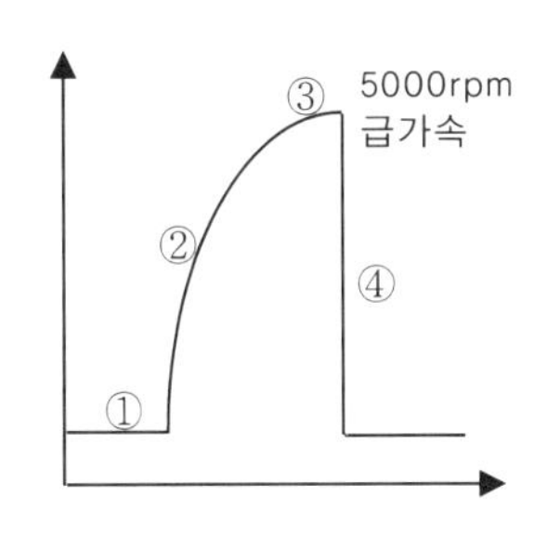

① 번 위치 : 공회전 상태로 전압이 규정값 이내 (1.2~1.4V) 유지
② 번 위치 : 급가속 상태이므로 전압이 급격히 증가
③ 번 위치 : 전개된 상태이므로 최고전압이 규정값 이내 유지(4.8V에 가까움)
④ 번 위치 : 엑셀레이터 페달이 공전상태로 돌아오는 과정으로 급격히 하강(대시포트 기능이 없어서 급격히 하강)

이외 파형이 안정되고 단차가 있는지 확인한다.

★ 10 연료계통에서 발생되는 베이퍼록(vapor lock) 현상

1) 엔진룸으로부터 복사 및 열전달로 인하여 연료파이프, 연료펌프 등이 가열되어 가솔린이 비등 기화하여 대기압 이상으로 되면,
2) 연료계통을 흐르는 연료가 파이프 내에서 기포가 발생되어 연료의 흐름을 방해하는 현상을 말한다.
3) 또한, 연료펌프의 불량으로 송출압이 낮거나, 연료의 휘발성이 너무 좋으면 연료의 베이퍼록은 더욱 증가되는 요인으로 작용한다.

★★★ 11 공전시 아이들 업을 해야 할 시기

1) 에어컨 스위치 ON시
2) 변속레버가 "N"에서 "D"위치로 변속시
3) 안개등, 헤드라이트 점등시
4) 파워 스티어링 직동시
5) 냉각팬, 콘덴서 팬 작동시
6) 조향 휠 각속도 센서 작동 감지시

★★ 12 ISA 스텝모터에는 이상이 없는데 스텝값이 규정에 맞지 않는 원인

1) 공회전속도의 조정 불량
2) 스로틀 밸브에 카본 누적
3) 흡기 다기관의 개스킷 밀착 불량으로 공기 누설
4) EGR 밸브 시트의 헐거움
5) 혼합기의 불완전 연소

★★★ 13 전자제어 가솔린 엔진에서 연료압력은 정상인데 인젝터가 작동하지 않을 때 점검방법

1) 미작동 원인

① ECU 불량
② CAS 불량
③ NO.1 TDC 센서 불량
④ 인젝터 관련회로 불량
⑤ 인젝터 니들밸브 불량
⑥ 인젝터 구동 TR 불량

2) 시동시 점검방법

① 청진기로 작동 음을 점검한다.
② 인젝터의 전류소모를 점검한다.
③ 오실로스코프로 인젝터 전압파형을 점검한다.
④ 공전상태에서 인젝터의 커넥터를 분리시키면서 엔진 부조를 확인한다.

3) 정지시 점검방법

① 점화스위치 OFF 상태에서 인젝터의 커넥터를 분리하여 저항을 측정한다.
② 점화스위치 ON 상태에서 인젝터 커넥터에서 ECU로 가는 선에 전압을 측정하여 전원 공급회로 및 인젝터 코일의 이상 유무를 확인한다.

★ 14 인젝터 고장시 엔진에 나타나는 현상

1) 엔진 시동불량
2) 공회전 불안정
3) 공회전시 엔진 진동
4) 가속력 저하
5) 연료소모 증대
6) 배기가스 배출량 증가

★★ 15 전자제어 가솔린 기관에서 연료 분사량을 결정하는 기본 분사량 계산 센서와 보정 센서중 기본 분사량을 결정하기 위한 센서

1) AFS(air flow sensor) : 흡입공기량 센서 신호로서, ECU는 이 신호를 참고하여 연료의 기본 분사량을 결정한다.
2) CAS(crank angle sensor) : AFS와 함께 크랭크각 센서의 엔진 rpm 신호를 기반으로 기본 분사량을 결정한다.
3) NO.1 TDC 센서 (옵티컬식인 경우)

16 연료증량 보정 센서

1) 흡기온도 센서
2) 캠각 센서
3) 냉각수온도 센서
4) 스로틀포지션 센서
5) 각종 스위치

★ 17 공연비 피드백 제어의 개념과 필요성

1) **개념** : 이론 공연비의 혼합기가 엔진에 공급되는지 살펴보고 그 결과를 컨트롤 유닛에 보냄으로써 연료 분사량을 제어하는 구조를 공연비의 피드백 제어라 한다. 이 제어는 ECU가 산소 센서의 출력값을 이용, 연료의 분사량을 가감하는 것으로 산소 센서의 출력이 낮으면 공연비가 희박하므로 분사량을 증가시키고, 산소 센서의 출력이 높으면 공연비가 농후하므로 분사량을 감량시킨다.
2) **필요성** : 삼원 촉매를 최적으로 작동할 수 있게 하여 유해 배기가스(CO, HC, NOx)를 무해한 가스로 변환시켜 배기가스의 오염을 감소시키고, 운전성능 및 안전성을 확보하기 위하여 필요하다.

18 전자제어 엔진에서 연료 컷의 개념, 목적 및 종류

1) 개념

기관의 최고 회전속도를 제한하거나 연료를 절감하고 배기가스를 줄일 목적으로 연료분사를 일시적으로 중단하는 기능으로 인젝터에 분사신호를 보내지 않는다.

2) 목적

① 배출가스 감소
② 연료소비량 감소
③ 촉매과열 방지

3) 종류

① 감속시의 연료 컷 : 연비의 개선, 배출가스의 정화를 목적으로 감속시 연료분사 중단
② 기관의 과회전 속도제한시 연료 컷 : 설정 회전속도 이상 상승을 억제하며 엔진의 파손 방지를 목적으로 연료분사 중단
③ 하행 주행시 연료 컷 : 기관온도 80℃ 이상, ISC 닫힌 경우 연료분사 중단

Part 09

희박연소엔진 및 가솔린 직접분사엔진

01 희박연소 운전 조건을 결정하는 요인

1) 기관 회전속도
2) 냉각수 온도
3) 기본 분사량
4) 변속기어 위치
5) 주행속도 및 스로틀 밸브의 열림 정도

02 GDI(gasoline direct injection) 엔진의 분사특성

실린더 내에 가솔린 연료를 직접 분사할 수 있으므로 일반 흡기관식 엔진보다 다양한 성능향상 대책을 적용할 수 있다.

1) 가솔린의 압축비 제한을 높일 수 있다.
2) 분사시기를 임의로 제어할 수 있다.
3) 압축비 향상이 가능하므로 출력향상과 연료소모를 줄일 수 있다.
4) 배기가스저감 제어가 원활하다.
5) 점화플러그 주변에 분사가 가능하므로 성층화 연소에 의한 초희박 연소가 가능하다.

03 GDI(gasoline direct injection) 엔진의 인젝터 분사단계 (그림 참고하여 단계를 구분하고 각 단계에 대한 설명)

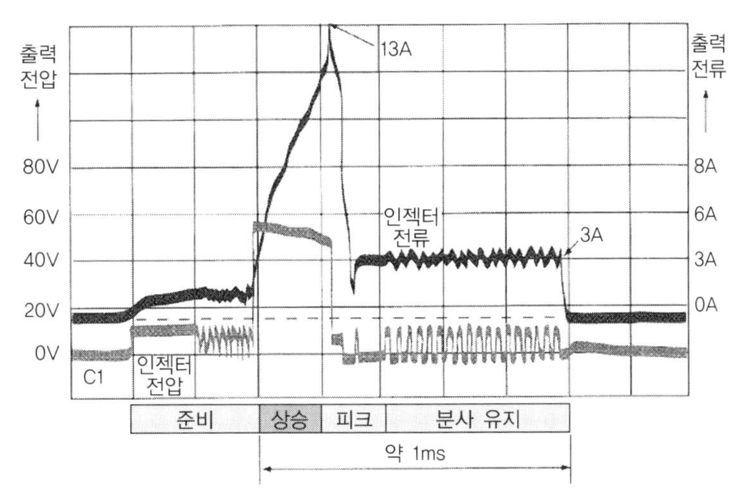

1) **준비 단계** : 빠르고 정확한 인젝터의 열림을 위한 자화구간으로 일정 수준의 전류를 보내기 위해 인젝터에 배터리 전압으로 특정 듀티신호를 보낸다. (이때 인젝터 닫혀 있음)
2) **상승 단계** : 인젝터를 즉시 구동시키기 위하여 전류를 급격히 상승시키는 구간으로 작동전압을 12V에서 55V로 승압시켜 인젝터 전류를 상승시킨다. (이때 인젝터는 최고전류 부근에서 열림)
3) **피크유지 단계** : 인젝터 열림상태를 유지하기 위한 구간으로 전류를 급격히 감소시키기 위하여 전압을 해제한다. (이때 인젝터는 피크지점에서 열린 후 계속 열려 있음)
4) **유지 단계** : 인젝터의 열림상태를 유지하기 위하여 일정 수준의 전류를 흘러 주도록 특정 듀티제어로 구동한다. (인젝터는 유지종료시점에서 즉, 전류가 급격히 감소하는 지점에서 빠르게 닫힘)

Part 10

자동차 배출가스

★★★

01 전자제어 가솔린 기관에서 배기가스 저감장치의 종류

1) **블로바이가스 제어** : PCV 밸브
경부하 및 중부하에서의 블로바이가스는 PCV 밸브의 열림 정도에 따라서 유량이 조절되어 서지탱크로 들어간다. 급가속 및 높은 부하영역에서는 흡기 부압이 감소하여 PCV 밸브의 열림 정도가 작아지므로 블로바이가스는 흡기 부압을 이용하여 블리더 호스를 통하여 서지탱크로 들어간다.

2) **연료증발가스 제어** : 캐니스터, PCSV 밸브
연료계통에서 발생한 증발가스를 캐니스터에 포집한 후 PCSV의 조절에 의하여 서지탱크를 통하여 연소실로 보내어 연소시킨다.

3) **배기가스 제어** : 산소 센서, EGR 밸브, 촉매 컨버터
EGR로 질소산화물 저감, 산소 센서의 피드백 제어로 이론공연비 제어하여 촉매컨버터로 배기가스 유해물질을 저감한다.

★★

02 주어진 조건에 따른 배출가스(CO, HC, NOx) 특성

1) 농후한 혼합비일 때 : CO 증가, HC 증가, NOx 감소
2) 약간 희박한 혼합비일 때 : CO 감소, HC 감소, NOx 증가
3) 매우 희박한 혼합비일 때 : CO 감소, HC 증가, NOx 감소
4) 엔진이 저온일 때 : CO 증가, HC 증가, NOx 감소
5) 엔진이 고온일 때 : CO 감소, HC 감소, NOx 증가
6) 엔진을 감속할 때 : CO 증가, HC 증가, NOx 감소
7) 엔진을 가속할 때 : CO 증가, HC 증가, NOx 증가

★

03 가솔린 기관에서 다음 주어진 항목들과 질소산화물(NOx) 발생과의 관계

1) **엔진 온도의 영향 (높음/낮음)** : 연소온도가 낮아 질소산화물은 감소한다. 기관이 높은 온도일 경우에는 질소산화물의 발생이 증가한다.
2) **엔진회전의 영향 (가속/감속)** : 가속하는 경우에는 NOx의 배출량은 증가하고, 감속하는 경우에는 NOx의 배출량은 감소한다.
3) **행정체적의 영향** : 연소실 용적비가 작은 콤팩트한 연소실에서 소염층이 적기 때문에 연소기간의 단축으로 연소 최고온도가 높아져서 NOx는 증가한다.
   동일한 연소실 형상에서 행정체적이 증대되면 연소실 체적이 작아지기 때문에 HC의 배출량은 감소하고 NOx의 배출량은 증가한다.
4) **행정/내경비의 영향** : 행정/안지름 비가 큰 기관에서는 피스톤 속도의 증가로 혼합기의 교란이 활발하게 되고, 이에 따라 화염전달 속도가 빨라져 NOx는 증가한다. 연소실이 동일한 형상일 경우 장행정일수록 열손실이 작아지게 되어 NOx는 증가 한다.
5) **밸브 오버랩의 영향** : 밸브의 오버랩이 클 경우에는 연소가스의 온도를 저하시키게 되어 NOx의 배출량은 감소한다.

★

04 가솔린 엔진에서 CO, HC, NOx의 발생원인과 저감대책

1) CO : 산소 공급이 부족한 상태로 연소하면 불완전 연소를 일으켜 일산화탄소가 발생한다.
   ① 에어크리너 막힘 또는 더러움
   ② 스로틀밸브의 결함
   ③ 스로틀밸브의 조정 불량
   ④ 공전속도 불량
2) HC : 온도가 낮은 연소실 벽이나 연소온도에 달하지 않고 화염이 전달되지 않을 때 다량 발생
   ① 연소시 소염계층에서 발생
   ② 밸브오버랩으로 인하여 혼합기가 새어나갈 때
   ③ 엔진을 감속할 때
   ④ 공연비가 과농 하거나 희박시
   ⑤ 연료탱크, 기화기 등에서 증발하여 발생
3) NOx : 고온·고압 및 전기 불꽃 등이 존재하는 곳에서는 산화하여 질소산화물을 발생시키고 특히 연소온도가 2000℃ 이상인 고온에서 급증한다.
   ① EGR밸브 장치 불량
   ② 촉매 변환기의 작동 불량

★ 05 가솔린 기관에서 공회전시 HC가 나오는 경우 원인 (단, 점화시기, 엔진 압축압력은 정상)

1) PCV 불량
2) 인젝터 불량
3) 산소 센서 불량 또는 삼원 촉매장치 불량
4) PCSV 불량
5) 에어필터 불량

★ 06 OBD 장치의 연료탱크 누설감시 모드에서 다음 물음에 대한 답

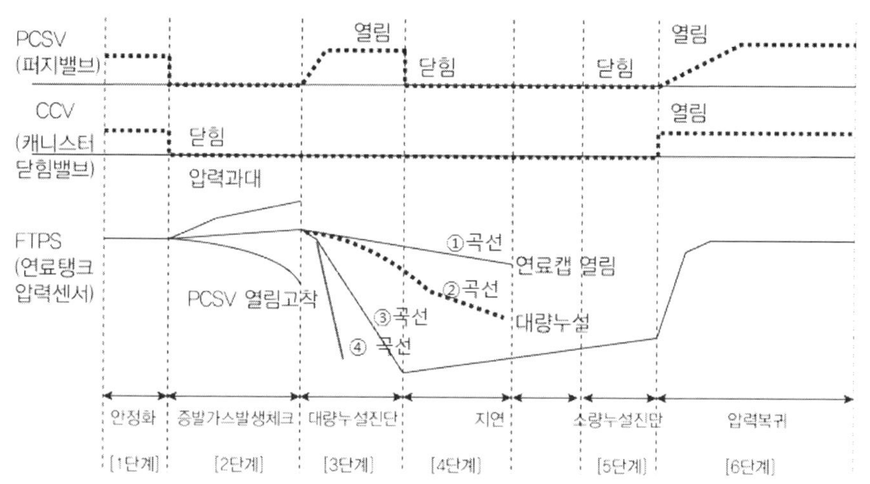

1) 누설감시 모드에서 ECU가 PCSV 누설여부를 판단하는 단계는?
   답) 2단계
2) 연료캡 분실시 나타나는 곡선은?
   답) ①곡선

★★★ 07 PCV 밸브 고장 또는 호스가 막혔을 때 일어나는 현상

1) 외부공기 출입에 의한 공회전 불량
2) 급가속시 출력 저하
3) 블로바이가스의 순환이 불가능하여 엔진오일의 열화 발생
4) 크랭크 케이스 내부의 블로바이가스 압력에 의한 동력 손실
5) 내부압력 과도로 인해 오일씰 이탈
6) 오일 연소에 의한 오일소모량 과다
7) 엔진의 갑작스러운 정지
8) rpm이 높거나 낮아짐
9) 유해배출가스 증가

★★★
08 EGR 밸브의 기능과 밸브 차단 조건

1) **기능** : 가솔린 엔진에서 출력의 감소가 최소화 되는 범위에서 배기가스의 일부를 연소실로 재순환하여 연소온도를 낮춤으로서 질소산화물(NOx)의 발생을 저감한다.

2) **차단 조건**
① 엔진의 냉각수온도가 적정온도 이하 또는 이상일 때
② 시동성능을 향상시키기 위하여 시동 할 때
③ 공회전시 안정성 향상과 공회전 부조를 방지하고자 할 때
④ 가속성능의 향상을 위하여 급가속할 때
⑤ 연료분사 계통, 흡입공기량 센서, EGR 밸브 등의 관련 부품 고장시

★★★
09 산소 센서를 사용하여 공연비를 제어하는 시스템에서 피드백제어가 해제(open loop)되는 조건

1) 기관을 시동할 때
2) 냉각수 온도가 적정온도 이하 일 때
3) 기관 시동 후 연료 분사량 증량시
4) 스로틀 밸브를 전개하여 기관의 출력을 증량 시킬 때
5) 감속으로 인한 연료 차단시
6) 수온증량 보정 작용시
7) 산소 센서로부터 희박신호 10초 이상, 농후신호 4초 이상 계속될시
8) 산소 센서, MAP 센서, 인젝터 및 분사에 영향을 주는 부품 고장시

10 산소 센서의 기능과 지르코니아 산소 센서와 티타니아 산소 센서의 차이

1) **산소 센서의 기능** : 배기가스 내의 산소농도와 대기중의 산소농도의 분압 차이에 의한 전압 신호를 기준으로 컴퓨터의 피드백 시스템이 작동되어 촉매장치의 정화율이 최대가 되도록 도와주는 기능을 한다.

2) **비교**

구분	지르코니아	티타니아
원리	이온 전도성 이용	전자 전도성 이용
출력	기전력 변화(산소농도차에 의해)	저항값 변화(산화, 환원에 의해)
감지	산화 지르코니아 표면	산화 티타니아 내부
농후범위	0.8 ~ 0.9V	0.3 ~ 0.8V
희박범위	0 ~ 0.1V	4.3V ~ 4.7V

★★★
11 지르코니아 산소 센서의 기능과 점검방법 및 주의 사항

1) **산소 센서의 기능** : 대기 측의 산소 농도와 배기가스 측의 산소 농도 차이에 의해 기전력이 발생되는 원리를 이용하여 연소의 농후·희박을 감지하여 ECU에 보내는 기능을 한다.

2) **점검 방법** : 엔진을 워밍업 하여 정상 운전 상태에서 산소 센서 전압의 변화와 듀티로 측정하여 농후시 약 0.9V 희박시 약 0.1V 범위에서 전압 변화가 발생하는지를 관찰하고 듀티가 50% 범위 내에 있는지를 파악하여 농후·희박을 점검한다.

3) **점검시 주의사항**

① 측정 전 엔진을 정상온도로 되게 한다.
② 내부저항을 측정하지 않는다.
③ 출력 전압측정은 디지털 테스터기를 사용한다.
④ 출력 전압을 쇼트 시키지 않는다.
⑤ 유연휘발유를 사용하지 않는다.

★★★
12 산소 센서의 불량원인과 엔진에 미치는 영향

1) **불량원인**

① 장기간 사용으로 인한 노후
② 유연휘발유 사용
③ 실드 어스 또는 자체 어스 불량
④ 출력선 단선 또는 단락
⑤ 사용 및 수리상 취급 불량

2) **엔진에 미치는 영향**

① 배출가스 과다 발생
② 삼원촉매의 손상
③ 공연비 피드백 제어 불량
④ 급가속 성능저하 및 주행중 가속력 저하
⑤ 주행중 엔진의 작동 정지
⑥ 연료소모량 증가

★ 13 지르코니아 타입의 산소 센서와 인젝터의 작동을 오실로스코프로 검출하였다. 다음 물음의 답

1) 혼합기가 농후할 경우 산소 센서의 출력 전압은 어떻게 변하는가?

답) 인젝터 외에서 연료 또는 연료 가스가 농후하게 유입이 되는 경우나 캐니스터 솔레노이드 밸브의 비정상 열림 또는 PCV 밸브에서 오일 가스가 과다하게 유입되는 경우로 산소 센서의 시그널 전압이 피드백이 된 상태에서 0.5V 이상 출력되는 시간이 길어진다.

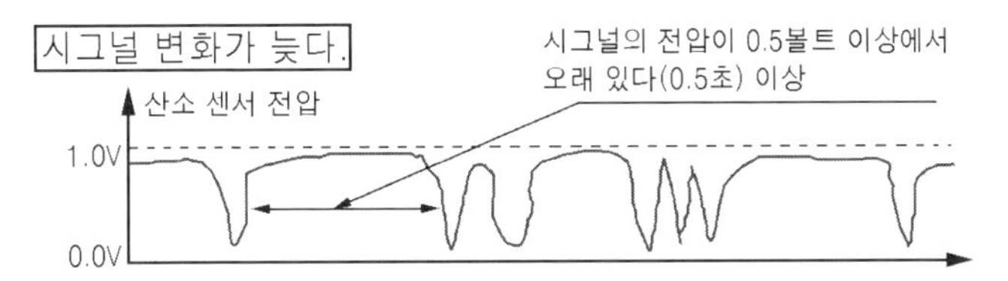

2) 혼합기가 농후할 경우 인젝터의 작동 시간은 어떻게 변하는가?

답) 혼합기가 농후할 경우에는 산소 센서의 출력 전압이 높기 때문에 엔진 ECU는 인젝터의 작동시간을 감소시켜 이론 공연비 부근으로 제어한다.

3) 혼합기가 희박할 경우 산소 센서의 출력전압은 어떻게 변하는가?

답) 연료 공급이 희박하거나 흡기계통의 막힘, 배기계통에 공기가 새고 있는 경우로 간헐적으로 산소 센서의 시그널 전압이 0.1V 이하에서 출력되는 시간이 길어진다.

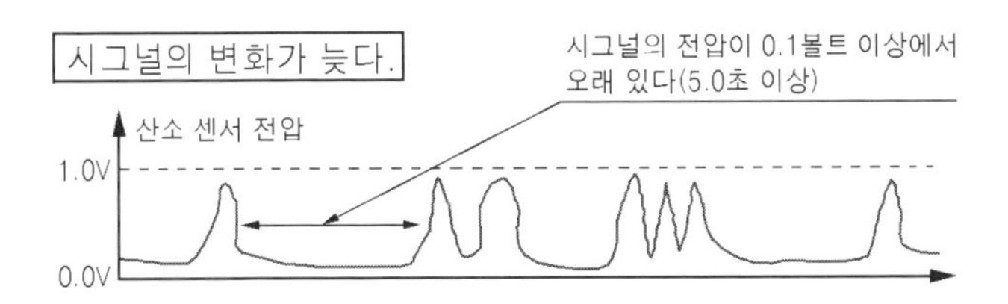

4) 혼합기가 희박할 경우 인젝터의 작동 시간은 어떻게 변하는가?

답) 혼합기가 희박할 경우에는 산소 센서의 출력 전압이 낮기 때문에 엔진 ECU는 인젝터의 작동 시간을 증가시켜 이론 공연비 부근으로 제어한다.

★ 14 촉매장치에서 후방 산소 센서의 역할

전방 산소 센서는 엔진의 공연비의 농후·희박을 판단하여 피드백기능을 하는 반면, 후방 산소 센서는 촉매장치를 통과한 연소가스중의 산소량을 측정하여 촉매장치의 기능을 감시한다.

★
15 촉매가 붉게 가열되는 근본적인 원인

산소 센서의 불량으로 피드백기능을 하지 못할 때, 농후한 혼합기 속의 HC가스의 착화로 인한 연소가 이루어지기 때문에 촉매가 붉게 가열된다. 또는 미연소 혼합기가 촉매장치 내로 유입되어 연소가 이루어질 때 촉매가 붉게 가열된다.

★★★
16 삼원 촉매장치의 고장발생 원인

1) 유연 휘발유를 사용하였을 때
2) 엔진에서 실화가 발생되었을 때
3) 농후한 혼합비의 연속일 때
4) 이상연소로 인하여 급격한 온도가 상승할 때
5) 엔진오일이 지속적으로 연소될 때
6) 충격에 의하여 촉매가 파손되었을 때

★
17 엔진시동 불능 또는 부조시 배출가스 제어장치에 관련된 고장사항

1) EGR 밸브 불량
2) 촉매 컨버터 불량
3) PCSV, PCV 불량
4) 산소 센서 불량

★
18 OBD-II 시스템에서 ECU가 모니터링 하는 기능

1) **촉매고장 감시 기능 :** 촉매의 전방과 후방 산소 센서의 출력전압을 비교하여 촉매의 고장을 감시한다.
2) **실화 감시 기능 :** 산소 센서와 노크 센서에 의해 실화를 감시하며 실화 시 허용 배출가스 기준의 1.5배 이상 발생하는 경우 계기판에 경고등을 점등시킨다. 실화의 감지는 크랭크축의 각속도를 측정하여 그 변화율로 실화여부를 판정한다.
3) **산소 센서 감시 기능 :** 촉매 전후에 설치한 두 개의 산소 센서의 출력전압을 비교하여 센서의 기능이상을 판정한다. 산소 센서의 출력 전압을 감지하여 농후·희박을 감지하고 배출허용 기준 1.5배 배출시 경고등을 점등 시킨다.
4) **증발가스 누설 감시 기능 :** 연료탱크에서 발생한 증발가스를 캐니스터에서 연료증발 가스가 누설되면 경고등이 점등된다. 캐니스터 퍼지 밸브의 작동상태와 증발가스장치에 0.02inch이상의 구멍이 생겨 누설될 때 감지

Part 11

LPG연료장치

01 LPG 엔진에서 베이퍼라이저 1차실의 기능

봄베에서 배출된 LPG는 고압이기 때문에 유량 제어가 곤란하다. 따라서 배출량이 크기 때문에 공연비가 너무 농후하게 되므로 이를 방지하기 위해 1차실 내에 있는 1차 압력 조정 기구를 통하여 약 0.3kgf/cm^2으로 압력을 낮추는 기능을 한다.

★ 02 LPG 엔진에서 베이퍼라이저의 기능

봄베로부터 압송된 고압액체 LPG의 압력을 낮춘 후, 기체 LPG로 기화시켜 엔진출력 및 연료소비량을 만족하게 압력을 조정하는 기능을 한다.

1) 감압작용 기능　2) 기화작용 기능　3) 압력조정 기능

★ 03 자동차에 LPG를 사용했을 때의 장·단점

1) 장점

① 연소 효율이 좋고 엔진이 정숙하다.
② 연료비가 저렴하고 엔진의 수명이 길어진다.
③ 옥탄가가 가솔린 보다 높으므로 압축비를 높일 수 있고 노킹 발생이 적다.
④ 연소실에 카본 누적이 없어 점화플러그의 수명이 길어진다.
⑤ 유해 배기가스의 배출이 적다.
⑥ 기체 상태로 실린더에 공급되므로 블로바이에 의한 연료의 희석이 적다.
⑦ 열에 의한 베이퍼록이나 퍼컬레이션 등이 발생하지 않는다.

2) 단점

① 혼합기의 단위 질량당 발열량이 가솔린보다 낮기 때문에 가솔린에 비하여 출력이 떨어진다.
② 고압용기가 필요하여 공간 활용도가 낮으며 차량 중량이 증가한다.
③ 저온 시동성이 어렵고, 장시간 정차 후 엔진 시동이 어렵다.
④ 연료의 취급절차가 복잡하고 보안상 다소 문제점이 있을 수 있다.
⑤ 베이퍼라이저 내의 타르나 고무와 같은 물질을 수시로 배출해야 한다.
⑥ 가스가 누출되면 폭발 위험이 있다.

★ 04 LPG 자동차에서 아이들 부조시 베이퍼라이저에 의한 원인

1) SAS(slow adjust screw) 조정 불량
2) 슬로 컷 솔레노이드 밸브 불량
3) 공회전 조정스크류 조정불량
4) 1차 감압실 압력조절 밸브 조정불량
5) 1차, 2차 다이어프램 파손
6) 1차실, 2차실 밸브 레버 불량

★ 05 LPG 엔진에서 가속력 저하가 일어날 수 있는 연료공급 장치의 고장 원인

1) 베이퍼라이저 불량
2) 연료공급파이프 조립 불량
3) 믹서의 메인조정 스크류 조정 불량
4) 믹서의 메인듀티 솔레노이드 밸브 작동 불량
5) 믹서의 슬로듀티 솔레노이드 밸브 작동 불량

★ 06 LPG 차량에서 액·기상 솔레노이드 밸브의 작동

1) **기상 솔레노이드 밸브 :** 냉간 시동에서부터 냉각수 온도가 약 18℃ 이하에서 엔진 ECU의 제어에 의해 기상 솔레노이드 밸브를 개방하여 기체 상태의 연료를 베이퍼라이저에 공급하여 시동성을 좋게 하고 베이퍼라이저에서의 기화 잠열에 의한 빙결을 방지한다.
2) **액상 솔레노이드 밸브 :** 냉각수의 온도가 약 18℃이상으로 상승되면 엔진 ECU의 제어에 의해 액상 솔레노이드 밸브를 개방하여 액체상태의 연료를 베이퍼라이저에 공급한다.

★ 07 LPG 믹서의 역화가 일어나는 근본적인 원인

1) 흡기계통에 혼합기의 농도가 높을 때
2) 밸브 오버랩이 클 경우
3) 급가속시 연소실 내에 흡입되는 혼합기의 농도가 희박 할 때
4) 점화플러그의 간극이 클 때
5) 점화시기가 지연 될 때

★★★
08 듀티 제어의 의미

1) 듀티비는 주파수 1사이클에서 파형이 0V부분과 전압이 감지되는 부분(5V 또는 12V)을 100%기준으로 비율로 나타낸 것이다.
2) 1사이클중의 ON시간율을 듀티값이라 하고, 듀티값을 변화시킴으로써 솔레노이드 통전율을 제어하는 방식을 듀티 제어라고 한다.
3) **듀티율이 높음의 의미 :** 듀티율이 높음은 제어하는 양이 많다는 것을 의미한다.
   ① ON 듀티 = +t /T × 100 % = 2/3 × 100 = 66.6 %
   ② OFF 듀티 = −t /T × 100 % = 1/3 × 100 = 33.3 %
4) **듀티로 제어되는 부품**
   ① LPG 엔진의 믹서 : 메인듀티 솔레노이드 밸브, 슬로듀티 솔레노이드 밸브
   ② 자동변속기 : DCCSV, PCSV, SCSV-A/B, UD, OD, 2ND, DCC, ISCA

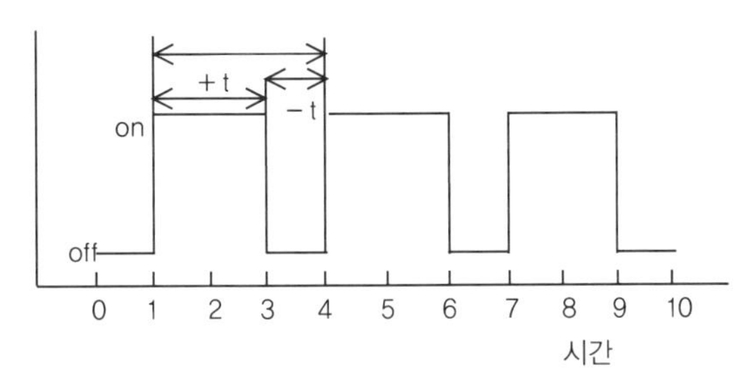

Part 12 LPI 연료장치

★★
01 베이퍼라이저와 믹서에 적용되는 LPG와 비교되는 LPI 관련 연료장치 구성 부품

1) 봄베에 내장형 연료펌프가 있다.
2) 특수 재질의 연료공급 파이프가 있다.
3) LPI용 고압 인젝터가 있다.
4) 연료압력을 조절하는 레귤레이터가 있다.
5) LPI 전용 ECU가 있다.

02 전자제어 액화 석유가스 분사장치(LPI)의 장점

1) 겨울철 냉간시동이 용이하다.
2) 정밀한 제어에 의하여 유해배기가스 배출이 적다.
3) 타르의 발생 및 역화가 적으며 타르의 배출이 필요 없다.
4) 가솔린 엔진과 동등의 동력 성능을 발휘한다.

Part 13

디젤엔진

★ 01 디젤엔진에서 연료계통에 공기가 혼입되면 나타나는 현상

1) 엔진 작동중 부조가 심하거나 엔진이 정지된다.
2) 연료공급이 불량하여 가속 성능이 저하된다.
3) 노즐에서 연료분사시기가 불량해진다.
4) 연료분사펌프에서의 연료 압송이 불충분하다.
5) 시동이 잘되지 않는다.

02 디젤연료(경유)의 구비 조건

1) 인화점이 높을 것
2) 자연 발화점이 낮을 것
3) 내산성이 크고 황(S)의 함유량이 적을 것
4) 세탄가가 높고 발열량이 클 것
5) 적당한 점도를 지니며 온도 변화에 따른 점도 변화가 적을 것
6) 고형 미립물이나 유해 성분을 함유하지 않을 것
7) 연소 후 카본 생성이 적을 것

03 디젤 엔진의 연소과정 (의미)

1) **착화지연** : 연소준비 시간, 압축압력과 착화온도에 도달해야 자연착화 된다. 즉, 연료가 연소실 내로 분사되어 연소를 일으키기 전까지의 시간
2) **화염전파** : 정적연소 시간, 폭발연소 시간, 연료가 착화되어 폭발적으로 연소하는 기간
3) **직접연소** : 정압연소 시간, 제어연소 시간, C점을 지나서도 계속 연료가 분사되면서 동시에 연소되는 기간
4) **후기연소** : 후 연소 기간, 직접연소기간에서 연소하지 못한 미연소 가스가 연소하는 E점까지 지속 연소 시간

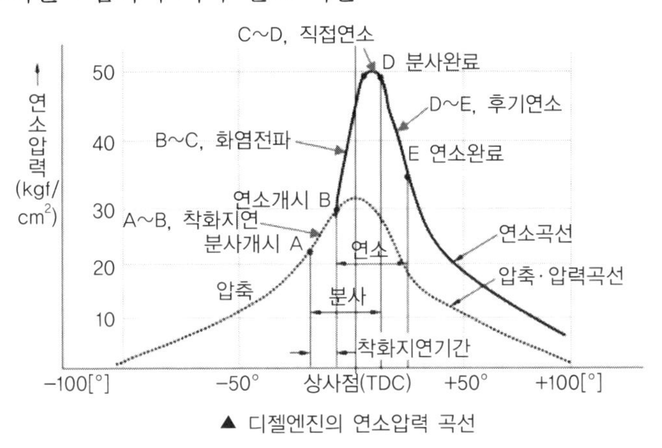

▲ 디젤엔진의 연소압력 곡선

04 디젤엔진의 장·단점

1) 장점

① 열효율이 높고 연료소비율이 낮다.
② 인화점이 높은 경유를 사용하므로 그 취급이나 저장에 위험이 적다.
③ 대형기관 제작이 가능하다.
④ 경부하 운전영역에서 효율이 좋다.
⑤ 배기가스가 가솔린엔진보다 덜 유독하다.
⑥ 점화장치가 없어 그에 따른 고장이 적다.

2) 단점

① 폭발압력이 높기 때문에 엔진을 튼튼하게 해야 한다.
② 엔진의 출력당 형태가 크고 무게가 무겁다.
③ 운전중 진동과 소음이 크다.
④ 연료장치가 매우 정밀하고 복잡하다.
⑤ 제작비가 비싸다.
⑥ 압축비가 높아 큰 출력의 기동전동기가 필요하다.

★
05 디젤엔진의 연소과정 중 착화지연의 원인

1) 세탄가 낮은 연료 사용
2) 엔진의 압축압력이 낮은 경우
3) 연료의 분사압력이 낮은 경우
4) 연료의 분사시기가 늦은 경우
5) 실린더 내의 압축공기의 와류 불량
6) 연료자체의 착화성이 떨어지는 경우
7) 연료의 미립도가 떨어지는 경우
8) 냉각수 온도가 너무 낮은 경우

★★★
06 디젤 엔진에서 후기연소 기간이 길어지는 원인

1) 세탄가 낮은 연료 사용
2) 분사노즐의 밀착 불량
3) 연료의 분사압력이 낮은 경우
4) 노즐의 분사량 및 분사상태 불량
5) 흡입공기 온도 및 냉각수 온도가 너무 낮은 경우
6) 분사시기가 맞지 않은 경우
7) 압축압력이 낮은 경우

07 착화지연 기간을 짧게 하는 방법

1) 압축비를 크게 한다.
2) 흡기온도를 높인다.
3) 실린더 벽의 온도를 높인다.
4) 착화성이 좋은 연료를 사용한다.
5) 와류를 발생시킨다.

★
08 디젤 기관에서 연료분사시기가 빠를 때의 영향

1) 엔진이 과열된다.
2) 엔진출력이 저하된다.
3) 실화 및 회전이 고르지 않다.
4) 연소음이 커진다.
5) 연료소모량이 증가한다.
6) 노킹이 발생한다.
7) 엔진의 각 부위가 조기 마모된다.
8) 냉각수 온도가 상승한다.
9) 배기가스 온도가 상승한다.

09 디젤 노크와 가솔린 노크의 비교

비교

항목	가솔린 기관	디젤 기관
연료 발화/착화점	발화온도 높게	착화온도 낮게
연료 발화/착화	발화지연 길게	착화지연 짧게
압축비	낮게	높게
흡기압력	낮게	높게
흡기온도	낮게	높게
연소실 벽의 온도	낮게	높게
회전속도	빠르게	빠르게
옥탄가/세탄가	높게	높게

Tip

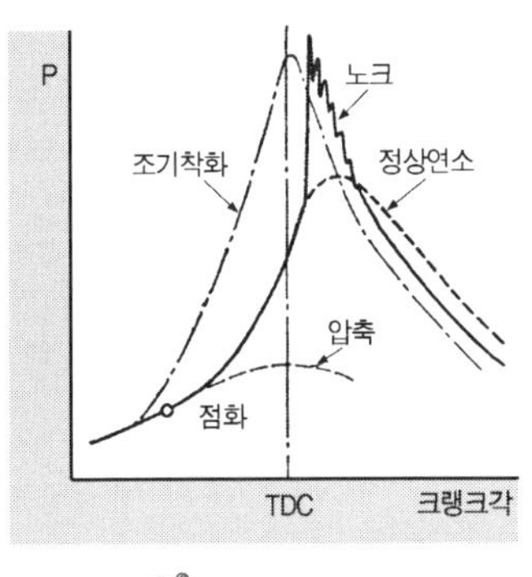

가솔린 노크

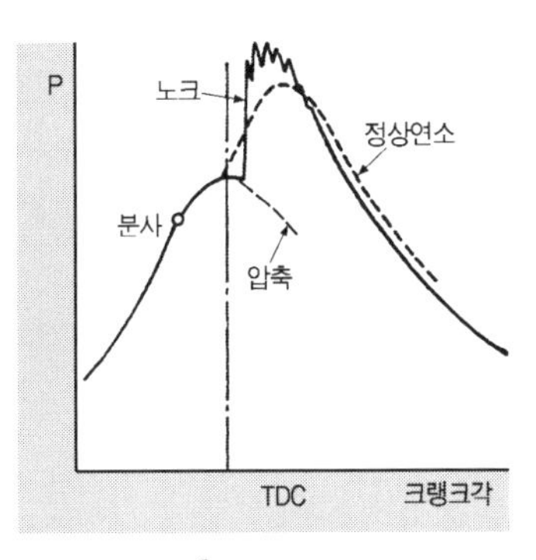

디젤 노크

★ **디젤엔진의 노크** : 착화지연기간이 길 때 착화지연기간중에 분사된 많은 양의 연료가 화염전파 기간중에 동시에 폭발적으로 연소되기 때문에 실린더 내의 압력이 급격하게 상승되므로 피스톤이 실린더 벽을 타격하여 소음을 발생하는 현상이다.

★ **가솔린엔진의 노크** : 화염면이 정상에 도달하기 이전에 말단가스가 부분적으로 자기착화에 의하여 연소가 급격히 진행되는 경우 비정상적인 연소에 의해 발생하는 급격한 압력 상승으로 실린더 내의 가스가 진동하여 충격적인 타격음을 발생하는 현상이다.

★★ 10 디젤엔진의 진동발생 원인

1) 각 노즐의 분사량, 분사시기 및 분사 압력이 불량할 때
2) 다기통 엔진에서 어느 하나의 노즐이 막혔을 때
3) 연료공급 계통에 공기가 유입되었을 때
4) 피스톤 및 커넥팅 로드 어셈블리의 무게차이가 클 때
5) 크랭크축이 회전중량이 불평형 일 때
6) 실린더당 압축압력의 편차가 클 때
7) 푸시로드가 굽었거나 부러졌을 때
8) 밸브간극 조정이 맞지 않을 때

★★ 11 자동차 엔진에서 노킹 검출 방법

1) 압전세라믹 센서에 의한 노킹 검출
2) 실린더 압력측정
3) 엔진블록의 진동측정
4) 폭발의 연속음 측정
5) 이온전류 검출에 의한 노킹 검출

★★★ 12 디젤엔진의 노킹 방지 대책

1) 세탄가가 높은 연료를 사용한다.
2) 압축비, 압축압력 및 압축온도를 높인다.
3) 실린더 벽의 온도를 높게 유지한다.
4) 흡입 공기의 온도를 높게 유지한다.
5) 연료의 분사시기를 알맞게 조정한다.
6) 착화지연 기간중에 연료의 분사량을 적게 한다.
7) 엔진의 회전속도를 빠르게 한다.

★★★ 13 디젤 기관에서 연료 소비가 과대할 경우 분사노즐에서 점검해야 할 항목

1) 노즐의 개별압력
2) 후적 여부
3) 동와셔 불량에 의한 누유 여부
4) 접속부의 누유 여부

Part 14

디젤엔진의 과급기

★
01 자기 진단기를 이용하여 디젤기관의 터보차저 VGT를 점검할 때 측정해야 하는 신호들 선택

1) 엑셀포지션 센서 신호
2) 산소 센서 신호
3) 인히비터 신호
4) VGT 액추에이터 신호
5) 부스터압력 센서 신호
6) 스월 제어밸브 신호
7) 엔진 회전수 신호
8) 자동변속기 오일온도 신호

답 : 1, 4, 5, 7번

★★★
02 디젤 엔진에서 터보차저(과급기) 장착 사용시 장·단점

1) 장점

① 동일 배기량에 비하여 기관의 출력이 증가된다.
② 체적효율이 향상되기 때문에 평균유효 압력과 기관의 회전력이 증대된다.
③ 높은 지대에서도 기관의 출력 감소가 적다.
④ 압축온도의 상승으로 착화지연 기간이 짧다.
⑤ 연소상태가 양호하기 때문에 세탄가가 낮은 연료 사용이 가능하다.
⑥ 냉각손실이 적고 연료소비율이 3~5%정도 향상된다.

2) 단점

① 엔진의 강도가 저하된다.
② 구동계의 내구성이 저하된다.
③ 엔진의 구조가 복잡하다.
④ 정비성이 저하된다.
⑤ 엔진의 소음이 크다.

★

03 터보차저에서 A/R의 정의

1) 배기가스 분출구의 면적 A와 그 중심으로부터 터빈 중심까지의 거리 R의 비, 즉 A/R가 터보의 특징을 결정하는데 A/R이 크면 고속형, 작으면 저속형 터빈이 된다.
2) 터빈 지름의 크기는 변경이 어렵기 때문에 R보다는 분출구 면적 A의 크기가 터보의 특징을 결정하는데 VGT는 이를 필요에 따라 유로 변화를 시켜주는 장치이다.

Tip

★ A/R rate : Area (dimeter) / Radius (length) 터보차저를 고속형 또는 자속형으로 선택하는 기준은 A/R의 비율로 결정한다.

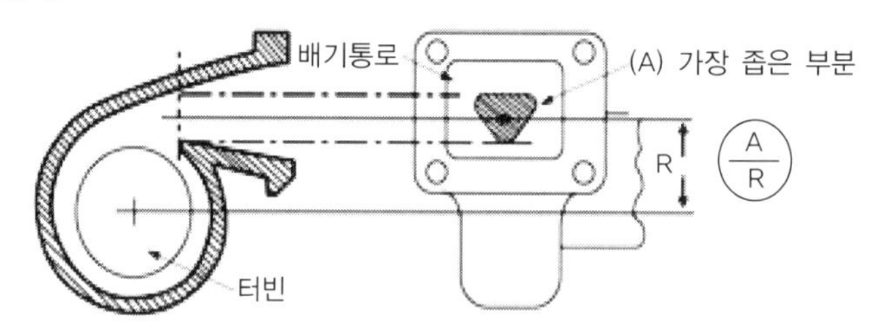

04 디젤기관에서 터보 과급장치를 사용하는 목적

1) 엔진의 출력 향상
2) 연소 효율 향상
3) 동력 성능 향상

Part 15

독립형 분사펌프

01 보쉬형 연료 여과기 (연료필터)의 오버플로우 밸브의 기능

엘리먼트의 막힘 등으로 여과기 내의 압력이 규정값 이상으로 상승하면 열려, 과잉압력의 연료를 탱크로 돌려보내는 역할을 한다.

1) 분사펌프의 엘리먼트 각 부분을 보호한다.
2) 여과기의 성능을 향상시킨다.
3) 운전중 공기 빼기를 한다.
4) 공급 펌프가 소음 발생을 방지하는 기능을 한다.
5) 공급펌프와 분사펌프내의 연료 균형을 유지 한다.

★★ 02 분사노즐 딜리버리(송출) 밸브의 기능(역할)

1) 분사펌프에서 분사파이프로 가압된 연료 송출
2) 분사 파이프 내의 잔압 유지
3) 연료의 역류 방지
4) 연료의 후적 방지

★ 03 디젤연료 분사율에 영향을 주는 인자

1) 엔진의 회전수
2) 연료의 압력
3) 분사노즐의 니들밸브 형상
4) 연료분사 행정길이

04 분사노즐에서 연료 무화에 영향을 주는 요소

1) 노즐의 직경 및 형상
2) 노즐의 분사 압력
3) 연소실의 온도
4) 흡입 공기의 와류 정도

★★★ 05 연료 분사량 불균율 계산식과 판정 방법

1) 평균 분사량 = $\dfrac{\text{각 플런저의 분사량 합계}}{\text{플런저 수}}$

2) (+)불균율 = $\dfrac{\text{최대 분사량} - \text{평균 분사량}}{\text{평균 분사량}} \times 100(\%)$

3) (-)불균율 = $\dfrac{\text{평균 분사량} - \text{최소 분사량}}{\text{평균 분사량}} \times 100(\%)$

4) 불균율 한계는 전부하시 ±3% 이내, 무부하시 10~15% 이내로 규정한다.

★ 06 디젤 기관에서 연료 분사노즐의 분무 특성

1) 무화가 좋을 것
2) 관통도가 알맞을 것
3) 분포가 알맞을 것
4) 분산도가 알맞을 것

★★★ 07 분사노즐의 구비 조건

1) 연료의 무화도
2) 연료의 분사 각도
3) 연료의 후적 금지
4) 노즐의 내구성
5) 분포도

★ 08 가솔린 엔진의 연소시, 압력파의 누적에 의해 말단 가스(end gas)가 보통의 압력파의 진행속도보다 훨씬 빠른 속도로 연소되는 현상

실린더 내의 미연소 가스가 자연 발화 온도를 넘으면 자연 발화에 의하여 전부 연소되므로, 실린더 내의 화염 전파 속도가 300~2,000ms에 달한다. 이때 발생하는 충격파를 디토네이션 (detonation)파라고하며, 이 충격파는 노크를 일으킨다.

★★ 09 축소-확대 노즐에서 임계 압력의 개념

노즐의 목 부분에서 단면적이 감소하였다가 다시 증가하는 부위에서 공기가 이동함에 따라서 수직 충격파와 경사 충격파에 의하여 공기의 흐름의 속도는 감소하고 압력이 증가하기 시작한다. 이 때의 변화되는 압력의 시작점을 임계 압력이라 한다.

★★★

10 디젤 엔진에서 연료소비가 많을 경우 노즐의 점검 방법

1) 노즐 분사개시 압력
2) 후적 발생 여부
3) 노즐 분사 상태
4) 노즐 분사 각도
5) 접속부의 누유 여부
6) 동와셔 불량에 의한 누유 여부

Part 16 분배형 분사펌프

01 분배식 디젤기관 연료분사장치의 구비 조건

1) 고압 형성
2) 정확한 연료 계량
3) 연료 분배
4) 분사시기 결정

Part 17 전자제어 디젤엔진

★

01 CRDI차량에서 레일압력 센서의 기능과 작동

1) **기능** : 레일압력 센서는 연료압축기인 커먼레일의 압력을 감지하는 센서이며 엔진 ECU는 이 신호를 입력받아 연료 분사시기를 조정하는 신호로 사용한다.
2) **작동** : 레일압력 센서는 피에조 압전소자 방식으로 연료의 압력의 누름 정도에 따라 출력전압이 달라진다. 즉 크랭킹시 0.5V(250bar), 공전시 1.3V(260bar) 최대 4.8V(1800bar)정도를 나타낸다.

02 전자제어 디젤기관의 기본 분사량 및 보조량 제어에 사용되는 입력 센서의 종류와 기능

1) AFS : 흡입공기량을 검출하여 ECU로 보내어 기본 분사량를 제어한다.
2) CAS : 각 실린더의 크랭크각을 검출하여 검출된 신호를 ECU로 보내고 ECU는 이 신호를 기초로 엔진 rpm, 분사시기를 제어한다.
3) No1. TDC 센서 : 1번 실린더의 신호를 검출하여 ECU로 보내어 이를 기초로 분사 순서를 제어한다.
4) TPS : 스로틀 밸브의 개도를 검출하여 ECU로 보내며 이 신호를 기초로 엔진의 가/감속 상태에 따라 분사량을 제어한다.
5) WTS : 냉각수온도를 검출하여 ECU로 보내며 연료 분사량 보정신호로 사용된다.
6) ATS : 흡기온도를 검출하여 ECU로 보내며 연료 분사량 보정신호로 사용된다.

03 전자제어 자동차가 공회전시에는 정상이나 고속회전에서는 연료가 과다 소모가 된 경우 예상할 수 있는 고장 부위

1) 인젝터
2) 연료펌프
3) 서모스탯
4) EGR 밸브

★ 04 커먼레일 연료분사 장치에서 주분사로 급격한 압력상승을 억제하기 위하여 예비 분사량을 결정하는 요소

1) 냉각수온도 센서
2) 흡입공기 압력

★ 05 커먼 레일 기관에서 연료온도 센서의 역할과 연료온도 센서가 사용되는 이유

1) 연료온도 센서는 냉각수온도 센서와 같은 부특성 서미스터이다.
2) 연료온도에 따른 연료량 보정 신호로 사용되며,
3) 연료온도가 높아지면 ECU는 연료 분사량을 감소시킨다.
4) 또한, 고압펌프의 과압에 의한 손상을 방지하는 기능을 한다.

06 CRDI 엔진의 다단계 분사 목적과 단계

1) 분사시기와 분사 횟수를 더 나누어 완전연소와 유해배기가스의 저감 및 연비성능의 향상을 도모한다.

2) **다단계 분사 5단계**

① 파일럿 분사(pilot-injection) : 연료를 미소량 분사하여 연소분위기 조성 (혼합 연소에 따른 PM 및 소음 저감 효과)
② 사전 분사(pre-injection) : 착화지연 시간을 단축하기 위하여 실린더 하부까지 완전연소 유도 (NOx와 연소 소음 저감)
③ 주 분사(main-injection) : 최적제어 연료 분사로 엔진의 최고출력 상승
④ 후 분사(after-injection) : 잔류 연료를 완전연소 시키도록 연소실내 온도 유지 (확산연소 활성화로 PM 저감 효과)
⑤ 포스트 분사(post-injection) : 배기가스 온도를 높여 촉매활성화 효과

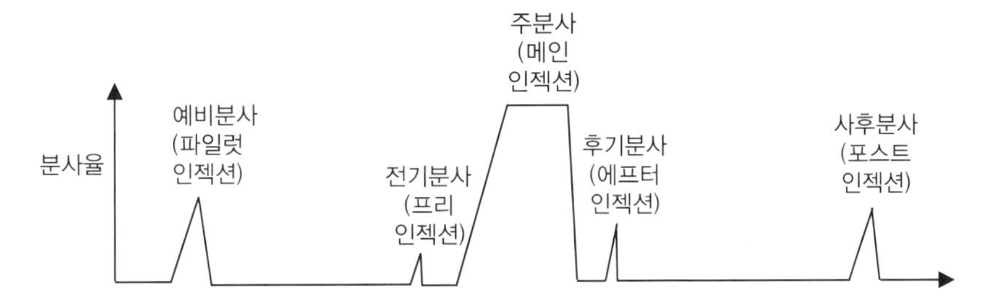

07 전자제어 디젤기관에서 파일럿 분사 금지조건

1) 파일럿 분사가 주 분사를 너무 앞지른 경우
2) 엔진의 회전속도가 3,200rpm 이상인 경우
3) 연료 분사량이 너무 적은 경우
4) 주 분사를 할 때 연료 분사량이 불충분한 경우
5) 엔진작동 제어에 오류가 있을 경우
6) 연료압력이 최소값 (100bar) 이하인 경우

Part 18 디젤의 배출가스와 대책

★★★ 01 디젤 엔진에서 매연 발생원인

1) 흡입공기량 부족
2) 분사노즐의 기능 불량
3) 분사 펌프의 성능 불량
4) 연료 분사시기 빠를 때
5) 연료의 질이 불량
6) EGR 밸브가 열린 채로 고착

★ 02 디젤 엔진에서 배기가스가 흰색으로 나오는 원인

1) 외부온도가 차가울 때
2) 저속상태로 장시간 가동될 때
3) 연료의 질이 나쁠 때
4) 연료계통에 공기가 차 있을 때
5) 연료분사시기가 늦을 때
6) 연료 인젝터의 결함 (냉각수 유입, 엔진오일 유입)
7) 연소실에 냉각수 유입 (실린더헤드 균열, 헤드 개스킷 소손)

★ 03 디젤 DPF(배기가스 후처리 장치, diesel particulate filter)장착 차량의 손상사례

1) **이상 연소에 의한 DPF 소손 :** 주행중 누적된 배기온도에 의해 DPF 내부 이상연소로 과열될 경우
2) **재생중 급격한 산소공급에 의한 손상 :** 재생중 급격히 아이들로 떨어져 산소과다 공급에 의한 이상연소
3) **그을음 과다 퇴적에 의한 손상 :** 주행중 흡기공기부족 등 순간적인 과다 그을음 퇴적에 의한 강제 재생
4) **재 (ash) 퇴적 :** 오일 성분이 재생중 고온에서 연소되어 재로 퇴적

★

04 CPF(catalyzed particulate filter, 배기가스 후처리 장치) 재생과정

1) **포집 단계** : 운행중 500℃이하에서 배출되는 입자상 물질을 세라믹여과기를 이용하여 물리적으로 포집하는 단계
2) **재생시기 판단** : 여과기 앞·뒤에 차압 센서를 설치하고, 센서간의 압력 차이를 이용하여, 포집된 PM양을 검출하고 일정량 이상의 입자상 물질이 포집된 경우 이를 연소시키기 위하여 재생 시기 판단
3) **재생 단계** : 입자상 물질의 착화온도인 550~600℃까지 가열하여 연소시키기 위하여, 기관의 ECU는 관련인자들을 제어하여 재생온도에 도달 하도록 하여 재생하는 단계

★

05 다음 배출가스의 색깔에 따른 연소상태

1) **무색** : 정상 연소
2) **백색** : 연소실에서 엔진오일의 연소
3) **흑색** : 농후한 혼합기로 불완전연소
4) **옅은 황색 → 흑색** : 희박연소
5) **황색 → 흑색** : 노킹 연소

CHAPTER II

섀시

Part 01 섀시 총론

★★★ 01 앞엔진 앞바퀴 구동식(FF, front engine front wheel drive type)의 장·단점

1) 장점

① 실내공간을 넓게 활용할 수 있다.
② 차량이 경량화 되어 연소효율을 향상 시킬 수 있다.
③ 직진성이 양호하다.
④ 횡풍에 대한 안전성이 양호하다.
⑤ 조향 방향과 동일한 방향으로 구동력이 전달되므로 조향시 안정성이 좋다.
⑥ 뒤 현가장치의 성능향상이 가능하다.
⑦ 차량의 중심위치가 전방에 있기 때문에 제동할 때 안정성이 증대 된다.

2) 단점

① 앞바퀴 타이어의 마멸이 빠르다.
② 기관의 설치위치가 앞바퀴 위치에 의하여 제한을 받는다.
③ 구동부의 등속조인트 사용으로 현가장치가 복잡해진다.
④ 최소 회전반경이 커진다.
⑤ 등판할 때 구동력이 저하된다.
⑥ 충돌 사고시 차체의 손상율이 확대된다.
⑦ 험로 주행시 직진성이 불량해진다.
⑧ 전륜 브레이크에 부담이 커진다.

★ 02 FF 및 FR 자동차의 회전 토크 측정전 점검 사항

1) **변속기의 엔드플레이 점검** : 입력축 베어링 심으로 조정
2) **종감속기어 장치의 백래시 점검** : 나사 또는 심으로 좌우로 이동하여 조정
3) **종감속기어 장치의 런아웃 점검** : 차동기어 캐리어 또는 종감속 기어장치 어셈블리 교환
4) **차동기어 장치의 백래시 점검** : 나사 또는 심으로 조정
5) **차축 관련 사항**
   ① 프리로드 점검 (베어링) 및 조임
   ② 후차축 피니언베어링 점검 및 조임
   ③ 사이드 베어링 점검 및 조임
   ④ 피니언기어와 링기어 백래시 점검 및 조임
   ⑤ 전·후 허브베어링 점검 및 조임
   ⑥ 로어암 볼조인트와 조향너클의 체결 점검 및 조임

Part 02 클러치와 수동변속기

01 클러치의 필요성과 구비조건

1) **필요성**
   ① 엔진을 시동할때 동력을 차단하여 무부하 상태로 할 수 있다.
   ② 변속시 일시적으로 동력을 차단하여 변속을 쉽게 할 수 있다.
   ③ 관성 운전을 위하여 엔진의 동력을 차단 할 수 있다.
   ④ 출발시 엔진 동력을 서서히 연결할 수 있다.

2) **구비조건**
   ① 동력 차단이 신속하고 확실 할 것
   ② 회전 관성이 적을 것
   ③ 냉각이 잘되고 과열되지 않을 것
   ④ 회전부분의 평형이 좋을 것
   ⑤ 구조가 간단하고 취급이 용이하고 고장이 적을 것
   ⑥ 소음 및 진동이 적고 수명이 길 것

★★★

02 수동 변속기에서 다이어프램 형식 클러치의 특징

1) 압력판에 작용하는 힘이 균일하다.
2) 스프링이 원판이기 때문에 평형이 좋다.
3) 클러치 페달 조작력이 작아도 된다.
4) 구조가 간단하고 조작이 간편하고 정확하다.
5) 클러치 디스크가 마모되어도 압력판에 가해지는 압력의 변화가 적다.
6) 고속운전에서 원심력에 의한 스프링의 장력 변화가 적다.

03 클러치 점검항목

1) 클러치 스프링 장력
2) 클러치 스프링 자유고
3) 클러치 스프링 직각도
4) 클러치 리벳 깊이
5) 클러치 판의 비틀림
6) 클러치 레버의 높이
7) 클러치 페달 유격
8) 릴리스 베어링의 손상

★★★

04 클러치 댐퍼스프링 파손 원인

1) 댐퍼스프링의 재질 및 열처리 불량 등으로 인한 부품불량
2) 급격한 클러치 조작에 의한 충격 파손
3) 과적으로 인한 디스크에 과중한 부하
4) 과부하 상태에서의 등판 주행
5) 긴 내리막길에서의 과도한 엔진 브레이크의 사용

Tip

★ 댐퍼스프링(damper spring) : 비틀림 코일스프링 (torsional coil spring) 이라 하며 클러치 회전충격을 흡수한다.

★

05 클러치 고장 발생원인

1) 급격한 클러치 조작
2) 반 클러치를 빈번하게 사용할 때
3) 클러치 마스터실린더 및 릴리스실린더 피스톤링 파손
4) 클러치 마스터 및 릴리스실린더 피스톤컵 불량
5) 릴리스 베어링의 주유부족으로 인한 소결
6) 클러치 디스크 댐퍼스프링 절손
7) 클러치 디스크 과대 마모
8) 유압라인에서 오일누출 또는 베이퍼록 현상 발생

★★★
06 클러치 단속이 되지 않을 때 클러치 본체에 의한 원인

1) 클러치페달의 유격 과대
2) 클러치 마스터실린더 또는 릴리즈실린더 불량
3) 클러치 유압 계통에 공기혼입 또는 오일누설
4) 릴리스 레버 조정 불량
5) 릴리스 베어링 파손
6) 클러치 축 휨
7) 클러치 축과 파일럿 베어링 고착
8) 클러치 스프링의 장력 과대
9) 클러치 압력판 변형
10) 클러치 디스크의 허브와 클러치 축 스플라인부 섭동 불량

★★★
07 주행중 클러치가 미끄러져(slip) 동력전달 효율이 저하되는 원인

1) 클러치 페달의 유격이 적다.
2) 클러치 페달 또는 링키지의 리턴이 불량하다.
3) 클러치판 페이싱이 마모나 경화되었다.
4) 클러치판에 오일이 묻었다.
5) 압력판 스프링의 장력이 약화되거나 파손되었다.
6) 플라이휠 또는 압력판의 손상으로 플라이휠과 접촉이 불량하다.
7) 마스터실린더나 릴리즈실린더가 불량하다.

★
08 클러치 접속시 소음은 없으나 클러치 페달을 밟을 때 소음이 발생하는 원인

1) 클러치 페달 유격 과소
2) 클러치 디스크 페이싱 마멸 과다
3) 릴리스 베어링 손상 또는 오일부족
4) 클러치 어셈블리 및 릴리즈 베어링 조립불량
5) 크랭크축 엔드플레이 과다
6) 파일럿 베어링 소손

09 변속기의 필요성

1) 시동 및 공전상태에서 중립상태로 둘 수 있다.
2) 역전기어를 이용하여 후진을 할 수 있다.
3) 출발 및 등판시 큰 구동력을 얻을 수 있다.
4) 차량의 엔진 회전수와 부하에 따라 주행속도를 증감시킬 수 있다.
5) 출발시 동력전달장치에 가해지는 응력완화 및 마멸을 최소화할 수 있다.

★ 10 변속기 탈착 작업시 주의해야 할 안전사항

1) 눈을 보호하기 위해 항상 보호 안경을 착용하고 작업한다.
2) 차체 아래에서 작업할 경우 반드시 안전 스탠드로 지지한 후 탈착한다.
3) 변속기 어셈블리 탈거는 변속기용 잭을 주의하여 이용한다.
4) 주차 브레이크를 당겨 놓고 타이어의 앞·뒤 쪽에 받침대를 고여 놓는다.
5) 제작사 정비 매뉴얼에 준하여 작업을 한다.

★★ 11 수동변속기 차량의 주행중 기어가 빠지는 원인

1) 기어 변속포크가 마멸 되었다.
2) 록킹볼의 마멸 및 로킹볼 스프링 장력이 약하다.
3) 베어링 및 부싱이 마멸 되었다.
4) 각 기어가 과도하게 마멸 되었다.
5) 싱크로메시 기구가 마모 되었다.
6) 싱크로나이저 허브와 슬리브 스플라인 사이 간극이 과다하다.

★★★ 12 수동변속기 차량이 주행중 변속기어가 잘 들어가지 않는 원인 (단, 클러치는 정상동작, 오일 및 윤활유 정상)

1) 변속레버 조절 불량 또는 마멸
2) 싱크로메시 기구 마모 또는 파손
3) 변속링크 불량
4) 인터록 불량 또는 파손
5) 주축과 부축 평형도 불량
6) 시프트레일과 포크 연결핀 부러짐

★★★ 13 기어 물림이 불량하거나 기어가 빠지지 않는 이유

1) 클러치 차단 불량
2) 시프트 포크의 마모 또는 포크키 파손
3) 변속레버 연결기구 마멸
4) 주축 베어링이나 부축 베어링 과대 마멸
5) 인터록 볼 파손
6) 록킹볼 마멸 또는 록킹볼 스프링 파손
7) 싱크로메시 기구 불량

★ 14 변속기 소음이 발생하는 원인 (클러치 차단시, 기어 변속시, 주행시)

1) 클러치 차단시
① 크랭크축 엔드플레이 과다
② 파일럿 베어링 소손
③ 기어 마모 또는 손상
④ 기어오일 부족
⑤ 릴리즈베어링 손상

2) 기어 변속시
① 클러치 페달 자유유격 과다
② 클러치 디스크 런아웃 과다
③ 변속기 윤활상태 불량 또는 오일 부족
④ 싱크로메시 기구 불량

3) 주행시
① 트랜스액슬 및 엔진마운트의 헐거움 또는 파손
② 변속기 주축 또는 부축 엔드플레이 과다
③ 각 기어 마모 또는 손상
④ 기어오일 부족 또는 열화

★ 15 싱크로메시(synchromesh) 기구의 구성요소

1) 싱크로너이저 허브(synchronizer hub)
2) 싱크로나이저 슬리브(synchronizer sleeve)
3) 싱크로나이저 링(synchronizer ring)
4) 싱크로나이저 키(synchronizer key)
5) 싱크로나이저 스프링(synchronizer spring)

Part 03 유체클러치, 토크컨버터 & 댐버클러치

★ 01 토크컨버터의 3요소 2상 1단 방식이란

1) 3요소 : 펌프, 터빈, 스테이터
2) 2상 : 토크증대 기능, 유체 커플링 기능
3) 1단 : 터빈의 수

Tip

★ 2상이란 토크컨버터가 회전속도에 따라 컨버터 영역과 커플링 영역에서 작동됨을 의미한다.

02 댐퍼클러치 비작동 영역

1) 스로틀밸브 열림 정도가 급격히 감소한 경우
2) Power OFF 영역일 경우
3) 제1속 또는 후진을 하는 경우
4) 가속페달을 밟고 있지 않을 경우
5) 자동변속기 오일의 온도가 적정온도 이하일 경우

03 토크컨버터의 일방향 클러치(one way clutch)의 설치위치와 기능

1) **설치위치** : 일방향 클러치는 토크컨버터 내의 스테이터에 설치되어 있다.
2) 기능
   ① 터빈의 속도가 펌프의 속도 80~90%에 접근하면, 스테이터를 공전시켜 회전력을 증가 시키지 않고 유체 클러치로서 작용한다.
   ② 일방향 클러치는 클러치 롤러나 스프래그(sprag)를 사용하여 한쪽 방향으로만 스테이터를 회전하게 한다.

04 댐퍼클러치(lock-up clutch)의 기능

1) 댐퍼 클러치는 자동차의 주행속도가 일정값에 도달하면 토크컨버터의 펌프와 터빈을 기계적으로 직결시켜
2) 미끄러짐에 의한 손실을 최소화하여 정숙성을 도모하는 장치이며, 터빈과 토크컨버터 커버 사이에 설치되어있다.
3) 동력 전달 순서는 엔진 → 프런트 커버 → 댐퍼 클러치 → 변속기 입력축이다.

★★ 05 댐퍼 클러치(lock-up clutch)의 기능에 대한 설명으로 빈칸 넣기

> 댐퍼 클러치는 자동차의 주행속도가 일정 값에 도달하면 (①)의 펌프와 터빈을 기계적으로 (②) 시켜 (③)에 의한 손실을 최소화하여 정숙성을 도모하는 장치이다.

① 토크 컨버터 ② 직결 ③ 미끄러짐

★★★ 06 전자제어 자동변속기에서 토크컨버터 내의 댐퍼클러치가 작동하지 않는 구간

1) 엔진의 냉각수 온도가 규정온도 이하일 때
2) 작동의 안정화를 위한 유온이 규정온도 이하일 때
3) 엔진의 회전수가 800rpm 이하이거나 속도센서 신호가 입력되지 않을 때
4) 급가속시, 엔진의 회전수가 2000rpm 이하에서 스로틀밸브의 열림이 클 때
5) 출발시, 변속시, 1속 및 후진시
6) 브레이크 작동시
7) 엔진 브레이크로 감속할 때

07 자동변속기에 사용되는 유체(ATF, automatic transmission fluid)의 역할

1) 토크컨버터 내에서 동력 전달
2) 기어 및 베어링 등 회전요소 윤활
3) 밸브, 클러치, 밴드브레이크 등 유압기구 윤활
4) 변속시 충격 감소
5) 변속기 내부 냉각작용

08 자동변속기 오일의 구비 조건

1) 클러치 접속시 충격이 적고 미끄럼이 없는 적절한 마찰계수를 가질 것
2) 기포 발생이 없고 방청성을 가질 것
3) 저온시에도 유동성이 좋을 것
4) 점도지수가 클 것
5) 내열 및 내산화성이 좋고 슬러지 (sludge) 발생이 없을 것
6) 오일실 (seal)이나 마찰재료의 화학변화, 경화, 수축, 팽창 등과 같은 나쁜 영향을 주지 않을 것

09 자동변속기 내 오일의 점도가 낮아지면 고온시 나타나는 현상

1) 클러치, 브레이크, 피스톤, 제어밸브, 오일실 등에서 누유가 발생한다.
2) 유압이 규정압 이하이므로 정밀제어가 불가능하다.
3) 유온성능이 저하되어 마모가 발생한다.
4) 마찰열로 인하여 유온이 더욱더 상승한다.
5) 펌프의 효율이 저하된다.

10 듀얼클러치 변속기의 장점

1) 기존 변속기에 비해 작동이 빠르고 동력 손실이 적다.
2) 가속력이 뛰어나고 연료소비효율이 좋다.
3) 변속충격이 적다.

11 전자제어 자동변속기의 학습제어의 목적과 관련 센서

1) 학습제어의 목적

① 자동변속기의 양산편차 (유압, 클러치 유격 등)에 의한 영향을 최소화하여 변속감 향상과 변속감 유지

② 주행거리 증가에 의한 내구력의 저하를 방지하기 위한 일종의 자동 변속기 길들이기임

2) 관련 센서 : 스로틀포지션 센서 (TPS), 차속 센서, 브레이크 센서

Part 04

전자제어 자동 변속기

01 전자제어 자동변속기의 장·단점

1) 장점

① 도로조건에 맞는 자동적인 변속제어로 편이성 증대

② 전자제어에 의한 내구성 증대

③ 전자제어에 의한 연비상승 효과

④ 변속효율 증대 및 신뢰성 증대

⑤ 위급상황시 안전 확보

⑥ 고장정보의 명확한 전달로 정비시간 단축

2) 단점

① 가격 상승

② 사후 관리비용 증가

③ 정비개소 증가로 인한 정비 난이

★★ 02 자동변속기에서 히스테리시스(hysteresis, 이력현상) 현상과 방지방법

1) 현상

① 스로틀밸브의 열림 정도가 같아도 업시프트 변속점과 다운시프트 변속점이 같으면 그 변속점 부근에서 주행중 빈번히 변속되어 주행이 불안정해지는 현상을 말한다.

2) 방지방법

① 스로틀 밸브의 열리는 정도가 같아도 업시프트와 다운시프트의 변속점에서 7~15km/h 정도 차이를 둔다.

② 변속의 안정성을 도모하기 위하여 업시프트 변속점이 높다.

3) 조정 방법 : TPS값과 아이들스위치의 ON/OFF 값을 보고 조정한다.

★
03 유성기어 장치의 장·단점

1) 장점
① 엔진에서 오는 동력을 차단하지 않고도 변속이 가능하다.
② 여러 개의 기어로 되어있어 각 기어가 받는 하중이 적다.
③ 베이링에 가헤지는 하중이 적으므로 작동소음이 적다.
④ 기계 각부에 충격완화로 엔진수명이 길어진다.
⑤ 한 조의 유성기어 장치에서 여러 가지의 감속비를 얻을 수 있다.

2) 단점
① 여러 개의 피동축이 필요해 구조가 복잡하다.
② 한 세트의 유성장치로 감속비에 한계가 있다.
③ 제작이 어렵다.

★★★
04 오버드라이브 장치에서 킥다운의 효과

1) **오버드라이브** : 오버드라이브란 증속 구동이며, 트랜스미션의 출력축을 엔진보다 빠르게 회전하도록 하여, 고속 주행시 엔진의 회전속도를 낮게 유지하여 마모나 소음을 적게 한다.

2) **킥다운** : 자동변속기는 차속과 엔진 회전 관계로 순차적으로 업시프트하는 구조로 되어 있지만, 급가속을 얻기 위하여 액셀레이터 페달을 끝까지 밟으면 현재의 기어 단수보다 한 단계 낮은 기어로 선택되면서 순간적으로 강력한 가속력이 확보되어 추월성능이 향상된다. 이때, 차량이 주춤거리는 현상은 가속력을 얻기 위한 정상적인 현상이다.

05 킥다운이 작동되지 않는 이유

1) 스로틀포지션 센서의 출력이 80% 이하일 때
2) 스로틀 케이블 조정 불량시
3) 킥다운 서보스위치 불량시
4) 킥다운 서보 불량시

★
06 자동변속기에서 크리프(creep) 현상의 필요성

1) 등판 정차시 출발을 용이하게 함
2) 제동시 엔진이 꺼지지 않게하기 위함
3) 교통 정체시 작은 출발에 따른 변속충격 감소
4) 교통 정체시 운전자 피로감소
5) 정지와 D레인지간 차체진동 저감

07 킥다운 서보 스위치 작동원리

1) 킥다운 서보가 유압에 의하여 작동하면 킥다운 브레이크 밴드가 조여져서 킥다운 드럼을 잡아주며, 이로 인해 킥다운 드럼에 연결되어 있는 후진 기어가 고정된다.
2) 피스톤 서보의 피스톤이 가압을 위해 작동하면 킥다운 스위치는 접지가 되고, 이 접지 신호를 자동변속기 ECU는 감지하여 킥다운이 되었음을 확인한다.

★★★
08 자동변속기에서 할 수 있는 성능시험 방법

1) 오일압력 시험
2) 스톨 시험
3) 주행 (변속패턴) 시험
4) 타임래그 시험

★
09 자동변속기 차량에서 전진은 되지만 후진이 안 되는 원인

1) 프런트 클러치 리테이너 내부 마모
2) 프런트 클러치 혹은 피스톤 작동 불량
3) 로우&리버스 브레이크 회로, 밸브보디와 케이스 사이의 O링 누락
4) 펄스 제너레이터가 손상되었거나 배선 분리 또는 단락

★ HIVEC

명칭	전진(포워드)/리어클러치	엔드클러치	킥다운 브레이크		후진/프런트 클러치	
변속레버/작동요소	UD clutch	OD clutch	2ND Brake	L&R Brake	RVS Clutch	OWC
P/N				★		
D1	★			★		★
D2	★		★			
D3	★	★				
D4		★	★			
R				★	★	
내용	1~3속 제어	3,4속 이상 제어	2,4속 킥다운 제어	1속 및 후진 기어		

★ 10 자동변속기에서 듀티 제어를 하는 밸브

1) DCCSV(damper clutch control solenoid valve) : 댐퍼클러치 작동제어
2) PCSV(pressure control solenoid valve) : 변속시 오일 압력 제어
3) LRBSV(low & revers brake solenoid valve) : 1속 및 후진시 제어
4) UDSV(under drive solenoid valve) : 1~3속 변속제어
5) 2ND BSV(second brake solenoid valve) : 2,4속 킥다운 제어
6) ODSV(over drive solenoid valve) : 오버드라이브(3속 이상) 제어

11 자동변속기에서 N-D 레인지 변환시 유압제어 솔레노이드 파형에서 쵸핑제어(chopping control)를 하는 이유

1) 이유
① 클러치 작동 전에 쵸핑제어를 하는 것은 유압을 서서히 증가시켜 클러치 작동을 부드럽게 하여 N-D 변환시 충격을 완화 시키는 역할을 한다.
② 또한, 소비전류를 저하시키고 코일의 열화를 방지하는 효과도 있다.

2) 파형
① A구간은 TCU가 솔레노이드를 접지하여 전기적으로 통전되는 구간이므로 유압이 공급되지 않는 부분이다.

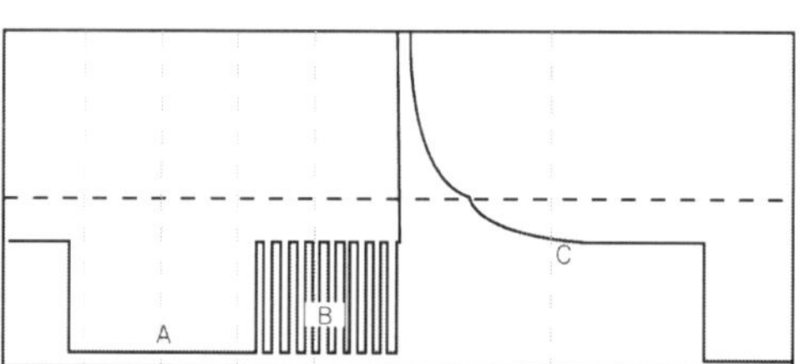

② B구간은 솔레노이드를 쵸핑제어 즉, 정밀제어 구간으로 실제로 유압이 공급되지 않는 부분이다.
③ C구간은 실제 솔레노이드 밸브가 OFF되어 동작하지 않는 구간으로 유압이 공급되는 부분이다.

12 자동변속기 주행성능 시험방법의 종류

1) 변속패턴 시험
2) 킥다운 시험
3) 킥업 시험
4) 리프트 풋업 시험
5) 오버드라이브 ON/OFF 시험
6) 홀드(hold) ON/OFF 시험

★★★

13 자동변속기 성능시험 (스톨, 주행, 유압) 전 점검 사항

1) 엔진 정상작동 상태
2) 스로틀 케이블 연결 상태
3) 변속기 오일량
4) 변속레버 링크기구의 연결 상태
5) 킥다운 케이블 연결 상태
6) 엔진오일과 냉각수 누수
7) 엔진의 공전상태 및 공전속도

14 자동변속기에서 감압이 부적당한 원인

1) 라인압력이 부적당함
2) 감압회로 필터 위치 이동
3) 감압조정 불량
4) 감압밸브 고착
5) 밸브보디 조임부 풀림

★★★

15 4단 자동변속기의 유압회로의 압력점검 개소

1) 프런트 클러치 압력
2) 리어 클러치 압력
3) 엔드 클러치 압력
4) 토크컨버터 원웨이 클러치 압력
5) 로우&리버스 브레이크 압력
6) 세컨드 브레이크 압력

★

16 자동변속기의 라인오일압력 시험방법

1) 자동변속기를 완전히 워밍업 시킨다.
2) 잭으로 차량을 들어 올려 앞바퀴가 돌아갈 수 있도록 한다.
3) 엔진 타코미터를 연결하고 보기 좋은 곳에 위치시킨다.
4) 오일압력 게이지와 어댑터를 각 오일압력 배출구에 연결한다.
5) 후진압력, 프런트 클러치압력, 로우&리버스 브레이크 압력을 측정할 때는 30kgf/cm^{2}용 게이지를 사용하여야 한다.
6) 다양한 조건에서 오일압력을 점검하여 측정값이 "규정 압력표"에 있는 규정 범위 내에 있는지를 확인한다.
7) 오일압력이 규정범위를 벗어나면 "오일압력이 정상이 아닐 때 조치방법"을 참조하여 수리한다.

★
17 자동변속기에서 라인압력이 너무 높거나 낮은 원인

1) 오일필터 막힘
2) 레귤레이터 밸브의 오일압력 조정 불량
3) 레귤레이터 밸브 고착
4) 밸브보디의 소임부 풀림
5) 오일펌프 배출압력 부적당

★
18 자동변속기의 타임래그(time lag, 지연시간) 시험의 목적과 방법

1) **목적**

엔진 공회전시 변속레버로 변속시킬 때 변속충격을 느낄 수 있는데, 변속레버의 변환 순간부터 이 충격을 느끼는 순간까지의 지연시간을 측정하여 클러치 및 브레이크 상태를 점검한다.

2) **테스트 방법**

① 평탄한 곳에 주차 한다.
② 아이들 rpm이 규정값인지 점검한다.
③ 브레이크를 밟는다.
④ 선택 레버를 N에서 D 또는 R 위치에 변환한 다음 충격을 느낄 때까지의 시간을 측정한다.
⑤ 전진 1.2초 이내, 후진 1.5초 이내이면 정상이다.

★
19 자동변속기의 밸브보디에 장착된 감압밸브(reducing valve)의 위치와 역할

1) **위치** : 밸브보디 하부
2) **역할** : 라인압력을 이용하여 라인압력보다 낮은 일정 유압을 만들기 위한 밸브이다. 이 유압은 직접 클러치나 브레이크에 작동하는 유압은 아니며, 맥동이 큰 라인압력을 안정된 유압으로 낮추어 댐퍼 클러치 솔레노이드 밸브나 유압조절 솔레노이드 밸브를 보다 정교하게 작동시키기 위한 밸브이다.

① 유압회로 내의 일부 압력을 감압시켜 압력을 일정하게 유지하는 밸브
② 유량이나 입구측 압력은 변함이 없으며, 출력측 압력을 입구측 압력보다 낮은 설정압력으로 조정하는 압력조절 밸브

★ 20 자동변속기의 밸브보디에 장착된 매뉴얼밸브, 압력조절밸브, 시프트밸브 기능

1) 매뉴얼 밸브

① 운전자가 변속레버를 선택함과 동시에 자동변속기의 매뉴얼 레버가 움직이고 이 매뉴얼 레버와 연동하여 밸브보디 속의 매뉴얼 밸브가 움직여 밸브스플이 변속 레버에 맞는 유로를 열거나 폐쇄하는 역할을 한다.

2) 압력조절 밸브(regulator valve)

① 압력조절 밸브는 각 작동요소에 공급되는 유압을 압력컨트롤솔레노이드 밸브의 제어에 따라 조절하여 변속시 충격의 발생을 방지하는 역할을 한다.

② 압력컨트롤솔레노이드 밸브는 TCU의 제어신호에 따라 듀티제어되며, 각 작동요소의 제어를 위하여 전기적인 신호를 압력조절 밸브에 작용하는 유압으로 변환시키는 역할을 한다.

3) 시프트 밸브

① 자동변속기는 차량속도와 스로틀 밸브의 개도에 따라 상황에 적절한 변속비로 제어되도록 설계되어 있다.

② 적절한 변속비로 제어되기 위해서는 유성기어를 제어하는 클러치나 브레이크에 동력이 전달되거나 해제되어야 하는데 이 역할을 담당하는 밸브가 시프트 밸브이다.

③ 자동변속을 위하여 1-2 시프트밸브, 2-3 시프트밸브, 3-4 시프트밸브 등이 있으며 이들 밸브의 양단에는 드로틀압과 거버너압이 작용하여 양단의 압력차에 의해 시프트 밸브가 움직인다.

★★★ 21 자동변속기 1-2단 변속시 충격발생 원인 (변속기 내부요인)

1) 솔레노이드 밸브 (DCSV, SCSV-A, SCSV-B, PCSV)의 작동 불량
2) 클러치 (프런트, 리어, 엔드)나 브레이크 (로우&리버스, 킥다운)의 작동 불량
3) 변속기 오일의 량이나 상태 불량
4) 각종 밸브의 작동 불량
5) 자동변속기 TCU의 제어 불량
6) 밸브보디 내의 유로 막힘

★★★ 22 자동변속기에서 스톨시험의 목적과 시험방법

1) **목적** : 선택레버를 D 또는 R위치에서 스로틀 밸브를 완전개방 시켰을 때, 아래의 항목을 점검한다.
① 엔진의 구동력 시험
② 토크컨버터의 동력전달 기능 시험
③ 클러치의 슬립 점검
④ 브레이크 패드의 슬립 유무 점검

2) **시험방법**
① 각 바퀴에 고임목을 고인다.
② 엔진 회전 속도계를 연결한다.
③ 엔진을 워밍업 시킨 후, A/T 오일의 온도가 정상작동온도가 되면 오토미션 오일량을 점검한다.
④ 주차 브레이크를 채우고 브레이크 페달을 완전히 밟는다.
⑤ 선택레버 각 위치를 차례로 2~3초 유지하였다가 중립으로 한다.
⑥ 선택레버를 "D"위치에 놓고 액셀레이터 페달을 완전히 밟은 상태로 최대 rpm을 읽는다.
⑦ 이때 테스트는 5초 이상 작업하지 않는다.
⑧ 측정 rpm이 2200±200rpm이면 정상이다.
⑨ 선택레버를 "R"위치로 변속한 후 앞의 방법으로 스톨검사를 다시 한다.

Part 05

무단변속기(CVT)

01 무단변속기(CVT, continuously variable transmission)의 장점

1) 변속단이 없으므로 변속충격이 없다.
2) 자동변속기 대비 연비가 우수하다.
3) 가속성능이 우수하다.
4) 기존 자동변속기에 비해 부품수가 적고 구조가 간단하다.

★ 02 등속조인트(constant velocity joint) 분해시 점검요소

1) 베어링의 마모
2) 하우징의 마모
3) 고무부투의 손상
4) 축의 휨
5) 스플라인의 마모
6) 조인트 부트에 물 또는 이물질 유입

Part 06 드라이브 라인, 종감속 장치 및 바퀴

★ 01 종감속 기어 장치에서 하이포이드 기어의 장·단점

1) 장점
① 기어의 편심으로 인해 추진축이 낮아져서 차체의 전고가 낮아진다.
② 차체의 중심이 낮아져서 안정성 및 승차감이 향상 된다.
③ 기어의 물림량이 크기 때문에 회전이 정숙하다.
④ 기어표면의 접촉면적이 증가되기 때문에 강도를 향상시킬 수 있다.

2) 단점
① 기어이빨이 폭 방향으로 슬립 접촉하므로 극압성 윤활유가 필요하다.
② 기계 가공시 제작이 어렵다.

★ 02 동력전달 장치에서 차동제한장치(LSD, limited slip differential gear)의 특징

1) 어느 한 쪽 바퀴가 마찰계수가 낮은 도로상에 있을 때 미끄러져 총 구동력이 떨어지는 것을 방지한다.

2) 장점
① 미끄러운 노면에서 출발이 용이하다.
② 타이어 슬립을 방지하여 타이어의 수명을 연장 할 수 있다.
③ 급가속 직진주행에 안정성이 양호하다.
④ 요철노면 주행시 후부위의 흔들림을 방지할 수 있다.
⑤ 빠지기 쉬운 노면에서의 탈출이 용이하다.
⑥ 가속, 커브길 선회시 바퀴의 공전을 방지한다.

★★★ 03 주행중 자재이음 및 추진축에서 소음, 진동이 발생하는 원인 (베어링과 윤활은 정상)

1) 슬립이음 마모 또는 급유 불량
2) 유니버셜 조인트 볼트 결합 불량
3) 프로펠러 샤프트가 휘거나 평형 불량
4) 센터베어링 손상 또는 조립 상태 불량
5) 플랜지요크의 조인트볼트 조립불량 또는 노화
6) 정적 또는 동적 평형 불량

04 뒤차축이 과열하는 원인

1) 오일량 부족
2) 오일의 질 불량
3) 과적 또는 과부하
4) 각부 베어링 프리로드 과대
5) 각부 기어 마모 또는 백래시 과소

★ 05 자동차가 직진 주행시 종감속장치 이외에서 소음이 발생하는 원인

1) 클러치에서 발생하는 소음
2) 변속기에서 발생하는 소음
3) 추진축에서 발생하는 소음
4) 휠베어링에서 발생하는 소음
5) 타이어와 노면과의 마찰에서 발생하는 소음

06 뒤차축이나 트랜스액슬(CV joint, constant velocity joint, 등속축)에서 직진 주행시 또는 선회시 소음이 발생하는 원인

1) 기어오일 부족 또는 오일 열화
2) 기어 접촉 불량
3) 구동륜 차축 휨
4) 허브베어링 마모
5) 구동 피니언과 링기어 백래시 과다
6) 구동 피니언기어의 프리로드 과대 또는 과소
7) 구동피니언 베어링의 마모
8) 링기어의 런아웃 과다

★★
07 **자동차가 직진 주행시 차동장치 및 후차축에서 소음이 발생하는 원인 (단, 허브베어링 및 각종 베어링 상태는 양호하며 유격도 정상이고 각 부위의 윤활상태는 정상)**

1) 구동축의 마모 또는 휨
2) 구동피니언과 링기어 물림상태 불량
3) 구동축 허브 돌출
4) 링기어 런아웃 불량
5) 종감속기어 백래시 불량
6) 구동피니언 플랜지너트 체결불량 또는 풀림
7) 구동피니언 고정축 마모 및 사이드기어 돌출

★
08 **자동차가 직진 주행시 후차축 이외에서 소음이 발생하는 원인**

1) 변속기 주유불량 또는 마모
2) 추진축 주유부량 또는 마모
3) 휠베어링 주유불량 또는 마모
4) 각종 현가장치의 고무 부싱 마모
5) 타이어와 노면의 마찰

★
09 **휠(wheel)의 평형이 불량해지는 원인 (타이어불량 외)**

1) 휠베어링 유격과다
2) 조향 링키지 유격과다
3) 볼트와 부싱 마모
4) 앞차축 및 프레임 휨 발생
5) 충격으로 인한 균형 파괴

★★
10 **휠 림의 구조에서 림 험프를 두는 이유**

림 험프는 비드시트에 설치되어 있는 볼록한 모양의 돌기로 드롭센터 림에서 타이어의 비드베이스가 림의 비드시트로부터 잘 벗겨지지 않도록 하는 역할을 한다.

11 스탠딩 웨이브 현상과 방지책

1) 타이어 접지면의 변형이 내압에 의하여 원래의 형태로 되돌아오는 속도보다 타이어 회전속도가 빠르면 트레드가 받는 원심력으로 말미암아 타이어의 변형이 원래의 상태로 복원되지 않고 물결모양이 남게 되는 것을 스탠딩 웨이브 현상이라고 한다.

2) 방지대책
① 타이어의 공기압력을 높인다.
② 강성이 큰 타이어를 사용한다.
③ 주행속도를 줄인다.
④ 편평비가 낮은 타이어나 레디얼 타이어를 사용한다.

12 레디얼(radial) 타이어의 특징

1) 특징
① 타이어의 편평비를 크게 할 수 있어 접지 면적이 크다.
② 전동저항이 적고 로드홀딩이 향상되어 스탠딩웨이브 현상이 적다.
③ 고속에서 구름저항이 적고 내마모성이 우수 하다.
④ 브레이커가 튼튼해 트레드가 하중에 의한 변형이 적다.
⑤ 선회할 때 사이드슬립이 적어 코너링 포스가 좋다.

2) 단점
① 브레이커가 튼튼하여 충격흡수가 불량하여 승차감이 나쁘다.
② 저속에서 조향핸들이 다소 무겁다.

13 일반적인 자동차의 타이어 선택과 취급에 있어서 주의 할 사항

1) 자동차의 규격에 맞는 타이어를 사용한다.
2) 공기압은 타이어의 제원 및 주행 조건에 알맞게 조정한다.
3) 정기적으로 타이어의 위치를 교환한다.
4) 앞바퀴 정렬은 정기적으로 점검한다.
5) 타이어의 손상을 방지하기 위하여 급제동, 급가속, 급선회를 하지 않는다.
6) 휠은 균열이나 휨이 없는 것을 사용한다.
7) 휠밸런스 및 전차륜 정렬을 맞춘다.
8) 스노우 타이어는 4바퀴 모두 사용하는 것이 좋다.
9) 복륜 타이어는 지름이 작은 것은 내측에 위치한다.

★ 14 튜브리스(tubeless) 타이어의 장점

1) 날카로운 것에 찔려도 급격한 공기누설이 없어 주행시 안정성이 좋다.
2) 타이어 내부 공기가 직접 림에 접촉되어 열 발산이 좋다.
3) 타이어와 노면에 의해 발생되는 열방출이 우수 하다.
4) 튜브에 의한 고장이 없고 펑크시 수리가 간편하다.

15 복륜 타이어 취급시 주의할 점

1) 지름의 차이가 없을 것
2) 복륜 간격을 유지할 것
3) 부득이한 경우 지름이 작은 타이어를 안쪽에 장착할 것

16 하이드로 플레이닝(hydro plaining, 수막현상) 현상과 방지책

1) 물이 고여 있는 도로를 고속으로 주행할 때 일정 속도 이상이 되면 타이어의 트레드가 노면의 물을 완전히 밀어내지 못하여 타이어는 얇은 수막에 의해 노면으로부터 떨어져 제동력 및 조향력을 상실하는 현상을 말한다.

2) **방지 대책**
① 트레드 마멸이 적은 타이어를 사용한다.
② 타이어의 공기압력을 높이고 주행속도를 낮춘다.
③ 리브 패턴의 타이어를 사용한다.
④ 트레드 패턴을 카프(calf)형으로 세이빙(shaving) 가공한 타이어를 사용한다.

★ 17 구동륜(타이어)이 스핀(spin)을 일으키는 요소 (주행 측면)

1) 타이어가 과다하게 마모된 경우
2) 공기압이 과다한 경우
3) 한 쪽 또는 두 쪽 타이어 모두 미끄러운 노면을 주행할 경우
4) 선회하면서 급가속을 행하였을 경우
5) 등판 주행중 정지했다가 발진했을 경우
6) 평탄 주행시 급가속을 할 경우

★ 18 구동륜(타이어)이 스핀(spin)을 일으키는 요소 (타이어 측면)

1) 타이어의 트래드 패턴
2) 타이어의 트래드 홈깊이
3) 타이어의 재질
4) 타이어의 공기압력
5) 타이어와 노면과의 마찰계수

19 주행중 스티어링 휠이 떨리는 원인

1) 휠허브 밸런스 불량
2) 휠의 동적·정적 평형 불량
3) 휠허브의 베어링 마모
4) 조향너클 비틀림 발생
5) 타이어 편마모

★ 20 FF 타입 차량의 타이어 편마모 (안쪽 또는 바깥쪽)의 원인과 대책

1) 토 및 캠버 불량 : 타이로드 길이로 조정
2) 타이어 공기압 불량 : 규정압력으로 보충
3) 프런트 허브 베어링 유격 과다 : 허브베어링 교환
4) 휠밸런스 불량 : 휠밸런스 조정
5) 휠얼라인먼트 조정 불량 : 휠얼라인먼트 재조정
6) 쇽업소버 불량 : 쇽업소버 교환 후 휠얼라인먼트 조정

★ 21 후륜구동 차량에서 사용되는 슬립이음과 자재이음의 차이

1) **슬립이음(slip joint)** : 변속기 주축 뒤끝에 스플라인을 통하여 설치되며, 뒷차축의 상하운동에 따라 변속기와 종감속기어 사이에서 길이 변화를 수반하게 되는데 이때 추진축의 길이변화를 가능하도록 하기 위해 설치되어 있다.
2) **자재이음(universal joint)** : 변속기와 종감속기어 사이의 구동각도 변화를 주는 장치이며, 종류에는 십자형 자재 이음, 플렉시블 이음, 볼 엔드 트러니언 자재이음, 등속도 자재이음 등이 있다.

Part 07

4WD(four wheel drive)

01 4WD(4wheel drive)의 장·단점

1) 장점
① 험로 주행시 한쪽 바퀴가 구동력이 상실되더라도 동력전달이 가능하다.
② 눈길이나 모래길에서도 부드러운 주행이 가능하다.
③ 언덕길이나 내리막길 주행시 무게중심 이동에 따른 대응능력이 향상된다.
④ 미끄러운 노면에서 타이어 접지력을 향상시켜 직진성이 향상된다.
⑤ 큰 횡력(side force)을 발생시켜 선회시에 유리하다.

2) 단점
① 구조가 복잡하고 가격이 상승한다.
② 트랜스퍼케이스 등의 적용으로 무게가 증가한다.
③ 네 바퀴를 모두 구동하여 연료소비율이 증가한다.
④ 주행중 소음이 발생한다.
⑤ 타이어 마모가 증가한다.

★ 02 기계식 4WD보다 전자식 4WD의 장점

1) 조작의 편의성
2) 주행중 조작가능
3) 도로상황에 따른 자동제어
4) 연비 향상
5) 소음 감소

03 타이트 코너 브레이킹(tight corner braking) 현상

건조하고 포장된 도로의 급선회에서 앞·뒷바퀴의 선회반지름의 차이가 타이어의 회전 차이 및 구동축의 회전 차이로 인하여 앞바퀴는 브레이크가 걸리는 느낌이 들고 뒷바퀴는 공전하는 느낌이 드는 현상을 말한다.

Part 08

주행성능 및 동력성능

★

01 엔진의 출력이 일정하다는 조건하에 차속을 올리는 방법

1) 변속기의 변속비를 낮춘다.
2) 종감속 장치의 종감속비를 낮춘다.
3) 구름저항을 줄이기 위하여 차량의 무게를 줄인다.
4) 공기저항을 줄이기 위하여 차량외형을 유선형으로 설계한다.

★★★

02 자동차 주행저항을 감소시키거나 동력전달 계통의 전달효율을 향상시켜 연료소비를 억제할 수 있는 방법

1) 기어오일 점도가 정상범위일 것
2) 기어의 백래시 및 프리로드 상태가 정상일 것
3) 클러치 슬립이 없을 것
4) 베어링 마멸 상태 및 유격이 정상일 것
5) 브레이크의 끌림이 없을 것
6) 차량에 맞는 타이어 규격을 준수할 것
7) 타이어의 공기압력이 규정값일 것
8) 전차륜 정렬상태가 정상일 것

03 주행저항에 영향을 주는 요소

1) **구름저항** : 자동차 바퀴가 노면을 굴러갈 때 차량 중량에 의해 타이어의 마찰이나 변형으로 인하여 발생하는 저항
2) **공기저항** : 자동차가 도로를 주행할 때 진행하는 방향과 반대쪽의 풍압 또는 공기력으로 공기와 접촉하는 투영 단면적에 의해 발생되는 저항
3) **등판저항** : 자동차가 등속으로 등판로를 오를 때 자동차 중량에 의한 저항
4) **가속저항** : 자동차를 가속할 때 차량 중량과 타이어 접지면의 마찰에 의해 발생하는 저항

★★★
04 주행저항을 구하는 계산식

1) 구름저항(rolling resistance)

구름저항 = 구름저항계수 x 차량 총중량

$$Rr = \mu r \times W$$

※ Rr : 구름 저항(kgf), μr : 구름 저항 계수, W : 차량 총중량(kgf)

2) 공기저항(air resistance)

공기저항 = 공기저항계수 x (공기밀도/2) x 자동차 투영면적 x 주행속도^2

$$Ra = \mu a \times A \times V^2 = Cd \times \left(\frac{p}{2}\right) \times A \times V^2$$

※ Ra : 공기 저항(kgf), μa : 공기 저항 계수, A : 전면 투영 면적(㎡)
Cd : 공기 저항 계수, V : 주행속도(km/h)

3) 등판저항(gradient resistance)

등판 저항 = 차량 총중량 x sinθ

$$Rg = W \times \sin\theta$$

※ Rg : 등판 저항(kgh), W : 차량 중량(kgh), θ : 각 면의 경사각(deg)

4) 가속저항(acceleration resistance)

가속 저항 = (차량 총중량 + 회전부분의 상당중량) x (가속도/중력가속도)

$$Ri = \left(\frac{a}{g}\right) \times (1+\varepsilon) \times W$$

※ Ri : 가속 저항(kgh), W : 차량 중량(kgh), a : 가속도(㎨)
ε : 회전 부분 상당 관성 계수, g : 중력 가속도(㎨)

5) 전체 주행 저항(total running resistance)

전 주행 저항 = 구름저항 + 공기저항 + 가속저항 + 등판저항

Part 09 현가장치

★ 01 엔진 마운트 지지법의 기능

1) 엔진의 중량 지지
2) 엔진의 진동 완화
3) 엔진 및 변속기 노이즈 제거
4) 승차감 향상

★ 02 쇽업소버(shock absorber)의 역할 (기능)

1) 노면에서 발생한 스프링의 진동을 흡수하여 승차감을 향상시키고 스프링의 피로를 감소시킨다.
2) 스프링의 고유진동을 감쇠시켜 바퀴를 지면에서 떨어지지 않도록 접지성을 높인다.
3) 차량의 수평을 유지하고 주행중의 조종 안정성을 향상시킨다.

★ 03 판스프링이 절손 (부러지는)되는 원인

1) 판스프링의 노후
2) 센터볼트, U볼트, 섀클의 이완
3) 너클 및 부싱 마모
4) 판스프링을 지지하는 브래킷 또는 고무부싱 파손
5) 과적 상태에서 급제동·급발진 빈번
6) 요철노면 과속주행

★★★ 04 화물 자동차가 과적을 목적으로 판스프링을 구조 변경하여 스프링의 매수를 추가설치 할 경우 발생 가능한 문제

1) 충격흡수 불량으로 인한 프레임의 변형 및 균열
2) 추진축 높이 변화에 의한 차체의 떨림
3) 스프링 브래킷의 이완
4) 과적으로 인한 차량의 수명 단축
5) 스프링의 절손 또는 파손

★★★
05 현가스프링을 너무 강한 것으로 사용할 때 자동차에 미치는 영향

1) 충격 흡수가 불량해진다.
2) 스프링이 절손되기 쉽다.
3) 엔진과 동력전달계통의 성능에 영향을 준다.
4) 차체 및 프레임이 변형된다.
5) 스프링 섀클 및 브래킷이 이완되거나 절손된다.

06 캐비데이션(cavitation, 공동현상)

유체 속에서 압력이 낮은 곳이 생기면 물속에 포함되어 있는 기체가 물에서 빠져나와 압력이 낮은 곳으로 모이게 되어 물이 없는 빈공간이 생기는 현상을 말한다. 공동현상 발생시 충격, 소음, 진동을 유발할 뿐만 아니라 펌프성능 저하 및 효율 저하를 유발 시킨다.

★
07 자동차 선회시 롤링 현상을 잡아 주는 스태빌라이저의 원리

1) 스태빌라이저의 양쪽 끝은 좌우의 아래 서스펜션 암에 결합되고 가운데 부분은 프레임에 지지된다.
2) 스태빌라이저는 좌우바퀴가 동시에 상하로 움직일 때는 작용하지 않으나 좌우바퀴가 상하운동을 서로 반대로 할 때는 비틀리면서 이 때 발생하는 스프링 힘으로 차체가 기우는 것을 최소화 한다.

08 위시본 형식 현가장치의 특징

1) 장점
① 스프링 하중이 가벼워 승차감이 좋다.
② 횡방향 진동에 강하고 타이어 접지성이 좋다.
③ 얼라인먼트 자유도가 크고 튜닝의 여지가 많다.
④ 서스펜션바 등을 이용한 방진방법도 있고 소음방지에도 유리하다.

2) 단점
① 부품수가 많고 정밀도가 요구되어 가격이 비싸다.
② 얼라인먼트 변화에 따라 타이어 마모 가능성이 크다.
③ 큰 공간을 차지한다.

09 맥퍼슨 형식 현가장치의 특징

1) 장점
① 엔진실의 유효 공간을 크게 할 수 있다.
② 스프링 아래 질량이 적어 로드홀딩 및 승차감이 우수하다.
③ 위시본 형식에 비하여 구조가 간단하고 보수가 용이하다.
④ 안티 다이브 효과가 우수하다.

2) 단점
① 스프링 하중이 무겁고 좌·우바퀴중 어느 한쪽에서 충격을 받아도 연동되거나 횡진동이 생겨 승차감과 조향 안정성이 나쁘다.
② 구조가 간단하여 얼라인먼트 설계 자유도가 적어 조향안정성 튜닝의 여지가 없다.

10 공기스프링에서 레벨링 밸브의 기능

공기저장탱크와 서지탱크를 연결하는 파이프에 설치된 것이며 자동차의 높이가 변화하면 압축공기를 스프링으로 공급하거나 배출시켜 자동차의 높이를 일정하게 유지시킨다.

11 공기스프링과 코일스프링의 특징 비교

1) 공기스프링 (air spring)
① 고주파 진동을 잘 흡수한다.
② 공기스프링 그 자체에 감쇄성이 있어 작은 진동을 흡수하는 효과가 있음
③ 공기스프링 내부의 공기압력을 조절하여 하중이 변화하여도 차 높이를 일정하게 유지할 수 있다.
④ 하중의 변화에 따라 스프링 정수가 자동으로 변화하여 짐을 실을 때나 공차일 때 승차감의 차이가 없다.
⑤ 진동 흡수효과에 의하여 차량의 수명이 길어진다.

2) 코일스프링 (coil spring)
① 제작비가 싸고 스프링 작용이 효과적이다.
② 다른 스프링에 비하여 손상률이 적다.
③ 옆 방향에 대한 저항력 약하여 단독사용이 불가하다.
④ 쇽업소버나 링크기구가 필요하여 구조가 복잡하다.
⑤ 단위 중량당 에너지 흡수율이 판스프링보다 크다.

★
12 자동차의 와인드업 진동에 대한 대응책(서스펜션 중심)

1) 링크 부시, 멤버 마운트의 스프링 상수, 쇽업소버의 감쇠력 향상
2) 링크 부시, 멤버 마운트의 스프링 상수, 쇽업소버의 보디 측 부착위치 등 레이아웃 튜닝에 의해 공진 주파수 상쇄
3) 토크 로드에 의한 피칭 진동의 억제나 링크 부시나 멤버 마운트의 고 감쇠 고무의 설정 등에 의한 진동 레벨 저감

★★★
13 자동차가 주행중 받는 스프링위 질량 모멘트의 종류

1) **롤링(rolling)** : 차체가 X축을 중심으로 회전운동을 하는 고유진동
   ① 스테빌라이저의 불량
   ② 스프링 및 쇽업소버의 불량
2) **피칭(pitching)** : 차체가 Y축을 중심으로 회전운동을 하는 고유진동
   ① 급브레이크나 급출발시
   ② 과적일 때
3) **요잉(yawing)** : 차체가 Z축을 중심으로 회전운동을 하는 고유진동,
   ① 차대와 차체의 이완
4) **바운싱(bouncing)** : 차체가 Z축 방향과 평행운동을 하는 고유진동
   ① 스프링의 불량
   ② 쇽업소버의 불량

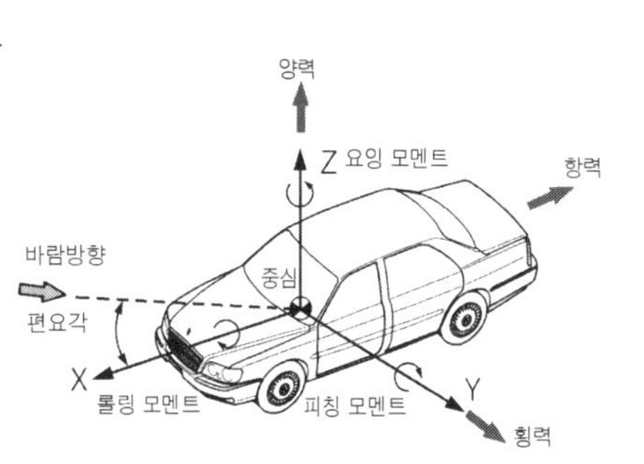

★
14 요잉 모멘트 발생시 일어나는 현상

요잉이 발생하면 롤링과 피칭을 동반하면서 자동차의 무게중심이 이동한다.
1) 롤링(rolling)
2) 피칭(pitching)
3) 오버스티어링(over steering)
4) 무게중심의 이동

15 선회시 롤링 억제 방법

1) 쇽업소버의 기능을 향상 시킨다.
2) 스프링 정수가 큰 것을 사용한다.
3) 차량의 중심고를 낮춘다.
4) 스테빌라이저 고무부싱을 신품으로 교환한다.

16 스프링 아래 질량 진동

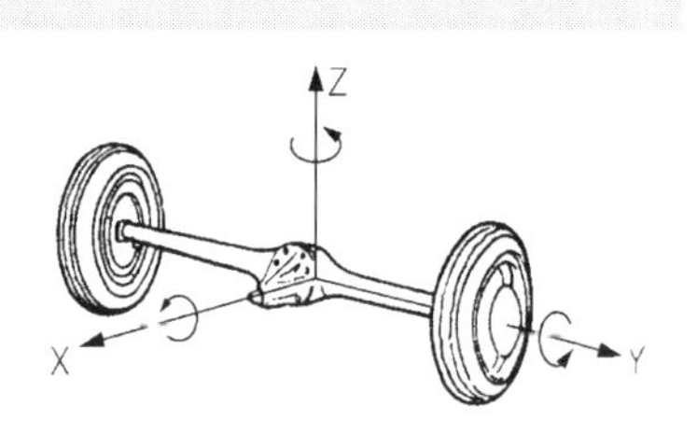

1) **휠트램핑(wheel tramping)** : 차축이 X축을 중심으로 회전 운동을 하는 진동
   ① 휠의 정적(靜的) 언밸런스 (휠 허브의 불평형)
   ② 회전체의 정적 언밸런스
   ③ 타이어의 공기압력이 높을 때 발생되는 회전체의 상하진동 (바퀴의 불평형)
   ④ 앞 브레이크의 불평형
2) **와인드업(wind-up)** : 차축이 Y축을 중심으로 회전 운동을 하는 고유 진동
3) **조(jaw)** : 차축이 Z축을 중심으로 회전 운동을 하는 고유 진동
4) **휠홉(wheel hop)** : 차축이 Z방향의 상하 평행 운동을 하는 진동
   ① 휠의 정적(靜的) 언밸런스(휠 허브의 불평형)
   ② 회전체의 정적 언밸런스
   ③ 타이어의 공기압력이 높을 때 발생되는 회전체의 상하진동(바퀴의 불평형)
   ④ 앞 브레이크의 불평형

Part 10 전자제어 현가장치

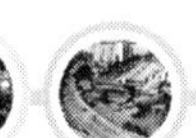

★ 01 자동차에 사용되는 전자제어 현가장치(ECS)의 기능과 작동

1) **기능** : 주행 상황에 따른 적절한 감쇠력 및 차고제어 등을 통해 일반 현가장치 차량의 승차감과 주행 안정성의 상반된 성능 중 어느 한 쪽만을 적용해야 하는 한계를 극복하여 자동차의 승차감 향상, 조향성 및 안전성 향상으로 안전하고 편안한 운행을 가능하게 한다.
2) **작동** : ECU에 의해 운전자의 선택, 각종 센서를 통한 노면의 상태와 주행 조건 등을 종합 연산한 후에 이에 적당한 자동차의 높이와 현가특성 (스프링 정수 및 감쇠력)이 발휘될 수 있도록 액추에이터 (스위치나 밸브)를 자동으로 작동시킨다.
3) **특징** : 감쇠력 제어, 차고 제어, 자세 제어를 할 수 있다.

★★
02 ECS에서 프리뷰 센서의 기능

1) 프리뷰 센서는 차량의 전방에 있는 도로면의 돌기와 단차를 초음파에 의해 도로면의 상태를 미리 검출하여 타이어가 이를 넘기 직전에 쇽업소버의 감쇠력을 최적으로 제어하여 승차감을 향상 시킨다.

2) 프리뷰 센서는 앞 범퍼 좌우에 2개가 장착되어 있으며 기능은 다음과 같다.

① 돌기를 검출한 경우 쇽업소버의 감쇠력을 소프트 (soft)로 제어하여 돌기를 넘을 때 충격을 흡수한다.

※ 원리 : 타이어 전방에 돌기가 있으면, 20kHz 정도의 주파수로 발신한 초음파가 돌기에 의해 반사되어 센서로 되돌아온다. 이 초음파에 의해 진동자에서 전압이 발생하고 이 전압의 유무에 따라 돌기를 검출한다.

② 단차를 검출한 경우에는 쇽업소버의 감쇠력을 하드 (hard)로 제어하여 단차를 통과할 때 쇽업소버의 스토퍼가 닿는 것을 방지한다.

※ 원리 : 타이어 전방에 돌기가 없으면, 센서에 되돌아오는 초음파가 단절되어 진동자에 의한 전압도 없다. 이로 인하여 단차를 감지한다.

03 퍼지제어(fuzzy control)의 기능

1) **도로면 대응제어** : 현가장치의 상하진동을 주파수로 분석하여 가볍게 뜨는 느낌과 거친 느낌의 정도를 판단하여 최적의 승차감을 얻을 수 있도록 쇽업소버의 감쇠력을 퍼지제어하여 상하진동이 반복되는 주행조건에서도 우수한 승차감을 얻도록 한다.

2) **등판 및 하강제어** : TCL ECU에서 노면 구배정보 및 스티어링휠의 조작 횟수를 추정하여 운전상황에 따른 조향특성을 얻기 위하여 전·후륜의 안티롤 제어의 타이밍을 조절하여 제어한다.

① 경사로에서 조향휠 각속도가 클 때 : 앞바퀴의 안티롤 제어를 지연시켜 오버스티어링의 경향으로 한다. 지연량은 노면의 내리막 경사도와 조향휠각속도 정도 및 차속을 기초로 퍼지제어 한다.

② 경사로에서 조향휠 각속도가 작을 때 : 뒷바퀴의 안티롤 제어를 지연시켜 언더스티어링의 경향으로 한다. 지연량은 노면의 내리막 경사도와 조향휠 각속도 정도 및 차속을 기초로 퍼지제어 한다.

★★★
04 후진 경고 장치(back warning, 백워닝)의 주요기능

1) 초음파 센서를 사용하여 후방의 물체 감지
2) 부저를 통한 물체와의 거리에 따른 경보제어
3) 표시창을 통해 감지된 물체의 방향표시
4) 부저 또는 진단 장비를 통한 자기진단

★
05 ECS에서 감압(reducing) 밸브인 릴리프(relief)밸브의 유압기호

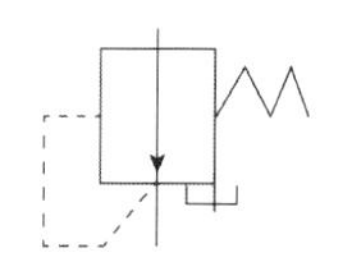
감압밸브(상시열림)

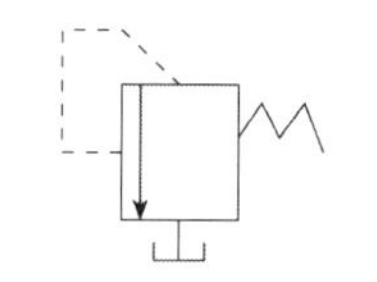
릴리프밸브(상시닫음)

★
06 ECS의 공압식 액티브리어압력 센서의 역할과 출력전압이 높을 경우 승차감이 나빠지는 이유

1) **리어압력 센서 역할 :** 뒤 쪽 숖업소버 내의 공기압력을 감지하는 센서로 승객의 하중이나 적재물 하중을 감지하고 센서출력이 높으면 급기를 길게 하고 대신 배기를 짧게 하며, 센서출력이 낮으면 급기를 짧게 하고 대신 배기를 길게 한다.

2) **출력전압이 높을 경우 승차감이 나빠지는 이유**
   ① 리어압력 센서의 출력전압이 2.25V(7kg/cm^2)이상일 경우 (하중 있음 의미)
   가) 롤제어시 좌측 통로 차단만 제어
   나) 피칭, 바운싱, 스카이훅 제어시 급배기제어 금지
   다) 다이버, 스쿼트 제어시 앞바퀴만 제어
   라) 차고제어시 즉시 제어
   ② 이렇게 자세를 제어할 때 급배기의 제어를 금하거나 제한하기 때문에 승차감이 나빠진다.

★★
07 전자제어 현가장치의 시스템을 구성하는 ECS 구성품 (전자제어 현가장치의 입력 · 출력 요소)

1) **입력요소**
   ① 차고 센서
   ② 조향휠각속도 센서
   ③ 중력 센서
   ④ 인히비터 스위치
   ⑤ 차속 센서
   ⑥ 스로틀포지션 센서
   ⑦ 압력 스위치
   ⑧ 뒤압력 센서
   ⑨ ECS모드 선택 스위치
   ⑩ 도어 스위치
   ⑪ 제동등 스위치
   ⑫ 전조등 릴레이
   ⑬ 공전 스위치

2) **출력 요소**
   ① 액추에이터
   ② 공기압축기 및 릴레이
   ③ 앞뒤 솔레노이드밸브
   ④ 컴프레셔
   ⑤ 컴프레셔 릴레이

★ 08

전자제어 현가장치 (ESC)에서 노멀(normal) 차고의 점검 및 조정 방법

1) 노멀 차고 점검 방법

① 평탄한 장소에 자동차를 주차시킨다.
② 공차 상태에서 엔진 시동 후 약 4분 정도 경과하면 자체적으로 차고의 조정이 완전히 이루어진다. 이때 노멀 차고의 높이로 조정이 완료되면 "NORMAL"지시등이 점등된다.
③ 앞뒤 차고를 모두 차축의 중심점과 휠 하우스 아치 부분과의 거리를 측정한다.

2) 조정 방법

① 평탄한 장소에 차량을 주차시키고 엔진을 공회전 상태로 유지시킨다.
② 높이가 정상과 다르면 앞·뒤차고 센서 로드의 턴 버클을 회전시켜 센서 로드의 길이를 조정한다.
③ 조정이 완료되면 앞·뒤 차고를 모두 재점검한다.

★ 09

전자제어 현가장치 점검시 ECU가 제어하는 기능 (자세제어의 종류)

1) **안티롤링 제어(anti-rolling control)** : 선회할 때 자동차의 좌우 방향으로 작용하는 가로방향 가속도를 G 센서로 감지하여 제어
2) **안티스쿼트 제어(anti-squat control)** : 급출발 또는 급가속할 때에 차체의 앞쪽은 들리고, 뒤쪽이 낮아지는 노즈 업 (nose-up)현상 제어
3) **안티다이브 제어(anti-dive control)** : 주행중에 급제동을 하면 차체의 앞쪽은 낮아지고, 뒤쪽이 높아지는 노즈 다운 (nose down)현상 제어
4) **안티피칭 제어(anti-pitching control)** : 자동차가 요철 노면을 주행할 때 차고의 변화와 주행속도를 고려하여 쇽업소버의 감쇠력 제어
5) **안티바운싱 제어(anti-bouncing control)** : 차체의 바운싱을 G 센서가 검출하며, 바운싱이 발생시 쇽업소버의 감쇠력 제어
6) **주행속도 감응 제어(vehicle speed control)** : 고속도로 주행시 차체의 안정성이 확보하기 위하여 쇽업소버의 감쇠력 제어
7) **안티쉐이크 제어(anti-shake control)** : 자동차의 속도를 감속하여 규정 속도 이하가 되면 컴퓨터는 승차 및 하차에 대비하여 쇽업소버의 감쇠력 제어

★★ 10

ECS(전자제어 서스펜션)에서 Hard, Soft에서 전기적 고장원인

1) 조향각 센서 불량
2) 차고 센서 불량
3) 차속 센서 불량
4) 스로틀포지션 센서 불량
5) 배기 솔레노이드 밸브 불량
6) 차고 조정 솔레노이드 밸브 불량
7) 감쇠력 액추에이터 단선·단락

★★ 11 ECS 현가장치의 감쇠력 제어의 기능 및 방법

1) 기능

주행 조건이나 노면의 상태에 따라 쇽업소버의 감쇠력을 Super-soft, Soft, Medium, Hard의 4단계로 제어하여 쾌적한 승차감과 양호한 조향 안정성을 향상 시키는 기능을 한다.

2) 제어 방법

제어모드에 따라 쇽업소버 위쪽에 설치된 스텝모터의 구동에 의해 쇽업소버 내부로 연결된 컨트롤 로드가 회전하면서 오일통로의 크기를 변화시켜 감쇠력을 제어한다.

Part 11 조향장치

01 조향에 영향을 주는 요소

1) 현가장치 상태
2) 쇽업소버 상태
3) 프레임 정렬 상태
4) 휠밸런스 상태
5) 타이어 공기압
6) 타이어 마모상태

02 조향장치가 갖춰야 할 구비조건

1) 조향 조작이 주행중 노면의 충격에 영향을 적게 받을 것
2) 조향 조작이 쉽고 방향 전환이 용이 할 것
3) 고속주행에서 조향핸들의 안정성이 있을 것
4) 조향핸들의 회전과 바퀴의 선회차가 적을 것
5) 선회시 저항이 적고 선회 후 복원성이 좋을 것
6) 좁은 곳에서도 방향전환을 할 수 있도록 최소회전반경이 작을 것
7) 진행 방향을 바꿀 때 섀시 및 보디 각 부에 무리한 힘이 작용되지 않을 것
8) 고장이 적고 정비가 쉬울 것

★ 03 자동차 조향장치 검사 중 조향핸들의 점검 항목

1) 조향핸들 유격 세부검사
① 조향핸들 자유유격 점검 ② 조향너클과 볼조인트의 유격 점검
③ 허브너트의 유격 점검 ④ 조향기어의 백래시 점검
⑤ 피트먼암과 드래그링크 상태 점검
⑥ 조향기어박스 웜기어의 프리로드
⑦ 파워실린더 설치 상태와 오일누출 여부
⑧ 킹핀 및 볼조인트의 마멸

2) 조향핸들 검사항목
① 최소회전반경 ② 조향핸들 자유유격 점검
③ 스티어링각 점검 ④ 조향력 검사
⑤ 조향핸들 복원 점검 ⑥ 중립위치 점검

★ 04 조향장치의 성능을 결정하는 요인 (단, 동력 조향장치 아님)

1) 휠의 평형 및 타이어 성능
2) 현가장치와 조향장치의 조화
3) 앞바퀴 정렬 상태
4) 차량 중량 앞 차축 하중
5) 조향 기어비

★ 05 자동차 충돌시 관성에 의한 운전자의 충격을 흡수하는 충격 흡수식 조향 축의 종류

1) **스틸볼(steel ball) 형식** : 자동차가 충돌시에 스틸볼이 어퍼와 로어 컬럼 튜브의 접촉면에 홈을 만들면서 전동하기 때문에 스티어링 컬럼 튜브의 길이가 감소될 때의 저항에 의해 충격에너지를 흡수한다.
2) **벨로우즈(bellows) 형식** : 벨로우즈 형상의 튜브가 조향 축에 설치되어 있어 자동차 충돌시 조향축의 길이가 짧아질 때 벨로우즈가 압축되면서 충격에너지가 흡수된다.
3) **메시(mesh) 형식** : 조향 컬럼의 일부가 메시로 되어있어 자동차 충돌시 메시 부분이 압축 변형되어 충격에너지가 흡수된다.

06 동력조향장치(power steering system)의 장·단점

1) 장점
   ① 작은 조작력으로 큰 조향조작을 할 수 있다.
   ② 조향 조작력에 관계없이 조향 기어비를 선정할 수 있다.
   ③ 노면으로부터의 충격 및 진동을 흡수할 수 있다.
   ④ 앞바퀴의 시미현상을 방지할 수 있다.
   ⑤ 조향 조작이 경쾌하고 신속하며 주행 안정성이 좋다.

2) 단점
   ① 구조가 복잡하고 가격이 비싸다.
   ② 고장이 발생하면 정비가 어렵다.
   ③ 오일펌프 구동에 엔진의 출력이 일부 소비된다.

07 조향핸들에 유격을 두는 이유

1) 조향핸들의 안정을 위하여
2) 노면의 충격이 핸들에 전달되는 것을 방지하기 위하여
3) 조향기어의 마멸을 방지하기 위하여

08 동력조향장치(power steering system)의 주요부

1) **동력부**(오일펌프) : 유압을 발생시킨다.
2) **작동부**(동력 실린더) : 앞 바퀴에 조향력을 발생시킨다.
3) **제어부** (제어밸브) : 오일의 통로를 개폐시킨다.
4) **안전체크밸브**(safety check valve) : 고장으로 인한 유압이 발생되지 않을 때 수동조작이 되도록 한다.

09 조향핸들을 가볍게 하기 위한 대책

1) 동력 조향장치를 장착한다.
2) 타이어 공기압력을 높인다.
3) 앞바퀴 얼라인먼트 조정을 정확히 한다.
4) 조향기어의 조정을 정확히 한다.
5) 조향 링키지의 연결부 이완 및 파손시 점검 교환한다.
6) 자동차 하중을 감소시킨다.

★
10 자동차가 고속 주행시 완더(wander/wandering)가 발생하는 원인 (조향장치, 부품 이상 없음)

1) 부적절한 앞바퀴 정렬
2) 코일 스프링 마모 또는 파손
3) 로어암이 굽거나 볼조인트 불량
4) 속업소버 불량
5) 로어암 부싱 마멸
6) 프레임 균열 또는 쇠손

★★
11 고속 주행시 시미 현상을 일으키는 원인

타이어 언밸런스, 균일성 불량이 원인이고 서스펜션과 스티어링 시스템이 공진하는 현상으로 고속 주행시 시미 현상의 원인은 휠밸런스, 얼라인먼트, 타이어 공기압, 현가장치, 조향장치 등의 불량으로 구분할 수 있다.
1) 추진축에서의 진동이 발생할 때
2) 자재 이음의 마모 또는 급유 부족할 때
3) 타이어의 동적 불균형일 때
4) 앞 보디의 고정 볼트 이완 또는 절손되었을 때
5) 엔진 미미 설치 볼트가 이완되었을 때
6) 프레임이 쇠약 또는 절손되었을 때
7) 휠 허브 베어링의 유격이 과다할 때
8) 타이어가 편심으로 마멸 되었을 때
9) 추진축이 휘거나 밸런스가 맞지 않을 때
10) 중간베어링의 파손이나 마멸이 클 때

★★★
12 주행중 조향(파워)핸들이 무거워지는 원인

1) 오일펌프의 압력이 부족하거나 오일펌프 자체 고장
2) 오일펌프의 오일량이 부족할 때
3) 오일펌프의 구동 벨트가 끊어졌거나 미끄러질 때
4) 제어밸브가 고착되었을 때
5) 유압회로에 공기가 혼입될 때
6) 유압호스가 비틀렸거나 손상되었을 때
7) 기어박스의 백래시가 감소되었을 때
8) 전차륜 정렬이 불량할 때
9) 프레임이 변형 되었을 때
10) 조향너클이 변형 되었을 때
11) 타이어의 규격이 과대할 때

★★★

13 저속 주행시 시미 현상을 일으키는 원인

주행시 앞바퀴가 킹핀축 주위에서 자력진동을 하고 스티어링휠과 보디가 격렬하게 흔들리는 현상으로 굴 통과시 주로 발생된다.

1) 앞 현가 스프링이 쇠약 또는 절손 되었다.
2) 조향 링게이지나 볼 이음이 이완 되었다.
3) 타이어 및 휠의 변형되었다.
4) 타이어 공기압이 낮다.
5) 쇽업소버가 불량하다.
6) 앞바퀴 정렬이 불량하다.
7) 타이어의 동적 밸런스가 불량하다.
8) 킹 핀의 부시가 많이 마멸되었다.
9) 상하 컨트롤 암 볼 조인트가 마멸되었다.
10) 허브베어링의 유격이 크다.
11) 쇼크업쇼버 마운트 베어링의 유격이 크다.
12) 허브 너클이 변형되었다.
13) 로어암 볼조인트가 마멸되었다.

Part 12

전자제어 동력조향장치

01 전자제어 동력조향장치(EPS, electronic power steering system)의 효과와 특징

1) 효과

① 저속시 조향휠의 조작력 감소
② 노면으로부터의 충격으로 인한 조향휠의 킥백(kick back) 방지
③ 앞바퀴 시미현상 감소

2) 특징

① 기존 동력조향장치와 일체형
② 기존 동력조향장치의 변경 없이 장착 가능
③ 컨트롤밸브에서 직접 입력회로 압력과 복귀회로 압력을 바이패스 시킴
④ 조향 회전각, 횡가속도를 감지하여 캐치업(catch up)보상

02 조향장치의 킥백(kick back) 현상

1) 요철이 있는 노면을 주행할 경우 타이어가 노면의 요철에 의해 툭 치는 충격이 스티어링휠로 전달되는 현상을 말한다.
2) 타이어가 노면의 요철에 의해 킥(kick, 발로 참)함으로써 백(back, 되돌아감)하고 조향휠을 충격적으로 돌리는 데에서 이렇게 불리고 있다.

Part 13

4바퀴 조향장치(4WS)

★

01 4WS(4wheel steering) 차량이 2WS(2wheel steering) 차량에 비해 장점

1) 고속에서 직진성이 향상된다.
2) 차로의 변경이 용이하다.
3) 경쾌한 고속선회가 가능하다.
4) 저속회전에서 최소회전 반경이 감소한다.
5) 주차할 때 일렬주차가 편리하다.
6) 미끄러운 도로를 주행할 때 안정성이 향상된다.

Part 14

휠 얼라인먼트

01 휠 얼라인먼트 요소

캠버, 캐스터, 토, 킹핀 경사각,
스크러브 레디어스, 협각, 셋백, 스러스트 각

★

02 킹핀 경사각의 기능

1) 캐스터와 같이 바퀴의 방향 안전성 및 복원성을 부여한다.
2) 캠버와 같이 조향휠의 조작력을 가볍게 한다.
3) 바퀴 중심선과 킹핀과의 거리를 단축시켜 조향 작용을 양호하게 한다.

★ 03 자동차의 앞부분의 하중을 지지하는 바퀴에 기하학적인 각도를 두는 이유

1) 캠버
① 조향핸들의 조작을 가볍게 한다.
② 수직 방향으로 작용하는 하중에 의한 앞차축의 휨을 방지한다.
③ 주행중 바퀴가 빠져나가는 것을 방지한다.

2) 캐스터
① 주행중 조향 바퀴에 방향성을 부여한다.
② 바퀴를 조향시 직진 방향으로 되돌아오는 복원력을 발생시킨다.
③ 앞차축의 주행 안정성을 향상 시킨다.

3) 킹핀(조향축) 경사각
① 캠버와 같이 조향휠의 조작력을 경쾌하게 한다.
② 캐스터와 같이 바퀴의 방향 안정성 및 복원성을 부여한다.
③ 바퀴 중심선과 킹핀과의 거리를 단축 시켜 조향작용을 양호하게 한다.

4) 토
① 주행중 바퀴가 차량의 진행 방향으로 똑바로 향하게 한다.
② 바퀴의 옆 방향 미끄러짐과 타이어 마멸을 방지 한다.
③ 앞바퀴를 평행하게 회전시킨다.
④ 캠버에 의해 토아웃되는 것을 방지한다.

04 휠얼라인먼트 요소 중 스크러브 레디어스(scrub radius, kingpin off-set)

1) 킹핀의 연장선과 캠버의 연장선이 지면 위에서 만나는 지점을 스크러브 레디어스라 한다.
2) 스크러브 레디어스의 거리가 지면 위에서 만나는 거리는 대개 20~30mm 정도이며 이 거리보다 작을 때를 스몰 스크러브(small scrub)라 하고 없을 때는 제로 스크러브(zero scrub)라 부른다.

05 토인각을 두는 이유

1) 조향 링키지의 마모에 의하여 토아웃되는 것 방지
2) 주행저항 및 구동력의 반력으로 토아웃되는 것 방지
3) 캠버각에 의한 토아웃 방지
4) 사이드 슬립 방지
5) 타이어 마멸 방지
6) 앞바퀴를 평행하게 회전시킴

★
06 휠얼라인먼트에서 캠버 불량시 발생하는 현상

1) 타이어 편마모 발생
2) 차체의 쏠림 현상 발생
3) 핸들의 회전력 저항 증가

★
07 캠버각보다 토인각이 클 경우 나타날 수 있는 증상

1) 타이어 편마모 발생
2) 핸들의 무거움
3) 차축의 휨 발생
4) 차량의 직진성 저하
5) 언더스티어링 발생 가능

★★
08 휠 얼라이먼트에서 셋백(set back)이 무엇인지 설명하고 제조사 허용공차를 적용하고 있으나 이상적인 셋백 값은 얼마인가?

1) 차량의 기하학적 중심선과 앞바퀴의 추진선이 이루는 각도 즉, 동일한 액슬에서 한쪽 휠이 다른 한쪽 휠보다 앞·뒤로 차이가 있는 것을 말한다.
2) 대부분의 차량은 공장에서 조립시 오차에 의해서 셋백이 발생하며 캐스터에 의해서도 발생한다.
3) 셋백 값은 0의 값이 되어야 하나 일반적인 규정 값은 약 15mm 이다.

★
09 전차륜 정렬의 필요성 (휠얼라인먼트를 조정하는 목적)

1) 주행 안전성 및 승차감의 향상
2) 핸들의 조작력을 작게 한다.
3) 핸들의 복원성을 준다.
4) 핸들의 진동 및 쏠림을 방지한다.
5) 타이어 수명을 확보한다.
6) 연료를 절감한다.
7) 직진성과 접지성능을 유지한다.

★★
10 휠얼라인먼트를 측정하거나 조정 할 시기

1) 조향핸들의 진동이나 조작 불량시
2) 앞 현가장치 분해 조립시
3) 사고로 인한 전차륜 정렬시
4) 앞 차축 및 프레임 휨 발생시
5) 타이어 편마모 발생시

★ 11 휠얼라인먼트를 측정 전 점검사항

1) 타이어 공기압
2) 타이어 편마모 여부
3) 타이어 런아웃
4) 휠베어링 유격
5) 조향 링키지 유격
6) 조향핸들 유격
7) 앞차축 비틀림 유무
8) 차체의 휨
9) 수평 장소 여부
10) 스프링의 피로
11) 볼트, 부싱의 마멸

12 타이로드엔드 교환 후 전차륜 정렬이 불량하면 나타나는 현상

1) 차체 떨림
2) 조향핸들 떨림
3) 타이어 이상마모

★★★ 13 주행중 조향핸들이 떨리는 이유

1) 쇽업소버 작동 불량
2) 볼조인트와 각 링키지 부분 마모
3) 휠베어링 유격 과다
4) 허브너트 느슨
5) 휠밸런스 불량 또는 런아웃 과다
6) 앞바퀴 정렬 상태 불량
7) 조향기어의 마모로 인한 백래시 과다
8) 바퀴의 정적·동적 불평형

★★★ 14 단순 주행중 조향 핸들이 한쪽으로 쏠리는 원인 (단, 타이어 상태 양호)

1) 휠얼라인먼트 불량
2) 너클이나 스핀들 휨
3) 스프링 절손
4) 브레이크 라이닝 끌림 발생
5) 스티어링 링키지 변형
6) 로어암과 어퍼암 변형
7) 프런트 허브베어링, 프리로드 조정 불량

Tip

★**주행중 핸들이 쏠리는 원인 및 대책** (단, 노면의 영향은 무시)
· 휠얼라인먼트 불량 – 휠얼라인먼트 점검 및 수리
· 타이어의 공기압이 다름 – 타이어 공기압 균형
· 한쪽 타이어의 심한 마모 – 타이어 교환

Part 15

선회 성능

★★
01 코너링 포스(cornering force)

1) 코너링 포스는 자동차에 선회 원심력이 작용할 때 이에 대항하기 위하여 버티는 힘. 즉, 타이어와 노면 사이에 생기는 구심력(마찰력)을 말한다.
2) 저속 주행시 구심력. 즉, 코너링 포스가 필요하지 않으나 차량속도가 증가하면 원심력이 작용하기 때문에 이에 상당하는 코너링 포스가 없으면 선회할 수 없다.

★★★
02 주행선회시 코너링 포스가 타이어의 접지면 중심보다 뒤쪽으로 쏠리는 이유

1) 타이어는 실제의 전진 방향과 α의 슬립각을 두고 전동하면 타이어의 접지면이 마찰력으로 인해 옆 방향으로 찌그러져 탄성복원력이 발생되는데,
2) 이 탄성복원력이 타이어의 중심보다 뒤에 있어, 코너링 포스의 작용선도 타이어의 접지 중심보다 뒤쪽으로 이동한다.

03 코너링 포스에 영향을 미치는 요소

1) 타이어의 규격
2) 수직으로 작용하는 하중
3) 자동차의 주행 속도
4) 타이어의 공기압 및 트레드 패턴
5) 드럼의 곡률

★★
04 오버 스티어링 및 언더 스티어링

1) **오버 스티어링** : 선회시 차체가 조향각도에 비해 지나치게 많이 돌아가는 것. 뒷바퀴에 원심력이 작용하는 것이 원인. 일정한 조향각도로 회전하는 도중 앞바퀴에 하중이 실려 뒷바퀴가 접지력을 잃고 바깥쪽으로 미끄러지면서 발생
2) **언더 스티어링** : 선회시 차체가 조향 각도에 비해 덜 돌아가는 것. 스티어링 휠을 지나치게 꺾거나 과속, 브레이크 잠김 등이 원인. 일정한 조향각도로 회전을 하려해도 앞바퀴가 접지력을 잃고 바깥쪽으로 미끄러지면서 발생
3) **리버스 스티어링** : 주행속도의 증가에 따라 처음에는 조향 각도가 증가하고, 어느 정도의 속도에 도달하면 감소되는 현상

Part 16

제동장치(brake system)

01 제동장치의 구비 조건

1) 브레이크 미 작동시에는 각 바퀴의 회전에 방해되지 않을 것
2) 자동차의 최고속도와 차량의 중량에 대하여 충분한 제동 작용을 할 것
3) 브레이크 조작이 간단하고 운전자에게 피로감을 주지 않을 것
4) 제동작용이 확실하고 점검·조정이 용이할 것
5) 제동작용에 대한 신뢰성이 높고 내구력이 클 것

★ 02 브레이크 페달이 낮아지는 원인 (페달의 유효행정이 짧아지는 원인)

1) 마스터실린더의 피스톤컵 파손
2) 브레이크 라인 오일 누출
3) 브레이크 오일탱크내 오일량 부족
4) 브레이크 드럼과 라이닝 간극 과다
5) 브레이크 라인에 공기 유입
6) 하이드로백 진공 불량

03 브레이크 페달을 놓아도 브레이크가 풀리지 않는 원인

1) 마스터실린더 푸시로드 길이 조정 불량
2) 마스터실린더 리턴 포트의 막힘
3) 마스터실린더 및 휠실린더 피스톤컵 팽창
4) 브레이크슈 리턴 스프링 쇠약 또는 절손
5) 주차 브레이크 해제 불량 또는 조정 불량
6) 드럼과 라이닝의 고착 또는 소결
7) 브레이크 페달 자유간극 불량

04 브레이크 페달의 유격이 과다한 원인

1) 브레이크슈의 조정 불량
2) 브레이크 페달의 조정 불량
3) 마스터실린더 또는 휠실린더 파손
4) 유압회로에 공기 유입

★★★
05 브레이크 마스터실린더에 잔압을 두는 이유

피스톤 리턴 스프링은 항상 체크 밸브를 밀고 있기 때문에 이 스프링의 장력과 회로 내의 유압이 평형이 되면 체크밸브가 시트에 밀착되어 어느 정도 압력이 남게 되는 데 이를 잔압이라고 한다.
1) 브레이크 작동지연 방지
2) 베이퍼록 방지
3) 공기혼입 방지
4) 브레이크 오일 누설 방지

★★★
06 브레이크 베이퍼록(vapor lock) 현상의 원인 (참고 : 현상과 방지책)

1) 현상

긴 내리막길 등에서 브레이크 페달을 너무 자주 밟으면 마찰열로 인해 브레이크액이 끓어올라 브레이크 파이프 내에 기포가 생겨 브레이크가 잘 듣지 않는 현상을 말한다.

2) 원인

① 긴 내리막길에서 과도한 브레이크를 사용하였다.
② 브레이크 오일 변질에 의하여 비등점이 저하하였다.
③ 브레이크 드럼과 라이닝 끌림에 의하여 과열되었다.
④ 마스터 실린더 및 브레이크슈 리턴 스프링의 쇠손으로 인하여 잔압이 저하하였다.
⑤ 불량한 브레이크 오일을 사용하였다.

3) 방지책

① 내리막길 주행 시 엔진 브레이크 또는 핸드 브레이크를 병행하여 사용한다.
② 장시간 주행 시 중간에 자동차를 세워 브레이크 시스템을 냉각시킨다.
③ 방열성이 좋은 드럼 및 디스크를 사용한다.
④ 산품 라이닝 교환 또는 라이닝 간극을 규정 값으로 조정한다.
⑤ 브레이크 라인의 공기 빼기 작업을 한다.

★

07 브레이크 페이드 현상과 원인

1) **현상** : 자동차가 언덕길을 내려가거나 빠른 속도로 달릴 때 제동을 지나치게 많이 하면 열로 인하여 브레이크의 마찰계수가 떨어져서 브레이크가 잘 동작하지 않는 현상
2) 원인
   ① 긴 내리막 도로에서 브레이크를 장시간 사용하였다.
   ② 과적으로 브레이크를 빈번히 사용하였다.
   ③ 슈의 리턴 불량으로 라이닝의 끌림 현상이 발생하였다.

★

08 슬립율(미끄럼율) 공식

1) 실제 자동차가 이동한 거리중에서 타이어가 회전하지 않고 미끄러져 이동한 거리의 비율
2) 슬립율이 100%라고 하면 바퀴가 회전하지 않고 도로 위를 미끄러지고 있는 상태
3) **공식**

$$\text{슬립율(\%)} = \frac{\text{차체 속도} - \text{차륜 속도}}{\text{차체 속도}} \times 100$$

★

09 브레이크 드럼의 구비조건

1) 정적 또는 동적 평형이 좋을 것
2) 브레이크 작동시 변형되지 않을 만큼 충분한 강성을 가질 것
3) 내마모성이 우수할 것
4) 발열성이 우수할 것
5) 열에 의하여 변형을 일으키지 말 것
6) 무게가 가벼울 것

★

10 자기배력작용 (자기작동작용)

회전중인 브레이크 드럼에 제동을 걸면, 브레이크슈가 마찰력에 의해 드럼과 함께 회전하려는 경향이 생겨 확장력이 커지므로 마찰력이 증대되는 작용을 말한다. 한편, 드럼의 회전 반대방향 쪽의 슈는 드럼으로부터 떨어지려는 경향이 생겨 확장력이 감소된다. 이 때 자기배력작용을 하는 슈를 리딩슈, 하지 못하는 슈를 트레일링슈라 한다.

★ 11 브레이크액(oil) 취급시 주의사항

1) 독성이 있어 차체의 도장부에 묻지 않도록 주의한다.
2) 오일 교환시 눈이나 입에 들어가지 않도록 한다.
3) 흡수성이 커서 습기를 흡수하므로 항상 뚜껑을 닫아둔다.
4) 오일에 이물질이 들어가지 않도록 한다.
5) 오일은 규정품을 사용한다.
6) 기존 오일을 다시 사용하지 않는다.
7) 이종 오일을 혼합 사용하지 않는다.
8) 제작사가 지정한 오일을 사용한다.
9) 제작사가 다른 오일을 혼합하여 사용하지 않는다.

★ 12 디스크식 브레이크의 장·단점

1) 장점
① 베이퍼록 현상이 적다.
② 방열성이 양호하여 페이드 현상이 적다.
③ 자기배력 작용이 없으므로 좌우 휠의 제동력이 안정되어 편제동력이 거의 없다
④ 브레이크의 간극 조정이 필요 없다
⑤ 디스크에 이물질이 묻어도 쉽게 이탈되어 제동 효과의 회복이 빠르다
⑥ 구조가 간단하여 점검 및 정비가 용이하다

2) 단점
① 디스크의 마찰 면적이 작아서 누르는 힘이 커야 한다.
② 자기배력 작용이 없어서 페달 조작력이 커야 한다.
③ 패드의 마모가 빨라 재료의 강도가 커야한다.
④ 워터 페이드(water fade) 현상이 발생 가능하다
⑤ 구조상 가격이 다소 비싸다.

13 브레이크 라이닝의 구비조건

1) 온도변화, 물 등에 의하여 마찰계수 변화가 적을 것
2) 기계적 강도 및 내마멸성이 클 것
3) 내열성이 크고 페이드(fade)현상이 없을 것

★ 14 유압식 브레이크가 듣지 않는 원인

1) 브레이크 오일이 부족할 때
2) 마스터 또는 휠 실린더의 피스톤 컵이 불량할 때
3) 브레이크 호스 및 파이프가 파열되었을 때
4) 베이퍼록 발생
5) 페이드 현상 발생
6) 브레이크 드럼과 슈의 간격이 과다할 때

15 배력식 브레이크의 종류

1) 진공배력식(hydro vac, 하이드로 백) : 흡기다기관의 부압과 대기압의 압력차 이용
① 직접 조작식(일체형) : 마스터백 또는 브레이크 부스터
② 원격 조작식(분리형) : 하이드로백 또는 하이드로 마스터백

2) 공기배력식(하이드로 에어백) : 압축공기와 대기압의 압력차 이용
① 에어마스터 또는 하이드로 에어백

★ 공기 배력식은 진공 배력식의 원리와 동일하나 공기압축기와 공기저장탱크가 추가되는 것이 다르다.

16 진공배력식 브레이크 장치의 점검방법 (테스터가 설치된 상태)

1) 무부하시 기밀 점검
① 엔진을 시동한다.
② 진공계가 500mmHg에 달하면 엔진을 정지한다.
③ 엔진 정지 후 15초간 진공값의 저하를 체크한다.
④ 저하량이 규정값의 5%이하면 양호하다.

2) 부하시 기밀 점검
① 엔진을 시동한다.
② 브레이크 페달을 20kgf으로 밟는다.
③ 페달을 밟은 채로 진공계가 500mmHg에 달하면 엔진을 정지한다.
④ 엔진 정지 후 15초간 진공값의 저하를 체크한다.
⑤ 저하량이 규정값의 5%이하면 양호하다.

★★★ 17 진공배력식(하이드로 백) 브레이크 장치를 시험기 없이 시험하는 방법과 판정방법

1) 기밀기능 점검

엔진을 1~2분 정도 운전을 하다가 정지 시킨 후 페달을 한 번 밟는다. 페달이 2~3cm 정도 내려가면 진공 배력장치가 이상이 없는 것이다. 만약 딱딱하고 들어가지 않으면 배력장치 고장이다. 다시 페달을 여러 번 밟는다.

[판정] : 이때 페달이 들어갔다가 점차 상승하면 정상이다. 만약 불량일 경우 체크 밸브 및 진공호스를 점검한다.

2) 작동 점검

엔진의 시동을 정지시킨 상태에서 브레이크 페달을 여러 번 밟았을 때 페달의 높이가 변화하지 않는가를 점검한 후, 브레이크 페달을 밟은 상태로 엔진의 시동을 건다.

[판정] : 이때 페달이 약간 하강하면 정상이다. 그러나 페달이 상승하면 부스터가 손상된 것으로 판단한다.

3) 부하기밀 기능 점검

엔진을 가동시킨 상태에서 브레이크 페달을 밟고 엔진 가동을 정지시킨 후 30~60초 동안 페달을 밟는다.

[판정] : 페달의 높이가 변화하지 않으면 마스터실린더는 양호한 상태이며, 만약 페달이 내려가면 마스터실린더가 새거나 마스터실린더의 작동이 불량한 것으로 판정한다.

18 공기식 브레이크의 기능과 특징 (공기 배력식 아님)

압축공기의 압력을 이용하여 모든 바퀴의 브레이크슈를 드럼에 압착시켜서 제동 작용을 하며, 브레이크 챔버에 공급되는 공기량으로 제동력을 조절한다.

1) 장점

① 차량 중량에 제한을 받지 않는다.
② 공기가 다소 누출되어도 제동성능이 현저하게 저하되지 않는다.
③ 베이퍼록 발생 염려가 없다.
④ 페달 밟는 양에 따라 제동력이 조절된다. (브레이크는 페달 밟는 양에 의해 제동력이 비례한다)
⑤ 압축공기의 압력을 증가시키면 더 큰 제동력을 얻을 수 있다.
⑥ 경음기, 공기스프링 등과 병용할 수 있다.
⑦ 트레일러 견인시 연결이 간단하고 원격 조작이 가능하다.

2) 단점

① 공기압축기 구동에 엔진의 출력이 일부 소모된다.
② 구조가 복잡하고 가격이 비싸다.

★★
19

감속브레이크(retarder, 제3브레이크)의 종류

1) **엔진 브레이크**(engine brake) : 주행중 악셀 페달을 놓았을 때 기관의 회전저항을 이용하여 제동 작용을 하는 방식
2) **배기식 브레이크**(exhaust brake) : 배기파이프를 막아 엔진 내부의 압력을 높여 엔진을 압축기로서 이용하는 장치
3) **와전류식 브레이크**(eddy current retarder brake) : 스테이터 코일에 전류가 흐르면 자장이 발생되며 이 속에서 디스크를 회전시키면 와전류가 흘러 자장과의 상호작용으로 제동력이 발생한다. 즉, 정류에 의한 자장을 이용하여 바퀴와 연결된 원판을 제동하여 브레이크 작동하는 방식
4) **유체식 리타더**(hydraulic retarder) : 유체클러치를 이용하여 유량으로 속도를 제어하여 브레이크 효과를 보는 방식. 차륜에 의해 구동되는 로터 (회전자)의 회전에 의해 액체를 고정자에 충돌시켜 제동효과를 발생시키는 방식
5) **공기식 리타더**(aerodynamic retarder) : 차량 외부에 바람막이 (deflector)를 설치하여 공기역학적 저항을 이용하여 제동을 하는 공기저항 감속 브레이크 방식

★★★
20

자동차가 주행도중 제동할 때 한쪽으로 쏠리는 원인 (단, 조향장치, 현가장치, 타이어 정상)

1) 한쪽바퀴의 패드나 라이닝의 접촉 불량하다
2) 좌·우바퀴의 드럼과 라이닝 간극이 다르다
3) 브레이크 드럼이 휘었거나 불균일하게 마모되었다.
4) 라이닝 자동 간극 조정기의 작동이 불량하다.
5) 패드 혹은 라이닝 면에 오일이 묻었거나 경화되었다.
6) 드럼이 불균일하게 마모되었다.
7) 한 쪽 휠실린더 작동불량 또는 불균일하다.
8) 크로스 멤버의 변형이 있다.

★★
21

제동시 소음 및 진동이 발생하는 원인 (단, 조향링크 및 부품이상 없음)

1) 브레이크 패드 이상마모
2) 브레이크 디스크 이상마모
3) 패드 및 디스크 변형
4) 브레이크 드럼내 불순물
5) 브레이크 디스크 열 변형에 의한 런아웃 발생
6) 브레이크 드럼 열 변형에 의한 진원도 불량

22 공기브레이크 장치의 주요 점검 부위

1) 브레이크 밸브
2) 브레이크 챔버
3) 퀵릴리스 밸브
4) 릴레이 밸브
5) 공기 압축기

Part 17 ABS(바퀴미끄럼 방지 제동장치)

01 ABS의 사용 목적과 사용되는 휠스피드 센서의 형식 종류

1) 목적
① 바퀴의 고착 방지
② 방향 안정성 확보
③ 조향 안정성 유지
④ 제동거리 최소화

2) 휠스피드 센서의 종류
① 홀센서 방식
② 마그네틱 방식

★ 02 ABS 장치에서 휠스피드 센서의 종류중 Active 방식 홀 센서의 특징

1) 소형 경량이며 차륜속도를 초 저속까지 감지가 가능하다.
2) 에어 갭 변화에 민감하지 않다.
3) 노이즈에 대한 내성이 우수하다.
4) 디지털 파형으로 출력되어 분석이 용이하다.

★★★
03 ABS 시스템에서 폐루프 시스템(closed loop system)을 구성하는 요소

1) **휠스피드 센서** : 각 차륜 각각의 속도 및 가감속도를 연산 할 수 있도록 톤휠의 회전에 의해 검출된 데이터를 항상 ABS ECU로 전달하여 속도 및 가감 속도를 검출한다.
2) **ABS 컨트롤 유니트(ABS-ECU)** : 휠스피드 센서의 신호를 받아 각 차륜속도를 검출한 후 바퀴상태를 예측하여 바퀴가 고착되지 않도록 브레이크압력을 조절한다.
3) **모듈레이터(하이드롤릭 유닛)** : 마스터실린더에서 발생하는 압력과는 상관없이 휠실린더까지의 브레이크 오일을 감소시키거나 유지하는 역할을 한다.
4) **ABS 경고등** : ABS시스템내의 고장 발생시 경고등이 점등되어 운전자에게 시스템에 결함이 있음을 알려준다.
5) **ABS 릴레이** : 모터펌프 릴레이와 밸브 릴레이가 있으며, 하이드롤릭 모터와 솔레노이드 밸브에 전원을 공급한다.
6) **텐덤 마스터실린더** : 진공부스터 플랜지에 부착되며, 페달을 밟으면 실린더 내에 내장된 스틸센트럴 밸브에 의하여 작동된다.
7) **진공 부스터** : 브레이크의 페달의 조작력을 진공을 이용하여 증대시켜주는 작용을 한다.

★
04 제동안전장치의 리미팅 밸브의 기능

급제동시 발생한 과다한 마스터실린더의 유압이 뒷바퀴 쪽에 전달되는 것을 차단하기 위하여 일정압력 이상이 뒷바퀴로 가는 것을 방지하여 뒷바퀴가 잠기는 현상을 방지하고 제동 안정성을 유지하기 위한 밸브이다.

★
05 ABS 모듈레이터(hydraulic unit, 하이드롤릭 유닛)의 구성부품

1) **오일펌프** : ECU 또는 압력스위치에 의하여 작동되며 캠의 회전운동으로 플랜지를 작동시키며, 플랜지가 상승시에는 오일이 유입되고 하강시에는 어큐뮬레이터로 오일을 보낸다.
2) **체크밸브** : 한쪽 방향으로만 유량을 흐르게 한다.
3) **제어피스톤** : 솔레노이드에 의하여 작동하며 휠실린더 내의 유압을 조정한다.
4) **프로포셔닝 밸브** : 앞바퀴보다 뒷바퀴가 먼저 잠기지 않도록 뒷바퀴의 유압을 증가하는 것을 막는다.
5) **솔레노이드 밸브** : 제어피스톤으로 보내는 유압을 조절한다.
6) **어큐뮬레이터** : 오일펌프에 의해 압축되었던 오일을 저장하며 ABS 작동시 모듈레이터의 유압이 저하되므로 저장하였던 유압을 오일펌프로 공급한다.

★
06 제동안전장치에서 안티스키드(antiskid) 장치를 위한 밸브 종류

안티스키드 장치는 제동 작용시 바퀴를 순간적으로 고착 시키지 않고 약간 회전시키면서 제동력이 작용하도록 하는 장치

1) 리미팅 밸브(limiting valve)
2) 프로포셔닝 벨브(proportioning control valve)
3) G 밸브(gravitational valve)
4) PB 밸브(proportioning and bypass valve)
5) 로드센싱 프로포셔닝 밸브(load sensing proportioning valve)
6) 미터링 밸브(metering valve)

★★★
07 제동분배장치에서 프로포셔닝(proportioning) 밸브의 기능과 유압 작동 회로

1) 기능

브레이크 페달을 밟았을 때 뒷바퀴가 조기에 고착되지 않도록 뒷바퀴의 유압이 증가하는 것을 방지하는 역할을 한다. 뒷바퀴가 먼저 록이 되면 차는 요잉현상이 생겨서 사고가 날수 있다. 즉, 제동시 후륜의 제동 압력이 일정 이상이 되면 압력 증가를 둔화시키고 전륜의 유압 증가를 크게 되도록 한다.

2) 브레이크 유압작동회로

브레이크 유압은 브레이크페달을 밟는 힘 즉, 마스터실린더의 유압에 비례하여 증가하지만 마스터실린더의 유압이 자동차의 주행 속도에 따른 슬립 한계점 이상으로 되면 비례정수가 작아져 브레이크 유압이 지나치게 증가하지 않도록 한다.

Part 18

BAS(제동력 배력장치)

01 제동력 배력장치의 장·단점

1) 장점

① 브레이크페달의 조작력이 일정값 이상이 되면 추가 배력이 발생한다.
② 브레이크페달을 밟을 때 페달이 부드럽다.
③ 2 단계의 배력 비율이 발생한다.

2) 단점

① 제동력 배력장치는 ABS를 설치한 자동차에만 사용된다.
② 일정한 페달의 조작력까지는 기존과 동일하다.
③ 과도한 제동을 할 때 빈번한 ABS의 작동이 일어날 수 있다.

02 전자식 제동력 배력장치의 효과

1) 제동거리를 단축시킨다.
2) 운전자별 제동거리의 오차를 줄일 수 있다.
3) 긴급한 제동에서 브레이크 유압이 증가한다.
4) 소프트웨어만 추가하면 사용이 가능하다.

Part 19

EBD(전자 제동력 분배장치)

★★

01 EBD(electronic brake force distribution)의 의미

적재 하중의 변화가 큰 차량에서 사용하며, 승차인원, 적재량 등의 적재상황의 변화에 따라 적절한 뒤 바퀴의 제동력 배분을 수행한다.

02 EBD-ABS(electronic brake force distribution-antilock braking system)란

1) ABS는 잠금방지 제동장치를, EBD는 전자제어 제동력 배분장치를 말하며, 별개의 개념이 아닌 ABS에 전자제어 제동력 배분장치가 장착된 EBD-ABS 시스템이다.
2) 화물이나 탑승 인원이 많아 차량 뒷부분의 무게가 늘어나게 되면 제동력을 다시 조정해야 하는 문제가 생기는데 EBD는 이러한 문제가 생길 때 타이어의 속도를 인식해 뒷바퀴의 제동력을 독립적으로 제어함으로써 앞뒤 바퀴의 제동력을 가장 알맞은 상태로 배분해 주는 장치이다
3) **ABS 대비 장점**
   ① 기존 프로포셔닝 밸브 대비 후륜의 제동력을 향상시키므로 제동거리가 단축된다.
   ② 후륜의 압력을 좌우 각각 독립적으로 제어 가능하므로 선회 제동시 안전성이 확보된다.
   ③ 브레이크 페달의 답력이 감소된다.
   ④ 제동시 후륜의 제동효과가 커지므로 전륜 브레이크 패드의 마모 및 온도 상승 등이 감소되어 전체적으로 안정된 제동효과를 얻을 수 있다.

Part 20

TCS(구동력 제어장치)

01 TCS(traction control system)의 종류

1) ETCS(engine intervention traction control system) **방식** : 흡입공기량 제한 방식이라고도 하며, 별도의 액추에이터를 이용하여 엔진의 회전력을 저감하여 구동력을 제한하는 방식

2) BTCS(brake traction control system) **방식** : 브레이크 제어 구동력 제어장치라고 하며, 슬립이 발생하는 바퀴에 제동유압을 가하여 구동력을 제어하는 방식. ABS 하이드롤릭 유닛 내부의 펌프에서 발생하는 유압으로 구동바퀴의 제동을 제어한다.

3) FTCS(full traction control system) **방식** : 통합제어 구동력 제어장치라고 하며, 엔진회전력 저감과 슬립이 발생하는 바퀴에 제동유압을 가하여 구동력을 제어하는 방식. 별도의 부품 없이 ABS 컴퓨터가 구동력 제어장치 제어를 함께 수행한다.

★★ 02 TCS(traction control system)의 기능과 제어방법

1) **기능** : TCS는 눈길 등의 미끄러지기 쉬운 노면에서 가속성 및 선회 안정성을 향상시키는 슬립컨트롤 기능과 일반도로에서 주행중 선회, 가속시 차량의 횡가속도 과대로 인한 언더 스티어링 및 오버 스티어링을 방지하여 조향 성능을 향상시키는 트레이스컨트롤 기능을 가지고 있다.

2) **제어방법**

① 미끄럼 제어(slip control) : 미끄러운 노면에서 차량 바퀴에 슬립이 발생하면 별도로 설치된 액추에이터를 이용하여 강제적으로 엔진 스로틀밸브를 닫거나 점화시기를 제어하여 엔진 출력을 저감시키며, 또한 구동바퀴의 유압을 제어하여 슬립을 방지한다. 이 때 휠스피드 센서의 정보를 이용한다.

② 추적 제어(trace control) : 일반노면에서 선회 가속시 운전자의 조향각과 가속 페달을 밟은 양 및 그 때의 비 구동륜의 좌우 차를 검출하여 구동력을 제어함으로써 안전한 선회를 가능케 한다.

Part 21

ESP(차체 자세제어장치)

01 ESP(electronic stability program, 차체자세 제어장치)에 대한 설명

1) 가속시, 제동시, 코너링시 극도의 불안정한 상황에서 발생하는 차량의 미끄러짐을 앞뒤·좌우 제동이 필요한 바퀴를 선택적으로 작동시킴으로써 자동차의 자세를 안정적으로 잡아 주는 시스템
2) 스핀 또는 언더·오버 스티어링의 발생을 억제하여 사고를 미연에 방지함
3) 기존의 ABS, TCS, EBD 장치의 기능에 요모멘트 제어와 자동감속기능이 추가된 것임
4) ABS, TCS의 기존 시스템에 요레이트 & 횡가속도 센서, 마스터실린더 압력센서를 추가한 것
5) 차량이 좌우로 미끄러지는 것을 방지하는 수단으로 쓰임
6) 1초당 25회씩 운전자의 스티어링휠 조작을 체크함

02 VDC의 제어 종류와 부가기능

1) 제어 종류
   ① 요모멘트 제어
   ② 오버스티어 제어
   ③ 언더스티어 제어

2) 부가 기능
   ① 급제동 경보 기능(ESS, emergency stop signal)
   ② 경사로 밀림방지 기능(HAC, hill-start assist control)
   ③ 경사로 저속주행 기능(DBC, downhill brake control)
   ④ 전복방지 기능(roll over prevention)
   ⑤ 엔진 드래그 컨트롤 기능(EDC, engine drag control)
   ⑥ 코너링 제동제어 기능(CBC, cornering brake control)

03 VDC(vehicle dynamic control)의 목적

1) ABS, TCS, EBD(전자 제동력 분배장치) 제어뿐만 아니라 요모멘트 제어(yaw moment control)와 자동감속 제어를 포함한 자동차 주행중의 자세를 제어하는 기능을 한다.
2) 자동차가 미끄러짐이 검출되면 브레이크를 밟지 않아도 자동적으로 각 바퀴의 브레이크 유압과 엔진의 출력을 제어하여 안정성을 확보한다.

★ 04 차량자세제어 장치에서 VDC(ESP) 관련 센서의 종류

1) 입력부

① 휠스피드 센서
② 조향휠각속도 센서
③ 요레이트&횡가속도 센서
④ 마스터실린더압력 센서
⑤ 브레이크 스위치
⑥ ESP/TCS OFF 스위치

2) 제어부와 출력부

① 유압제어모터
② 유압밸브 다수
③ 경고등(ABS, EBD, ESP)
④ 지시등(ESP)

Part 22 검사

01 자동차 검사기준에 따라 정도 검사를 받아야 하는 검사용 기계

1) 전조등 시험기
2) 소음 측정기
3) 사이드슬립 측정기
4) 제동력 시험기
5) 속도계 시험 측정기
6) 배기가스 측정기

★★★
02 브레이크 테스터에 의해 제동력 검사시 측정 전 점검 및 주의사항

1) 현가장치의 절손이나 고장을 점검한다.
2) 타이어 공기압 적정여부, 타이어 마모상태, 타이어 이물질 제거한다.
3) 측정하지 않는 바퀴는 고임목을 고인다.
4) 측정차량은 공차상태에서 운전자 1인 탑승한다.
5) 측정시 시동을 하고 변속기레버를 중립에 둔다.
6) 시험기 본체 오일 댐퍼의 유량을 점검한다.
7) 공기 압축기 압력이 규정치인지 확인한다.
8) 롤러의 이물질을 제거한다.
9) 테스터에 차량을 진입시켜 롤러를 회전시키고 지시계 지침의 변화 상태를 검사한다.
10) 리프트를 상승시킨 후 차량을 롤러 위에 직각으로 진입시킨다.

03 휠 얼라이먼트 측정 전 점검사항

1) 볼 이음 부분의 헐거움
2) 허브 베어링의 유격
3) 조향 링키지의 마멸 여부 및 웜기어의 유격
4) 아이들러암 및 피트먼 암의 유격
5) 쇽업쇼버의 누유상태
6) 스프링의 피로 점검
7) 각종 볼트의 조임 상태
8) 각종 부싱의 마멸 여부
9) 타이어의 공기압과 편마모 상태
10) 프레임의 변형 상태

★★★
04 사이드슬립 테스트를 할 때 자동차가 갖추어야 할 조건

1) 시험자동차의 전륜 타이어에 이물질이 없어야 한다.
2) 타이어의 공기압력이 규정압력으로 되어있어야 한다.
3) 현가장치의 절손이 없어야 한다.
4) 볼조인트 또는 타이로드의 마모 및 헐거움이 없어야 한다.
5) 위·아래로 흔들어봐서 허브 베어링의 마멸이 없어야 한다.
6) 좌·우로 흔들어봐서 엔드볼 및 링키지의 유격 또는 마모가 없어야 한다.
7) 보닛을 위·아래로 눌러보아 현가 스프링의 피로를 점검한다.
8) 시험 자동차는 공차상태여야 하고 시험시 운전자 1인이 탑승한다.

★★★ 05 **제동력 시험시 제동력을 판정하는 공식과 판정기준 (단, 시험차량은 최고속도가 120km/h이고, 차량 총중량이 차량 중량의 1.8배이다.) 자동차 안전기준 명시 사항은 아래와 같다.**

1. 제동능력
   가. 최고속도가 매시 80km 이상이고 차량총중량이 차량중량의 1.2배 이하인 자동차의 각축의 제동력의 합 : 차량총중량의 50% 이상
   나. 최고속도가 매시 80km 미만이고 차량총중량이 차량중량의 1.5배 이하인 자동차의 각축의 제동력의 합 : 차량총중량의 40% 이상
   다. 기타의 자동차
      (1) 각축의 제동력의 합 : 차량중량의 50% 이상
      (2) 각축의 제동력 : 각 축중의 50%(다만, 뒷축의 경우에는 당해 축중의 20%)이상

2. 좌우 바퀴의 제동력의 차 : 당해 축중의 8% 이내

1) 문제의 조건이 120km/h 이므로, 위 안전기준의 '가'에 일부 만족하지만, 차량 총중량이 차량중량의 1.8배이므로 '가'와 '나'를 만족하지 못한다. 따라서 이 차량의 판정기준은 '다'에 해당한다.

2) 공식과 적합판정 기준

① 제동력의 총합 $= \frac{\text{전후좌우 제동력의 합}}{\text{차량중량}} \times 100$ 50% 이상

② 앞바퀴 제동력의 총합 $= \frac{\text{앞바퀴 좌우 제동력의 합}}{\text{앞 축중}} \times 100$ 50% 이상

③ 뒷바퀴 제동력의 총합 $= \frac{\text{뒷바퀴 좌우 제동력의 합}}{\text{뒷 축중}} \times 100$ 20% 이상

④ 좌우 제동력의 편차 $= \frac{\text{큰쪽 제동력} - \text{작은쪽 제동력}}{\text{당해 축중}} \times 100$ 8% 이내

⑤ 주차브레이크 제동력 $= \frac{\text{뒷바퀴 좌우 제동력의 합}}{\text{차량중량}} \times 100$ 20% 이상

CHAPTER Ⅲ 전기

Part 01

기초 전기

★ 01 자동차 전기배선 점검시 주의사항

1) 시험기 보호를 위하여 선택스위치를 먼저 측정단위보다 큰 단위에 두고 측정한 후 작은 단위로 이동한다.
2) 시험기 리드선 탐침봉 접촉시 도장부위를 피한다.
3) 단선 및 저항 점검시 키스위치 OFF후 배터리의 (-)터미널을 탈거 후 측정한다.
4) 전원을 확인할 때는 고압케이블 감전에 주의한다.

★ 02 자동차의 전기장치를 정비할 때 일반적으로 지켜야 할 안전수칙

1) 모든 전원 스위치를 끄고 배터리 (-)단자를 먼저 제거하고, (+)단자를 탈거한다.
2) 엔진시동이 걸렸을 때는 절대로 배터리 터미널을 분리하지 않는다.
3) 커넥터는 확실하게 연결될 수 있도록 한다.
4) 어떠한 배선이건 쇼트나 어스를 시키지 않는다.
5) 테스트 램프의 탐침은 회로상의 본선과 어스선 이외에는 대지 않는다.
6) 규격에 맞는 퓨즈를 사용한다.
7) 중요 부품에 충격을 주지 않는다.
8) 과도한 열이 가해지지 않게 한다.

★ 03 아날로그 멀티미터와 디지털 멀티미터의 장·단점

구분	장점	단점
아날로그 멀티미터	1. 전압 변동이 있어도 측정이 가능하다. 2. 충격에 강하고 견고하다. 3. 온도 및 주위 환경에 큰 지장이 없다. 4. 응답이 빠르다.	1. 극성에 주의해야 한다. 2. 미세한 측정이 불가하다. 3. 영점 조정이 필요하다. 4. 전류 측정시 배선을 절단해야 한다.
디지털 멀티미터	1. 측정값이 정확하다. 2. 미세한 값도 측정이 가능하다. 3. 영점 조정이 필요 없다. 4. 극성에 주의하지 않아도 된다.	1. 전압 변동에 약하다. 2. 충격에 약하다. 3. 온도 및 주의 환경에 영향이 많다. 4. 표시 안정까지 시간이 걸린다.

04 자동차 전기배선의 접촉저항을 감소시키는 방법

1) 접촉 면적을 증가시킨다.
2) 접촉 압력을 증가시킨다.
3) 단자에 볼트, 너트를 사용할 때 조임을 확실히 한다.
4) 접촉 부위에 납땜을 한다.
5) 단자에 도금을 한다.
6) 접점 부위를 깨끗이 청소한다.

★ 05 전기회로를 설계할 때 배선의 단면적 설계시 고려할 사항

1) 허용전류
2) 전압강하
3) 배선저항 (고유저항)

★ 06 다음 회로에서 A와 B의 합성저항

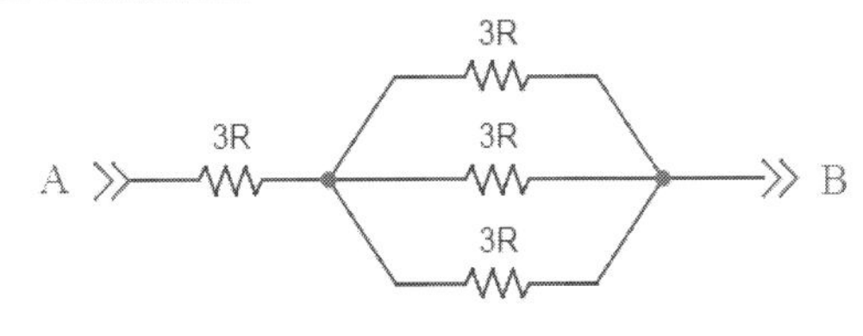

$$R = R + \frac{1}{\frac{1}{R} + \frac{1}{R} + \frac{1}{R}}$$ 에서

$$R = 3 + \frac{1}{\frac{1}{3} + \frac{1}{3} + \frac{1}{3}} = 4\Omega$$

★ 07 12V 축전지에 36W의 전구를 그림과 같이 연결하였을 때 흐르는 전류(A)

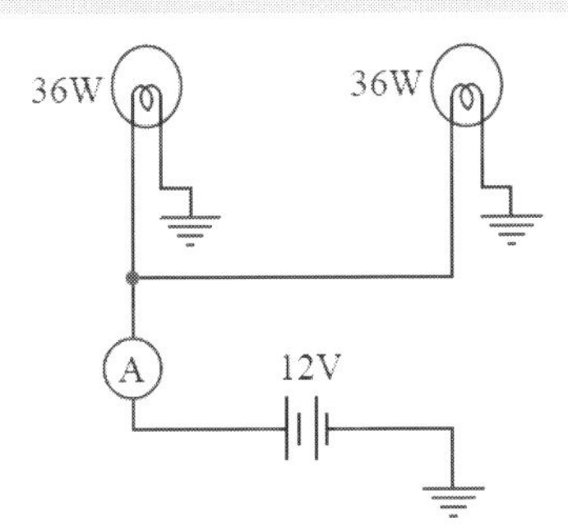

1) 병렬회로이므로 각 회로에 흐르는 전압은 같고 두 회로의 전류의 합이 전체 전류임
2) 전력(P) = I × E, I = P/E
3) 전구 한 개에 흐르는 전류는
I = 36(W) / 12(V) = 3A 이므로
총 전류는 3A × 2 = 6A 임

★

08 주어진 회로에 대한 합성저항, 통합전류 및 개별전류

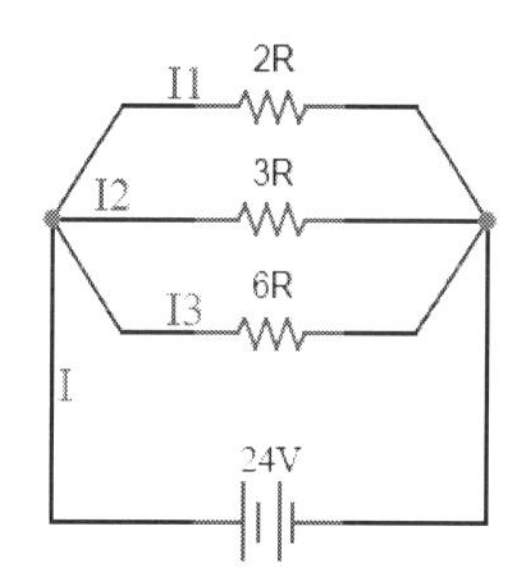

1) 합성저항 : $R = \dfrac{1}{\dfrac{1}{2}+\dfrac{1}{3}+\dfrac{1}{6}} = 1\Omega$

2) 통합 흐름 전류 :

$24V = I \times 1\Omega,\ I = 24A$

3) 각 저항에 흐르는 개별 전류 :

$I_1 = 24/2 = 12A$

$I_2 = 24/3 = 8A$

$I_3 = 24/6 = 4A$

09 자동차 직렬, 병렬 회로의 특징

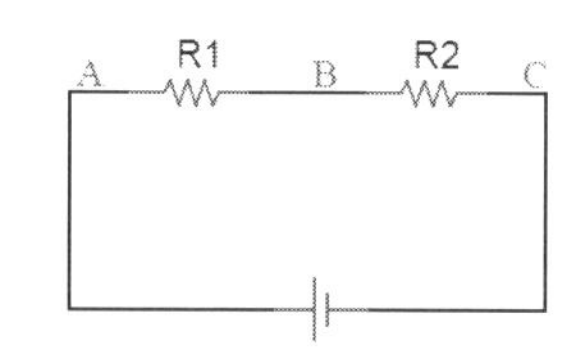

1) 직렬회로의 특징

① 합성 저항은 각 저항의 합과 같다.

② 어느 저항에서나 동일한 전류가 흐른다.

③ 큰 저항과 매우 작은 저항을 연결하면 매우 작은 저항은 무시된다.

④ 직렬접속에서 전압의 감소는 전압이 나누어져 저항 속을 흐르기 때문이다.

⑤ 동일한 축전지 두 개 이상을 직렬로 연결하면 전압은 연결한 개수의 배가 되며, 용량은 한 개일 때와 같다.

⑥ 각 저항에 가해지는 전압의 합은 전원전압과 같다.

2) 병렬회로의 특징

① 합성 저항은 각 저항의 어느 것보다 작다.

② 어느 저항에서나 동일한 전압이 가해진다.

③ 매우 큰 저항과 작은 저항을 연결하면 그 중에서 큰 저항은 무시된다.

④ 병렬접속에서 저항의 감소는 전류가 나눠져서 저항 속을 흐르기 때문이다.

⑤ 동일한 축전지를 병렬로 접속할 경우 용량은 연결한 개수의 배가 되나 전압은 한 개일 때와 같다.

⑥ 전원으로부터 흐르는 전류는 각 저항에 흐르는 전류의 합과 같다.

★
10 블로어 스위치를 S1, S2, S3로 했을 때 각 단자에 흐르는 전류 및 전압

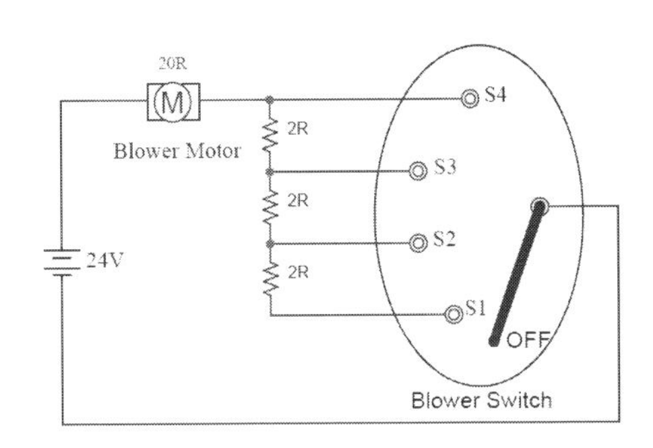

1) **전류값**

① S1회로의 저항합계는 26Ω,
S1회로의 전류 I = E/R,
I = 24/26 = 0.923A

② S2회로의 저항합계는 24Ω,
S2회로의 전류 I = E/R,
I = 24/24 = 1A

③ S3회로의 저항합계는 22Ω,
S3회로의 전류 I = E/R,
I = 24/22 = 1.09A

2) **전압값**

① S1의 전압 E = I × RS1,
E = 0.923A × 26 = 24V

② S2의 전압 E = I × RS2,
E = 1A × 24 = 24V

③ S3의 전압 E = I × RS3,
E = 1.09A × 22 = 23.98V

★
11 복선식 배선을 사용하는 이유

1) 일반적으로 자동차에는 단선식으로 배선을 하지만 전조등과 같이 비교적 큰 전류가 흐르는 회로에는 복선식 배선을 사용한다.

2) 이는 프레임 접지를 사용하는 단선식 배선 방식과 달리 접지도 전원선과 같이 접지선으로 함께 따라가서 회로를 구성하는 방식이다.

3) 접지 측에도 전선을 사용하기 때문에 접촉 불량이 적고 전류의 흐름이 안정적인 장점이 있다.

Part 02

반도체

01 반도체의 성질

1) 다른 금속이나 반도체와 접속하면 정류작용(다이오드), 증폭작용 및 스위칭 작용(트랜지스터)을 한다.
2) 빛을 받으면 고유 저항이 변화(포토다이오드) 한다.
3) 열을 받으면 전기저항 값이 변화하는 지백(zee back) 효과를 나타낸다.
4) 압력을 받으면 전기(반도체 피에조저항형)가 발생한다.
5) 자력(磁力)을 받으면 도전도가 변화하는 홀(hall) 효과를 나타낸다.
6) 전류가 흐르면 열을 흡수하는 펠티어(peltier) 효과를 나타낸다.
7) 매우 적은 양의 다른 원소를 첨가하면 고유 저항이 크게 변화한다.

02 P형, N형 반도체가 되기 위하여 진성 반도체에 혼합하는 물질 종류

1) 진성반도체에 3가의 불순물 반도체로 섞으면 P형 반도체가 된다.
① 붕소(B) ② 알루미늄(Al) ③ 인듐(In)

2) 진성반도체에 5가의 불순물 반도체를 섞으면 N형 반도체가 된다.
① 인(P) ② 비소(As) ③ 안티몬(Sb)

★★ 03 자동차에서 포토다이오드를 이용한 센서

1) 레인 센서 : 적외선 감지 포토 다이오드가 사용됨
2) 옵티컬식 크랭크각 센서
3) 옵티컬식 NO.1 TDC 센서
4) 조향휠각속도 센서 : 전자제어 현가장치에 사용
5) 차고 센서 : 전자제어 현가장치에 사용
6) 일사량감지 센서 : 오토에어컨에 사용
7) 미등, 번호등 등 자동 점등장치 : 일몰 후 또는 흐린 날씨에 작동시키기 위함
8) 헤드라이트 하향등 전환 장치 : 상향시 교행 차량 배려 위함

04 충전 장치에서 전압조정기의 전압을 일정하게 유지하도록 하는 제어 반도체 소자

제너 다이오드

역방향의 전압이 어떤 값에 도달하면 역방향 전류가 급격히 증가하여 흐르는 다이오드이며, 이러한 현상을 제너현상이라 한다.
회로보호 및 전압조정용에 사용된다. (아래 그림은 기호, 특성 및 사용 예)

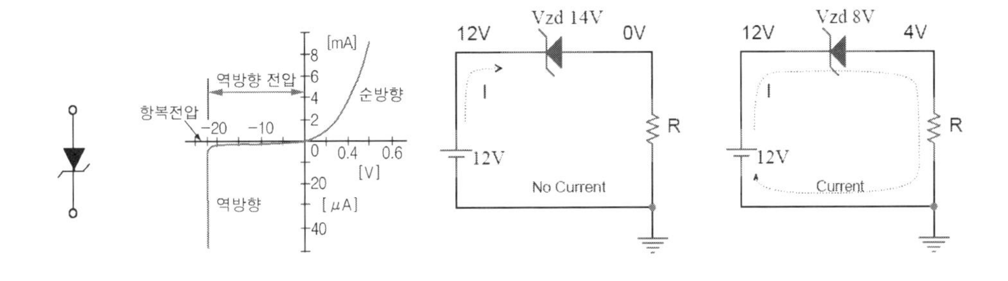

05 트랜지스터의 특징

1) 트랜지스터는 이미터(emitter), 베이스(base), 컬렉터(collator)단자로 구성되어 있다.
2) 기계 접점이 없기 때문에 릴레이와 같은 스위칭 작용시 채터링(chattering)이 없고 동작이 안정적이다.
3) 극히 소형이며 가볍고 내부 전력 손실이 적다.
4) 예열시간을 요하지 않고 바로 작동한다.
5) 기계적으로 강하고 수명이 길다.
6) 온도 특성이 나쁘고 역내압이 낮다.
7) 정격 값 이상이면 파괴되기 쉽고 충격이나 열에 약하다.

★★ 06 PNP형 파워 트랜지스터에 대한 개념 (단자명 및 전류의 흐름)

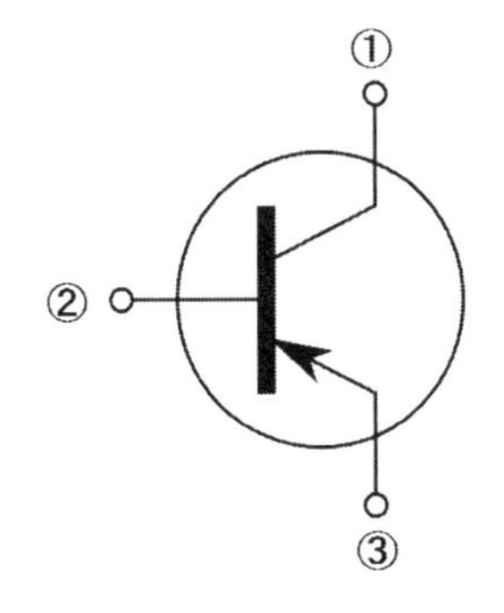

1) 파워 TR의 단자번호에 따른 단자이름
   ① 컬렉터 (C)
   ② 베이스 (B)
   ③ 이미터 (E)
2) 전류의 흐름내용
   ① 소전류 : 이미터에서 베이스로 소전류 흐름
   ② 대전류 : 이미터에서 컬렉터로 대전류 흐름

07 트랜지스터(TR, transistor)의 작용

1) **증폭작용** : 작은 베이스(base) 전류(입력 신호)를 넣어 컬렉터(collector)로 출력 신호를 취하는 경우를 증폭 작용이라 한다.
2) **스위칭 작용** : 베이스 전류가 흐르지 않으면 컬렉터 출력이 나오지 않고 일정량의 베이스 전류가 흐르면 컬렉터 전류가 흐르게 된다. 따라서 베이스 전류를 ON/OFF 시키면 이미터와 컬렉터에 흐르는 전류를 단속할 수 있다.

08 NPN형 트랜지스터의 기능과 상태를 점검하는 방법

1) **기능** : 엔진 ECU 제어신호 즉, TR의 베이스 (B) 신호에 의하여 점화코일에서 나오는 전기를 TR의 컬렉터 (C) 단자에서 이미터 (E)로 접지가 되도록 단속하는 역할을 한다.
2) **점검방법** : 파워 TR의 커넥터를 분리한 후 1.5V 건전지 (-)와 TR의 이미터(E) 연결, (+)와 TR의 베이스 (B) 연결 후 건전지 전원을 ON/OFF 시키면서 컬렉터 (C)와 이미터 (E)의 통전을 점검한다.

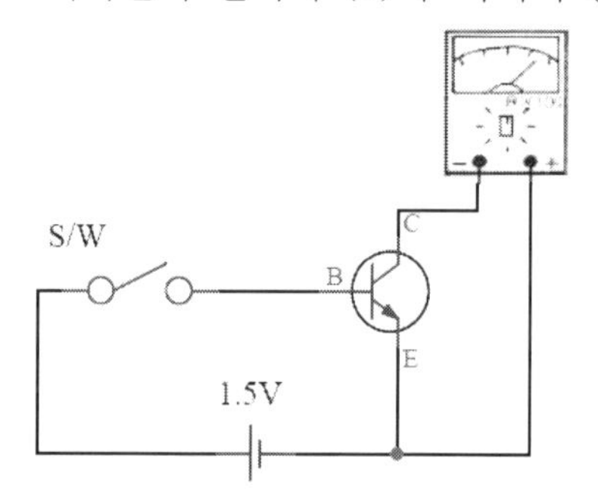

S/W	TR1	X옴
ON	ON	통전
OFF	OFF	비통전

09 다링톤 트랜지스터

1) TR 내부에 2개의 TR이 구성되어 있으며 이러한 회로를 다링톤 접속이라 하며,
2) TR 한 개로 2개분의 TR 증폭 효과가 나므로 적은 베이스전류로도 큰 전류를 제어할 수 있다.
3) 자동차에는 높은 출력의 회로와 높은 전압에 대한 내구성이 요구되는 회로에서 사용된다.

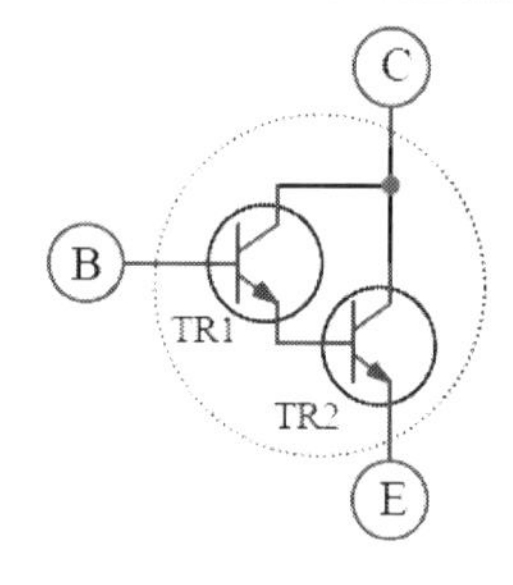

10 포토(photo) 트랜지스터 기호와 구조

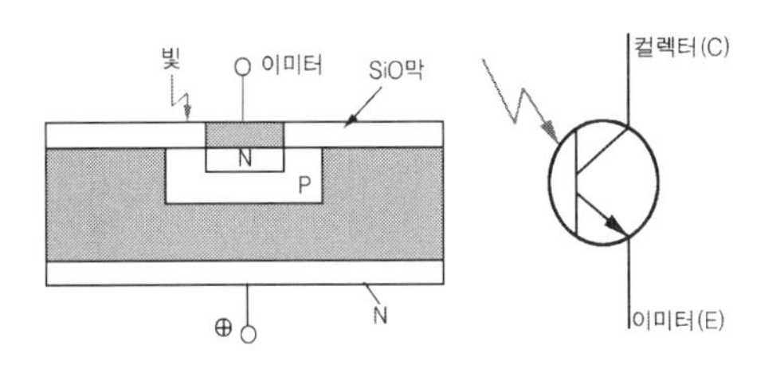

1) TR의 일종으로 NPN 또는 PNP 접합형이다.
2) 빛에 의해 컬렉터(C) 전류가 제어되는 것으로서 동작은 이미터(E)와 컬렉터(C) 사이에 역방향 전압을 걸고 베이스(B)에 빛을 비추면 빛에 의해 전류가 궤도를 이탈하여 자유전자가 되어 역방향으로도 증가되어 더욱 많은 전류가 흐르게 된다.
3) 포토트랜지스터는 포토다이오드와 구성과 빛에너지를 전기에너지로 변환하는 기능면에서 유사하나 포토트랜지스터는 빛을 받았을 때 전류가 증폭되어 발생하기 때문에 포토다이오드에 비해 빛에 더 민감하고 반응속도는 느리다.

★ 11 서미스터 연료잔량 경고등 회로에서 연료량이 많고 적을 경우, 서미스터의 작동과 연료 경고등의 점등에 관한 설명 (액체레벨 감지회로)

1) **연료량이 많을 때 :** 연료 탱크에 연료량이 많으면 서미스터가 연료에 잠기게 되므로 주변의 온도가 낮아 센서의 저항이 증가하여 전류가 흐르지 못하기 때문에 경고등은 소등된다.

2) **연료량이 적을 때 :** 연료 탱크에 연료량이 서미스터 아래로 내려갈 정도로 적으면 서미스터의 온도가 올라가게 되므로 센서는 온도와 저항이 반비례하는 반도체여서 주변의 온도가 높으면 저항이 감소하여 전류가 흐르기 때문에 경고등은 점등된다.

★★★
12 부특성 서미스터와 정특성 서미스터의 의미와 사용 예

1) **정특성 서미스터**(PTC, positive temperature coefficient)

① 온도의 상승에 따라 저항값이 지수 함수적으로 증가하는 서미스터로 양(+)의 온도계수 서미스터라 한다.

② 전류가 흐르면 전류에 의한 발열로 인하여 온도가 상승 하므로 저항값이 증가되어 전류의 흐름이 급격히 감소한다.

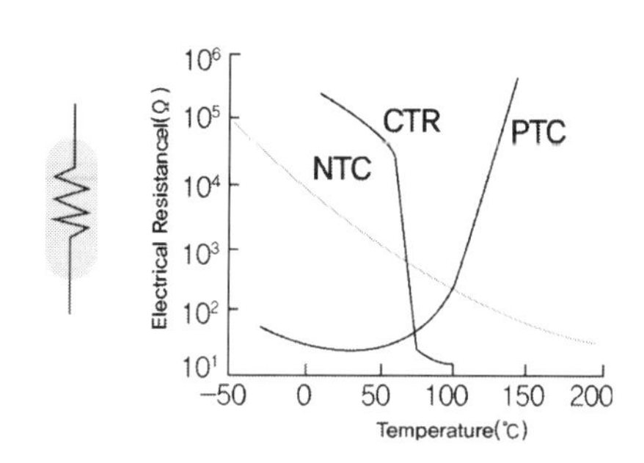

③ 사용부위

가) 도어락 액튜에이터 회로

나) 에어컨 송풍기 모터보호 회로

다) 정온 발열 회로

라) 과전류 보호용 회로

2) **부특성 서미스터**(NTC, negative temperature coefficient)

① 온도상승에 따라 저항값이 지수 함수적으로 감소하는 서미스터로 음(−)의 온도계수 서미스터라고 한다.

② 자체에 흐르는 전류에 의해 자기 가열되어 전류의 흐름에 따라 저항값과 전압이 특정한 크기로 감소한다. 외부가열 방식과 자제 가열 방식이 있다.

③ 사용부위

가) 냉각수온도 센서

나) 연료잔량 센서

다) 흡기온도 센서

라) 에어컨의 일사량 센서

Part 03

IC와 마이크로컴퓨터 논리회로

★★★

01 기본 논리회로 5종과 진리표(단, A, B는 입력, C는 출력)

기호	회로명	입력		출력
	Logic AND (논리 적)	0	0	0
		0	1	0
		1	0	0
		1	1	1
	Logic OR (논리 합)	0	0	0
		0	1	1
		1	0	1
		1	1	1
	Logic NOT (논리 부정)	0		1
		1		0
	Logic NAND (논리적 부정)	0	0	1
		0	1	1
		1	0	1
		1	1	0
	Logic NOR (논리합 부정)	0	0	1
		0	1	0
		1	0	0
		1	1	0

02 OR 회로도 (스위치, 저항, TR) 및 진리표

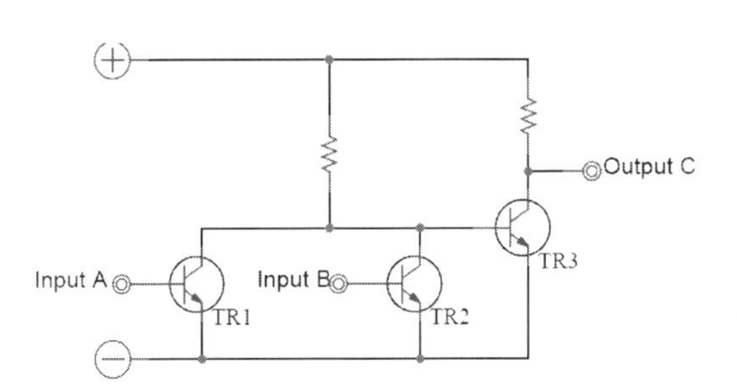

진리표

입력 (Input)		출력 (Output)
A	B	C
1	1	1
1	0	1
0	1	1
0	0	0

03 AND 회로도 (스위치, 저항, TR) 및 진리표

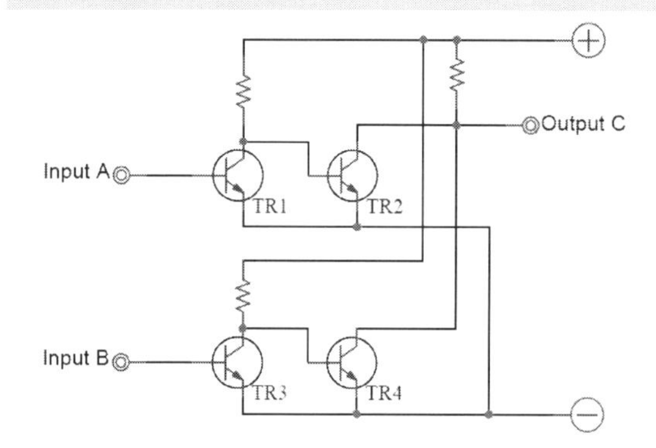

진리표

입력 (Input)		출력 (Output)
A	B	C
1	1	1
1	0	0
0	1	0
0	0	0

★

04 다음 논리회로의 결과값

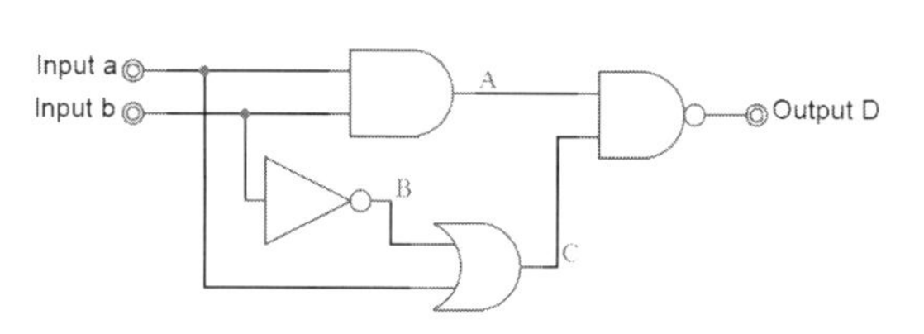

진리표

a	b	A	B	C	D
1	1	1	0	1	0
1	0	0	1	0	1
0	1	0	0	1	1
0	0	0	1	1	1

★★★

05 다음 회로에서 스위치가 ON 또는 OFF될 때 TR1, TR2가 ON, OFF 되는 경우와 점등상태

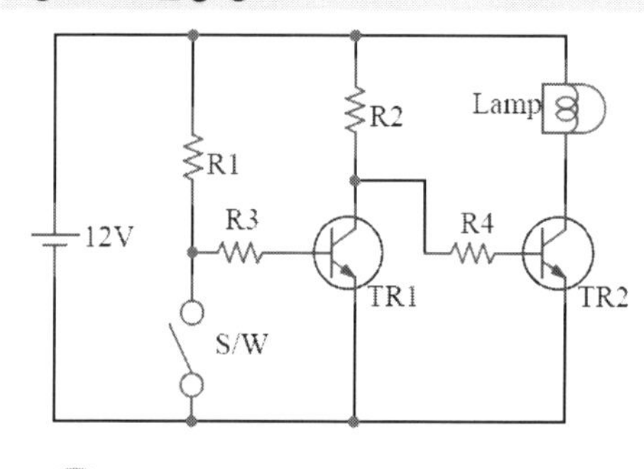

진리표

스위치	TR_1	TR_2	전구
ON	OFF	ON	ON(점등)
OFF	ON	OFF	OFF(소등)

Lamp OFF (좌), Lamp ON (우)

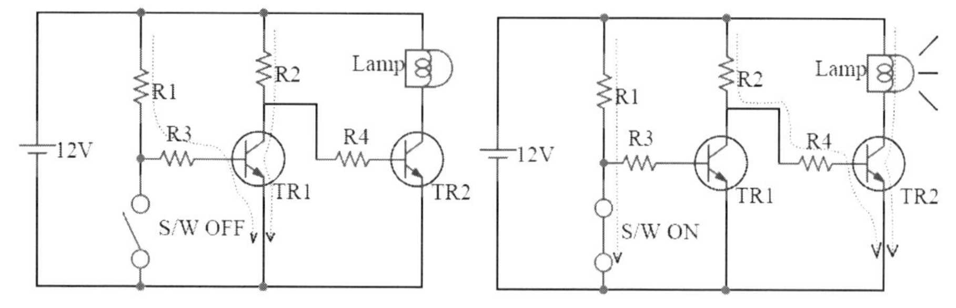

06 다음 회로에서 R1이 3Ω일 때와 30Ω일 때의 점등여부를 설명하라.

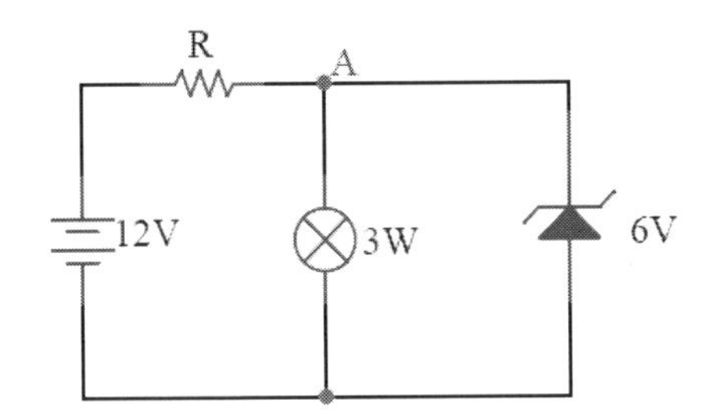

1) 회로에 6V이상의 전압이 인가되면 제너다이오드로 전류가 흐른다. (램프에 6V의 일정한 전압을 인가하게 하는 회로임)

2) 3W 전구가 점등되기 위한 조건

① 3W = 6V × 전류, 전류 = 0.5A

② 최소한 0.5A 이상의 전류가 흘러야 점등된다.

3) 3Ω일 경우

① A점을 기준으로 R 전압이 6V이므로

② 6V = 3Ω × 전류, 전류는 2A가 되어 0.5A 보다 커서 점등된다.

4) 30Ω일 경우

① A점을 기준으로 R 전압이 6V이므로

② 6V = 30Ω × 전류, 전류는 0.2A가 되어 0.5A 보다 적어 점등되지 않는다.

07 배터리 전해액양 센서의 회로와 작동 원리

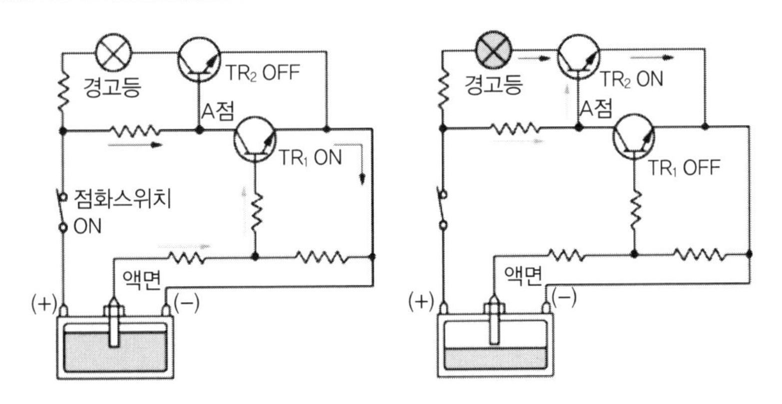

센서가 전해액에 잠기면 기전력이 발생하여 TR_1은 ON 되고 TR_2는 OFF 되어 경고등은 점등되지 않고, 센서가 전해액에서 노출되면 TR_1은 OFF 되고 TR_2는 ON 되어 경고등은 점등된다.

★★ 08 램프의 밝기를 조절하는 저항 선택, 밝기 조절방법과 원리

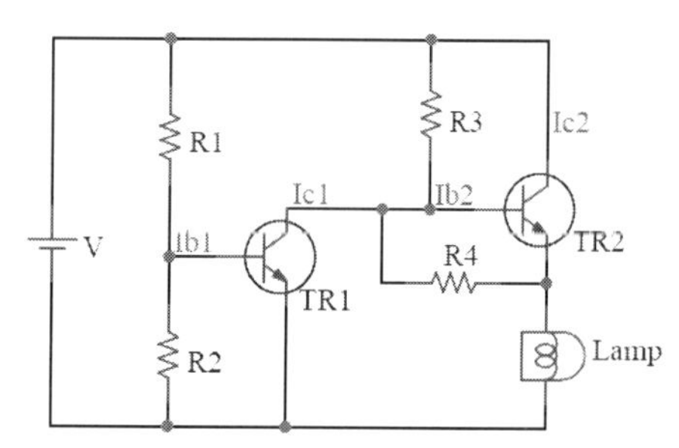

1) **선택저항** : R_2저항
2) **밝기 조절방법** : R_2의 저항을 증가시키면 램프는 흐려지고 저항을 감소시키면 램프는 밝아진다.
3) **회로원리 (이유)**
   ① TR_1의 전류 (I_{c1})크기에 따라 램프의 밝기가 조절된다.
   ② R_2의 저항을 증가시키면, I_{b1}과 I_{c1}이 증가되어 TR_2의 바이어스 전압이 감소되므로 I_{c2}는 감소되고 램프도 흐려진다.
   ③ R_2의 저항을 감소시키면, I_{b1}과 I_{c1}이 감소되어 TR_2의 바이어스 전압이 증가되므로 I_{c2}는 증가되고 램프도 밝아진다.
   ④ 이상은 트랜지스터의 전류증폭작용을 이용한 회로이다.

★ 09 램프의 밝기를 조절하는 저항 선택, 밝기 조절방법과 회로의 원리

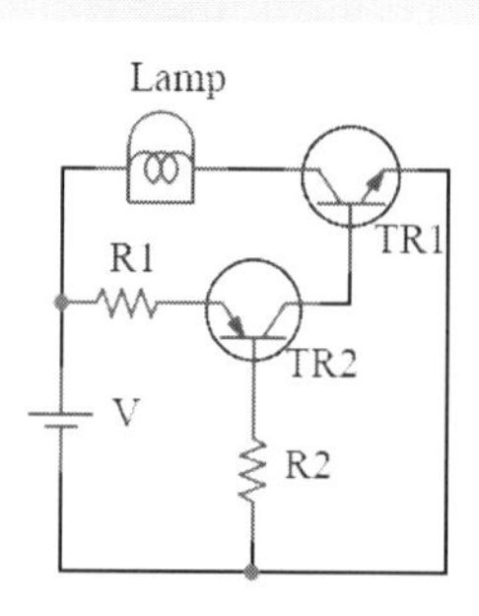

1) **선택저항** : R_2저항
2) **밝기 조절방법** : R_2의 저항을 크게 하면 TR_2의 에미터에서 컬렉터로 흐르는 전류가 작게 흘러 TR_1의 베이스 신호를 작게 하여 컬렉터에서 에미터로 흐르는 전류가 작게 흘러 전구가 흐려진다.

★ 10 **주차장의 만차 회로도에서 각각 차량이 주차되면 PHS1,2,3이 작동된다. 주차를 3대 하였을 때 만차 표시등 "L"이 점등 되도록 AND IC, TR IC, 접지, 전원 회로 배선**

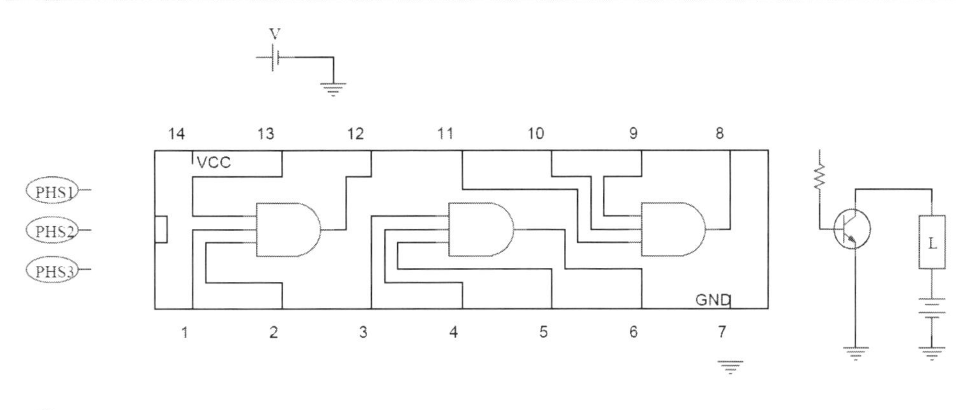

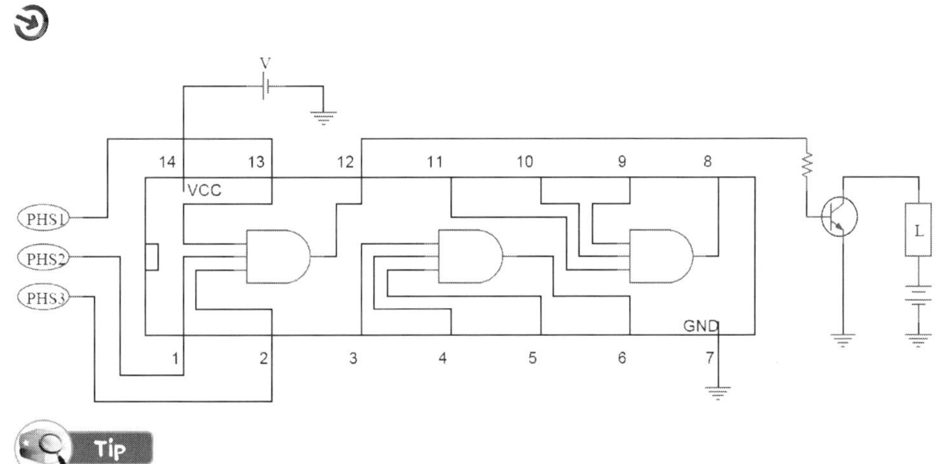

Tip

★AND IC는 3-in 1-out AND gate 3개를 이용하여 최대 7대까지 주차 가능한 회로를 구성할 수 있다.

★★ 11 점화키홀 조명등이 작동되도록 회로연결 및 회로에 대한 작동 설명

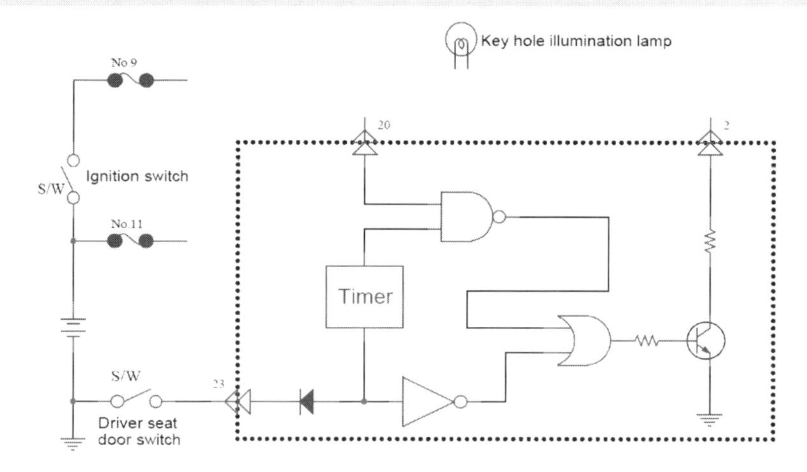

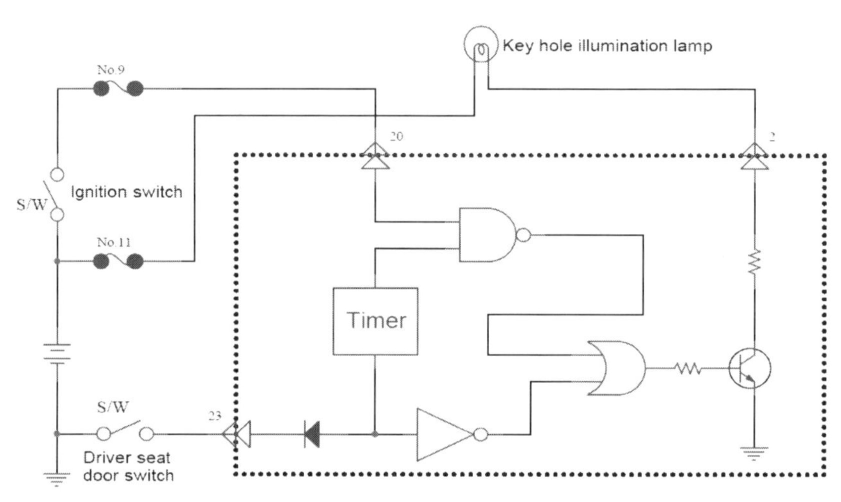

1) 키홀 조명등은 점화스위치 OFF, 운전석 도어스위치가 열림 (ON)일 때 작동한다.
2) 점화스위치 OFF상태에서 도어를 열면 도어 스위치가 ON이 되어, NOT게이트의 출력은 1이 되고, OR게이트 회로로 들어가면 출력 1로 인해 TR이 작동하여 키홀 조명등이 점등된다.
3) 문을 닫으면 NOT게이트의 출력은 0이 되나 이 순간 타이머의 출력 1이 NAND게이트의 한쪽에 걸리므로 출력 1은 다시 OR게이트 회로를 작동시켜 일정시간 계속 점등된다.
4) ③의 상태에서 만약 점화스위치를 꼽고 ON으로 돌리면 타이머 출력 1과 퓨즈 No.9를 통한 신호 1이 20번 터미널을 거쳐 NAND게이트의 출력은 0이 되고 즉시 키홀 조명등이 소등된다.

★ 12 주차 브레이크 회로(램프작동, 논리기호)

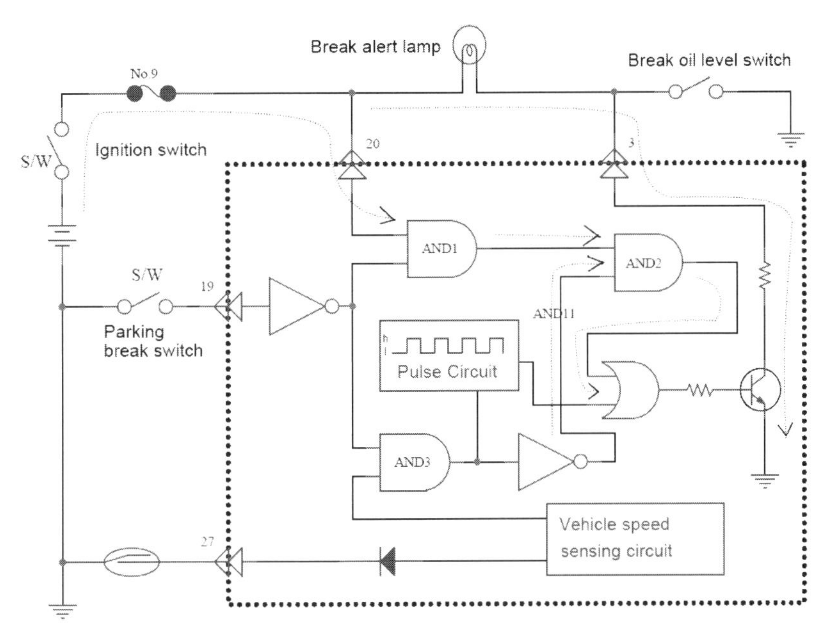

1) 주차 브레이크가 ON인 상태일 때 점화스위치를 ON으로 하면 H로 되어 TR을 ON시키고, 램프는 점등
2) 브레이크 레벨스위치가 ON이면, 램프의 점등은 주차 브레이크 위치에 상관없이 점등한다.
3) 차속이 5km/h 이상에 다다르면 차속검지회로가 H출력을 내고 AND3가 H로 되면서 이 H로 인하여 펄스회로가 H로 되었다가 교대로 L로 된다. 그러면 차속 신호에 따라 반복하여 점멸하게 된다.
4) 주차 브레이크 스위치가 ON일때 차속이 5km/h 이하에서는 그냥 점등이 되고 5km/h 이상이 되면 점멸을 하게 된다.

★
13
E=12V, C=6.5uF, R=1Ω이다. C에 충전된 전하가 전혀 없을 때 스위치 S가 갑자기 ON 된다. t=0일 때와 t=∞일 때 저항 R을 지나는 전류값과 콘덴서의 전압

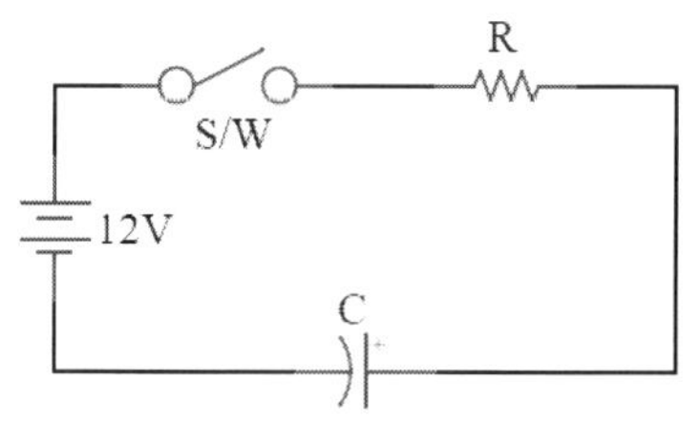

1) t=0의 의미는 스위치 연결이 되지 않은 상태이므로 전압과 전류는 모두 흐르지 않는다.
2) t=∞의 의미는 배터리 전류가 계속 흘러 콘덴서에 가득 차 있는 상태이므로 배터리나 콘덴서가 등전위가 되어 전류는 흐르지 않고 콘덴서 전압은 배터리와 같은 12V가 된다.

★★★
14
전자제어 차량의 냉각수온도 센서 회로에서 ECU 내부의 고정저항 값은 1kΩ이고, 냉각수온도가 20℃일 때 냉각수온도 센서의 저항을 측정결과가 2.5kΩ이다. 이때 신호전압 검출점(Test point)에서 측정되는 전압

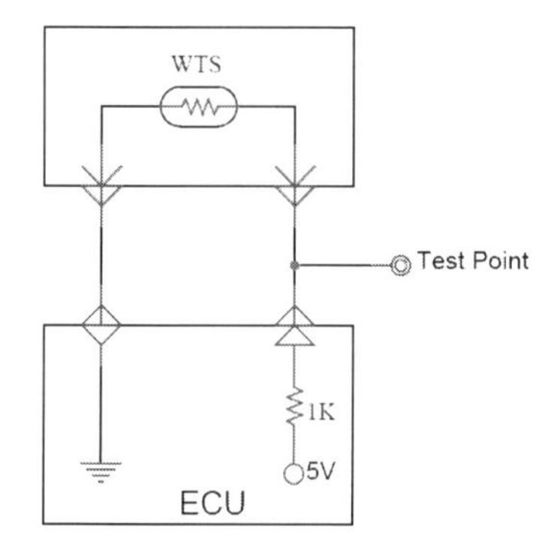

1) 합성저항 : R = R1 + R2 = 1kΩ + 2.5kΩ = 3.5kΩ
2) 회로에 흐르는 전류
   I = E/R = 5/3500 = 0.001429A
3) 냉각수온도 센서 저항 2.5kΩ일 때 신호 전압
   E = IR = 0.001429 x 2500 = 3.57V

★ 15

오토라이트의 회로도에서 조도센서(CDS)의 저항과 트랜지스터 TR1, TR2의 ON/OFF 관계를 보고 표에 마크

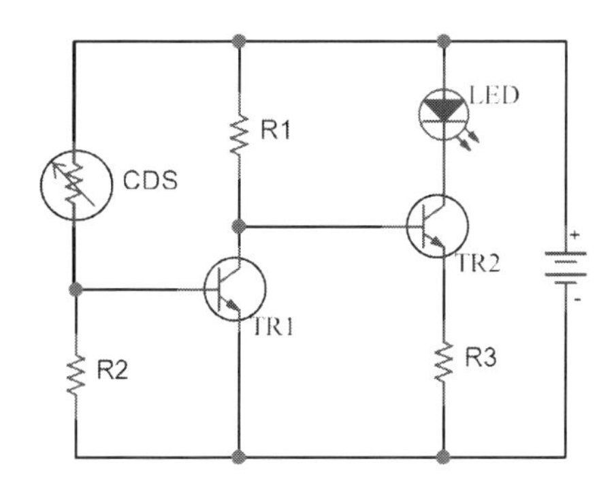

	CDS 센서 저항	TR1	TR2	LED ON/OFF
주간	□ 높음 / □ 낮음	□ ON / □ OFF	□ ON / □ OFF	□ ON / □ OFF
야간	□ 높음 / □ 낮음	□ ON / □ OFF	□ ON / □ OFF	□ ON / □ OFF

1) 주간에 CDS에 빛이 입사되면 센서의 저항이 낮아져서 저항 R2를 통하여 직렬회로가 구성된다. R2의 전압강하는 TR1의 베이스로 바이어스 전압이 걸리게 하고 TR1의 컬렉터에서 이미터로 전류가 흐르기 때문에 TR2의 베이스에 바이어스 전압이 걸리지 않아 LED가 소등된다.
2) 야간에 CDS에 빛이 없으면 센서의 저항이 높아져서 TR1의 베이스에 바이어스 전압이 걸리지 않아 OFF 되고, 저항 R1의 전압강하는 TR2의 베이스에 바이어스 전압을 공급하여 TR2의 컬렉터, 이미터와 R3로 전류가 흘러 LED가 점등된다.

	CDS 센서 저항	TR1	TR2	LED ON/OFF
주간	□ 높음 / ■ 낮음	■ ON / □ OFF	□ ON / ■ OFF	□ ON / ■ OFF
야간	■ 높음 / □ 낮음	□ ON / ■ OFF	■ ON / □ OFF	■ ON / □ OFF

Part 04 전기회로 판독방법 및 기호의 정의

01 자동차 전기전자 회로도 작성시 반도체 소자의 명칭에 사용하는 기호

기호	명칭	설명
	Thermistor (서미스터)	외부 온도에 따라 저항값이 변한다. 온도가 올라가면 저항값이 낮아지는 부특성과 그 반대로 저항값이 올라가는 정특성 서미스터가 있다.
	Diode (다이오드)	한 방향으로만 전류를 통할 수 있다. (화살표 방향)화살표 반대 방향으로 흐르지 못한다.
	Zener Diode (제너 다이오드)	제너 다이오드는 역방향으로 한계 이상의 전압이 걸리면 순간적으로 도통 한계 전압을 유지함
	Photo-Diode (포토 다이오드)	빛을 받으면 전기를 흐를 수 있게 한다. 일반적으로 스위칭 회로에 쓰인다.
	LED (발광 다이오드)	전류가 흐르면 빛을 발하는 파일럿 램프(pilot lamp) 등에 쓰인다.
	TR (트랜지스터)	그림의 왼쪽은 NPN형, 오른쪽은 PNP형으로서 스위칭, 증폭, 발진작용을 한다.
	Photo-Transistor (포토트랜지스터)	외부로부터 빛을 받으면 전류를 흐를 수 있게 하는 감광소자이다. CDS 라고도 한다.
	(SCR) Thyristor (사이리스터)	다이오드와 비슷하나 캐소드에 전류를 통하면 그때서야 도통이 되는 릴레이와 같은 역할
	Piezo-Electric Element (압전소자)	힘을 받으면 전기가 발생하며 응력 게이지 등에 주로 사용, 전자 라이터나 수동 진동자를 의미하기도 한다.
	Logic OR (논리합)	논리회로로서 입력부 A, B 중에 어느 하나라도 1이면 출력 C도 1이다. *1이란 전원이 인가된 상태, 0은 전원이 인가되지 않은 상태
	Logic AND (논리 적)	입력 A, B가 동시에 1이 되어야 출력 C도 1이며 하나라도 0이면 출력 C는 0이 된다.
	Logic NOT (논리 부정)	A가 1이면 출력 C는 0이고 입력 A가 0일 때 출력 C는 1이 되는 회로

(논리 비교기 기호: A, B, C, D)	Logic Compare (논리 비교기)	B에 기준 전압 1을 가해주고 입력단자 A로부터 B보다 큰 1을 주면 동력 입력 D에서 C로 1신호가 나가고 B전압보다 작은 입력이 오면 0신호가 나감.(비교 회로)
(NOR 기호: A, B, C)	Logic NOR (논리합 부정)	OR회로의 반대 출력이 나온다. 즉, 둘 중 하나가 1이면 출력 C는 0이며 모두 0이거나 하나만 0이어도 출력 C는 1이 된다.
(NAND 기호: A, B, C)	Logic NAND (논리적 부정)	AND회로의 반대 출력이 나온다. A, B 모두 1이면 출력 C는 0이며 모두 0이거나 하나만 0이어도 출력 C는 1이 된다.
(IC 기호: A, B, C, D)	Integrated Circuit	IC를 의미하며 A, B는 입력을 C, D는 출력을 나타냄

★★

02 자동차 전기 회로에서 릴레이의 역할

1) 스위치 작용을 한다.
2) 스위치 접점의 소손을 줄일 수 있다.
3) 전압 증폭 작용을 한다.
4) 스위치를 소형화 할 수 있다.
5) 배선 길이가 짧아 전압 강하가 적다.

Part 05

자동차에 사용되는 센서

★

01 엔진점검 (자기진단) 등에 표시되는 센서

1) 공기유량 센서(AFS)
2) 크랭크각 센서(CAS)
3) 모터위치 센서(MPS)
4) 흡기온도 센서(ATS)
5) 산소 센서(O_2)
6) 1번 실린더 상사점 센서(NO.1 TDC)
7) 대기압센서(BPS)
8) 스로틀포지션 센서(TPS)
9) 노크센서
10) 냉각수온도 센서(WTS)

★★

02 압전소자(piezo electric effect element)란

1) 압력을 가하면 기전력이 발생하고 반대로 전기를 가하면 팽창되거나 수축되는 성질을 가진 소자를 말한다.
2) 자동차의 노크 센서 또는 맵 센서 등 각종 압력검출용 센서로 사용되고 있다.

03 냉각수온도 센서의 기능

1) 시동시 기본 분사량 및 점화시기 보정
2) 시동시 기본 아이들 제어 듀티량 보정
3) 대시포트시 연료량 보정
4) 냉각팬 제어

★

04 전자제어 엔진에서 시동불량을 일으킬 수 있는 센서

1) 크랭크각 센서(CAS)
2) NO.1 TDC 센서
3) 대기압 센서(BPS)
4) 스로틀포지션 센서(TPS)
5) 공기유량 센서(AFS)
6) 냉각수온도 센서(WTS)

★★ 05 대기압 센서의 고장원인과 고장점검 방법

1) **고장원인** : 고열에 노출이나 과도한 충격 또는 커넥터의 접속불량 및 단선

2) **고장 점검방법**

① 점화스위치 ON시 전원 단자에서 4.8~5V 출력되면 대기압 센서와 ECU간 전원 회로는 정상이다

② 어스 단자와 차체 사이가 도통되면 정상이다.

③ 출력 단자와 ECU단자가 도통되면 정상이다.

④ 공회전시 3.8V~4.2V 출력되면 정상이다.

3) **고장시 나타나는 증상**

① 공전시 엔진 부조 현상(대기압 차이가 매우 클 경우)이 발생한다.

② 고지대 운행중 엔진 부조 현상이 발생할 수 있다.

4) **엔진에 미치는 영향**

① 대기압 차이가 클 때 엔진부조 현상이 발생한다.

② 고지대 운행시 엔진 작동이 불안정하다.

③ 고지대에서 가속성이 떨어진다.

④ 유해 배출가스를 많이 발생한다.

★ 06 MAP(manifold absolute pressure) 센서 형식의 흡입공기량 센서파형(AFS)에서 ① 부분의 파형이 나오는 현상의 의미

흡기메니폴드에서 진공 누설이 발생하고 있다.

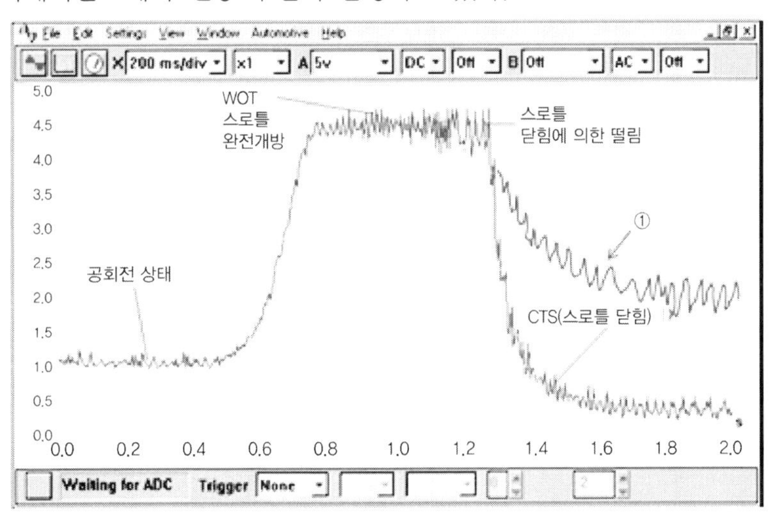

★★
07 MAP센서 불량 시 엔진에 미치는 영향

1) 흡입공기량 계측 어려움
2) 공연비 피드백 제어 어려움
3) 정확한 분사량 계산 어려움
3) 유해배출 가스 증가
4) 연료소비량 증가
5) 엔진의 출력 부족

★★
08 TPS의 기능 및 고장시 엔진에 나타나는 증상

1) 기능
   ① 운전자의 가속페달의 밟는 량을 감지하는 센서로 스로틀밸브의 위치를 검출하여 가속시 연료 보정을 돕는 센서이다.
   ② 스로틀밸브의 열림정도를 검출하여 엔진의 부하상태를 ECU에 알려준다.

2) 증상
   ① 주행시 가속불량
   ② 연료소모량 증가
   ③ 배기가스 증가
   ④ 주행시 출력 저하
   ⑤ 공전시 엔진 회전속도 상승
   ⑥ 엔진 부조 발생

★
09 크랭크각 센서 고장시 기관에 나타날 수 있는 엔진의 현상 (단, 부품 손상, 연료소비량, 소음·충격, 배기가스에 대한 사항 제외)

1) 공기·연료 혼합비 조절 불량
2) 점화시기 조절 불량
3) 공회전속도 조절 불량
4) 에어컨 파워릴레이 조절 불량
5) 연료펌프 구동조절 불가

★
10 엔진 회전수를 검출하는 센서의 종류

1) **홀 센서 타입 :** 홀 소자로 자기장 세기를 측정하여 흐르는 전류를 검출하는 방식
2) **인덕티브 타입 :** 센서 내부에 영구자석과 유도코일 및 코어 등으로 구성되어 이빨 치수 및 위치를 감지하는 방식
3) **광학식 센서 타입 :** 발광 다이오드와 포토다이오드를 이용하여 돌아가는 판의 속도나 위치를 검출하는 방식

★★★ 11 크랭크각센서(CAS)가 불량일 때 나타날 수 있는 고장 현상

1) 갑자기 시동이 꺼짐
2) 냉간 또는 열간 시 시동 불가
3) 주행중 간헐적으로 충격
4) 출발 또는 급제동 시 충격
5) 주행성능 저하
6) 점화시기 불량
7) 공회전 불규칙
8) 엔진 회전속도 변화량 급변

★ 12 오실로스코프로 측정해야 하는 센서와 액추에이터의 종류 및 점검시 주의사항

1) 센서의 종류

① 크랭크각 센서
② NO.1 TDC 센서
③ 공기유량 센서
④ 산소 센서

2) 액추에이터의 종류

① 인젝터
② 공전속도조절장치
③ 파워 TR의 베이스
④ 파워 TR의 컬렉터

3) 점검시 주의사항

① 레인지 선택을 정확히 한다.
② 측정시 절대로 쇼트시키지 않는다.
③ 절대로 피측정물과 직렬 연결하지 않는다.
④ 프로브가 엔진에 뜨거운 부분 및 회전하는 부분에 접속하지 않도록 한다.
⑤ 냉각팬이 회전 할 때는 측정을 멈춘다.

★ 13 TPS 조정 시기

1) 주행중 가속시 출력이 부족할 때
2) 공회전 위치에서 출력 전압이 규정값 범위를 벗어날 때
3) 자동변속기에서 변속시기가 달라질 때
4) 공전상태가 불규칙할 때
5) 연비가 저하될 때
6) 대시포트의 기능이 불량할 때

Part 06

배터리

01 배터리의 구비조건

1) 배터리의 용량이 클 것
2) 가급적 소형이고 운반이 편리할 것
3) 중량이 가벼울 것
4) 전해액의 누설이 없을 것
5) 충전 또는 검사가 쉬울 것
6) 전기적 절연이 완전할 것
7) 진동에 잘 견딜 것

02 격리판의 구비조건

1) 극판에서 좋지 않은 물질을 내뿜지 않을 것
2) 전해액 확산이 잘되도록 다공성일 것
3) 내진성과 내산성이 클 것
4) 비전도성일 것
5) 기계적 강도가 있을 것
6) 전해액에 부식되지 않을 것

03 배터리 용량에 영향을 주는 요소

1) 극판의 수
2) 극판의 크기
3) 전해액의 양
4) 극판의 두께

04 납산 배터리의 화학반응식

충전 상태 (방전) 방전 상태

양극(PbO_2) +전해액($2H_2SO_4$) +음극(Pb) ⇄ 양극($PbSO_4$) +전해액($2H_2O$) +음극($PbSO_4$)

(과산화납 + 묽은 황산 + 해면상납) (충전) (황산납 + 물 + 황산납)

05 배터리의 용량 표시 방법

1) **20시간율** : 완전 충전한 상태에서 일정한 전류로 연속 방전하여 셀 당 전압이 1.75V로 강하됨이 없이 20시간 방전할 수 있는 전류의 총량
2) **25A율** : 완전 충전된 상태의 배터리를 80°F에서 25A의 전류로 연속 방전하여 셀당 전압이 1.75V에 이를 때까지 방전하는 소요 시간으로 표시
3) **냉간율** : 완전 충전된 상태의 배터리를 0°F에서 300A로 방전하여 셀 당 전압이 1V 강하하기까지 몇 분 소요되는 가로 표시
4) **10시간율** : 완전 충전된 상태에서 일정한 전류로 연속 방전하여 방전 종지 전압에 이를 때까지 10시간 방전할 수 있는 전류의 총량

★★★
06 배터리의 설페이션(sulphation, 유화 또는 황화) 현상과 원인

1) **설페이션 현상**
   ① 방전된 상태로 충전하지 않고 방치하면 극판 속에 일시적 황산납으로 된 극판 내의 황산이 납과 화학 작용이 심화되어 극판 표면에 유백색의 결정이 생기고 불활성 황화현상이 발생된다.
   ② 즉, 일시적 황산납이 영구적 황산납으로 되는 현상을 설페이션 현상이라고 한다.
2) **설페이션의 원인**
   ① 과방전 하였을 경우
   ② 극판이 단락 또는 탈락 되었을 때
   ③ 장기간 방전상태로 방치하였을 경우
   ④ 전해액의 비중이 너무 높거나 낮을 경우
   ⑤ 전해액의 부족으로 극판이 노출되었을 경우
   ⑥ 전해액에 불순물이 혼입되었을 경우
   ⑦ 불충분한 충전으로 반복하였을 경우

07 배터리 자기방전 원인

1) 극판이 황산과의 화학작용으로 황산납화 될 때
2) 전해액에 불순물이 혼입되어 국부전지가 형성 될 때
3) 퇴적물에 의한 극판의 단락시
4) 배터리 윗면에 전해액 누설로 인한 배터리의 누전이 발생할 때

08 알칼리 배터리의 특징

1) 보수 및 취급이 용이하다.
2) 수명이 길고 충전시간이 짧다.
3) 저온에서도 시동이 잘된다.
4) 과충전을 하여도 가스가 발생하지 않는다.
5) 가격이 비싸다.

09 배터리 충전시 주의사항

1) 충전 장소는 환기가 잘되는 곳에서 실시할 것
2) 충전중 전해액의 온도를 45℃ 이하로 유지 할 것.
3) 배터리를 차량에서 떼어 내지 않고 급속 충전시 배터리와 단자 접속 케이블을 분리 할 것.
4) 단자를 반대로 물리고 역 충전을 하지 말 것
5) 충전중에 화기를 가까이 하지 말 것.

10 배터리 취급시 주의사항

1) 배터리 전해액량을 정기적으로 점검할 것
2) 전해액의 비중을 정기적으로 점검할 것
3) 배터리 케이스의 설치형태와 전원·접지 케이블의 설치상태를 정기적으로 점검할 것
4) 배터리 터미널 포스트와 커버 윗면을 항상 깨끗하게 유지할 것
5) 연속적으로 큰 전류를 방전시키지 않을 것

★ 11 배터리가 과충전 되었을 때 일어나는 현상

1) 전해액의 비중이 높아진다.
2) 전해액의 온도가 높아진다.
3) 양극 커넥터가 부풀어 오른다.
4) 전해액 부족이 자주 발생된다.
5) 양극판의 격자가 산화된다.
6) 배터리 수명이 짧아진다.
7) 배터리 케이스가 열에 의해 변형 된다.

★★★
12 배터리 충전시 충전이 불량한 원인

1) 발전기의 구동벨트 장력이 느슨하다.
2) 발전기 전압조정기의 조정전압이 낮다.
3) 발전기 다이오드 고장 및 발전기 자체가 노화되었다.
4) 배터리 터미널이 접속이 불량하다.
5) 배터리의 전해액이 부족하거나 극판이 산화되었다.
6) 자동차의 전기 사용량이 과다하다.

13 배터리 시험 방법의 종류

1) 용량 시험
2) 누설 시험
3) 직렬저항 시험

★
14 배터리의 기능은 용량불꽃, 유도불꽃 발생에 많은 영향을 주는데, 배터리에 충전되는 충전량에 영향을 미치는 요인 (기계적, 전기적)

1) 기계적 요인
① 압축압력
② 혼합비
③ 드웰각의 크기

2) 전기적 요인
① 가해진 전압에 비례한다.
② 상대하는 금속판의 면적에 비례한다.
③ 금속판 사이의 절연체의 절연도에 비례한다.
④ 금속판 사이의 거리에 반비례한다.

Part 07 기동장치

01 파워윈도우 모터의 특징

1) 파워 윈도우 모터는 직류 모터를 사용한다.
2) 파워 윈도우 모터의 회전 방향 변화는 모터의 극성을 바꾸어 제어한다.
3) 모터의 과부하 방지를 위해 정특성 서미스터를 사용한다.

02 직류 전동기의 종류

1) 직류 직권식 전동기
① 전기자 코일과 계자 코일이 직렬로 접속 된 것
② 큰 회전력이 필요한 기동 전동기에 사용

2) 직류 분권식 전동기
① 전기자 코일과 계자 코일이 병렬로 접속된 것
② 회전속도가 변하지 않는 속도 작동이 필요한 냉각팬 전동기, 파워윈도 전동기에 사용

3) 직류 복권식 전동기
① 전기자 코일과 계자 코일이 직·병렬 접속된 것
② 기동시 회전력이 크고 일정 속도 특성이 필요한 윈드실드 와이퍼에 사용

03 기동전동기 오버러닝 클러치의 종류

1) **롤러식**(roller type) : 승용차에 사용
2) **스프래그식**(sprag clutch type) : 중·대형 차량에 사용
3) **다판 클러치식**(multi plate type) : 대형 디젤 엔진에 사용

04 기동전동기의 시험

1) 성능(무부하) 시험
2) 저항 시험
3) 회전력 시험

05 기동전동기의 동력전달방식

1) **벤딕스식** : 피니언의 관성과 직권 전동기가 무부하에서 고속 회전을 하는 성질을 이용한 것

2) **피니언섭동식** : 솔레노이드 스위치를 이용하여 전기자가 회전하기 전에 피니언기어와 링기어를 미리 치합시키는 방식으로 작동 되는 것.

3) **전기자섭동식** : 전기자 철심의 중심과 계자 철심의 중심이 서로 편심되어 있어 기동 스위치와 전기자의 이동에 의해 작동 되는 것

4) **감속기어식** : 고속 회전 및 낮은 회전력의 전동기에 감속 기어를 설치하여 회전력 증대를 도모하는 것

06 크랭킹시 크랭킹 전류가 규정값 보다 높을 때의 원인

1) 전기자 축의 휨으로 인한 회전부하 증가

2) 클러치 스프링의 훼손으로 인한 피니언 기어와 링기어의 방향이탈에 따른 부하 증가

3) 베어링의 고착으로 인한 부하 증가

★ 07 크랭킹(cranking) 시험방법과 판정방법

1) 시험방법

① 전압계의 선택 스위치를 배터리 전압보다 높게 설정한다.

② 전압계의 적색 클립을 기동전동기 B+ 단자에 연결하고 흑색 클립을 차체에 연결한다.

③ 전류측정용 픽업클램프를 배터리에서 기동모터 B+단자 방향으로 집는다.

④ 점화코일의 전원을 차단하고 연료도 차단한다.

⑤ 점화스위치를 스타트 위치로 돌린다. (크랭킹 시간은 10초 이내)

⑥ 전압계의 눈금을 읽는다.

⑦ 전류계 눈금을 읽는다.

2) 판정방법

① 단자간 전압이 9.6V 이하로 떨어지면 케이블의 접속 상태 혹은 기동전동기나 배터리의 상태 불량

② 소모전류는 제작사마다 다르나 일반적으로 배터리 용량의 3배 이하이다.

08 아마추어 시험기(growler tester, 그로울러 시험기)로 시험 할 수 있는 항목

1) **접지 시험** : 전기자를 V블록위에 올려놓고 시험팁 ⊕단자는 정류자편, ⊖단자는 전기자 철심에 접촉, 전기자를 회전시키면서 점검·시험 등에 불이 켜지면 접지상태 불량
2) **단선 시험** : 전기자를 V블록위에 올려놓고 권선 선택 S/W를 기동 전동기이면 High, 발전기이면 Low에 위치, 전기자 시험 S/W를 ON에 위치 시험 접속기로 정류자편과 인접된 편에 접속시키며 전류계 및 시험 등을 판독, 전류계 지침이 움직이지 않거나 시험등에 불이 켜지지 않으면 정류자 편간의 코일이 단선상태이다.
3) **단락 시험** : 전기자를 V블록에 올려놓는다. 권선 선택 S/W 및 전기자 시험 S/W는 단선 시험시와 같다. 얇은 강철편을 전기자를 회전시키면서 전기자 코일에 접촉시켜 본다. 얇은 강철편이 자화되어 흡인 또는 떨리면 전기자코일의 단락 상태이며 전기자를 교환해야만 한다.

09 기관 기동시 기동전동기 전압강하 시험을 하였더니 12V에서 9V로 전압이 강하되었을 때

1) **허용전압** : 전압 강하는 기본 전압의 20% 미만이어야 하므로 12×0.8=9.6V 이상이어야 한다. (축전지전압의 80% 이상)
2) **점검 부분** : 전압 강하가 규정 이상이므로 기동전동기를 분해 정비하거나 배터리 상태를 정비하여야 한다.

★ 10 시동모터는 회전하나 피니언이 플라이휠 링기어에 물리지 않는 이유

1) 마그네틱 스위치 불량
2) 오버런닝 클러치 불량
3) 피니언기어 과다 마모
4) 플라이휠의 링기어 과다 마모
5) 시프트레버 고정핀 마모
6) 마그네틱 스위치 플런저의 당김량 부족
7) 전기자 축의 엔드플레이 과대
8) 전동기의 피니언 요크 또는 스프링 불량

★★ 11 기동전동기 회전이 느리고 많은 전류가 흐르며 회전력이 약한 이유

1) 전기자 축과 베어링 간극이 너무 없거나 오손 또는 마멸되었을 때
2) 전기자 축이 휘었거나 전기자가 계자철심에 닿았을 때
3) 전기자 코일 또는 계자코일이 접지 되었을 때
4) 전기자 코일이 단락 되었을 때
5) 베어링이나 부싱 간극이 너무 클 때
6) 브러시와 정류자의 접촉이 불량할 때

Part 08 예열장치

01 히트레인지의 기능과 용량(W)

1) 기능
   ① 직접 분사실식에서 예열 플러그를 설치할 적당한 곳이 없기 때문에 흡기다기관에 전열 방식의 히터를 설치한 것이다.
   ② 배터리의 전류가 흐르면 히터가 가열되어 흡입 하는 공기를 예열하여 시동을 쉽게 한다.
2) **용량** : 이 히터의 용량은 400~600W이며, 축전지 전압이 가해지게 되어 있다.

Part 09

점화장치

★ 01 파워 TR(power transistor) 불량시 나타날 수 있는 현상

1) 엔진 시동성 불량
2) 주행중 엔진 꺼짐
3) 연료 소모 과다
4) 주행시 가속력 저하
5) 공회전시 엔진부조 현상 발생

02 전자제어 점화장치의 요구조건

1) 발생전압이 높고 여유전압이 클 것
2) 불꽃 에너지가 높을 것
3) 잡음 및 전파 방해가 적을 것
4) 점화시기 제어가 정확 할 것
5) 절연성이 우수할 것

03 트랜지스터 점화 방식의 특징

1) 점화 신뢰성이 좋다.
2) 점화시기를 정확히 조정할 수 있다.
3) 저속 점화성능과 고속 점화성능이 좋다.
4) 권선비가 큰 점화코일도 사용할 수 있다.
5) 점화 장치의 성능이 향상된다.

04 점화스위치를 ON 시켰는데 전류계 바늘이 움직이지 않을 경우의 원인

1) 퓨즈의 단선
2) 전선 접속부의 헐거움 또는 단선
3) 전류계의 고장

★★★

05 파워 트랜지스터의 기능과 점검 방법

1) 기능 : ECU에 의해 제어되며, 점화1차 회로에 흐르는 전류를 단속하는 NPN형 트랜지스터이다.

2) 실차에서 불꽃 시험

① 스파크플러그를 분리하고, 분리된 스파크플러그를 하이텐션 코드에 끼운다.

② 절연된 플라이어로 스파크플러그를 잡고 차체에 6~8mm 간격을 유지한다.

③ 엔진을 크랭킹하면서 스파크 플러그에서 강한 청색 불꽃이 튀면 정상이다.

3) 단품 점검

① 아날로그 멀티테스터기의 (–)리드선을 TR 컬렉터 단자, (+)리드선을 TR 이미터 단자에 연결하고 테스터기의 레인지를 저항으로 한다.

② 스위치 ON/OFF를 하면 저항 게이지 바늘이 움직이면 TR (NPN)은 정상이다.

06 점화코일의 정상 여부를 측정하는 항목

1) 1차코일의 전압과 저항

2) 2차코일의 전압과 저항

3) 절연 저항

4) 밸러스트 (ballast) 저항

Tip

★ 밸러스트는 안정저항이라고도 하며, 1차 전류를 안정시키기 위하여 1차회로에 직렬로 연결한 저항으로서, 코일의 온도에 정비례해서 전압을 감소시키려는 저항이다. 밸러스트는 점화장치에 대해 전류제한 역할을 하는데, 크랭킹하는 동안 대개 바이패스된다.

07 점화코일 (+), (–)단자가 바뀌었을 때 엔진 상태

점화코일의 극성과 배터리의 극성이 일치하지 않아 점화플러그의 전극 사이에 전류의 방향이 바뀌게 되면 소요전압이 30% 정도 높아지게 된다.

08 점화플러그의 구비조건

1) 내열 성능이 클 것
2) 기계적 강도가 클 것
3) 내부식 성능이 클 것
4) 기밀유지 성능이 양호할 것
5) 자기청정 온도를 유지할 것
6) 전기적 절연 성능이 양호할 것
7) 강력한 불꽃이 발생할 것
8) 점화 성능이 좋을 것
9) 열전도 성능이 클 것

★★
09 점화플러그의 소염 작용

1) 화염핵이 확산되지 못하도록 방해하는 것으로서, 점화플러그의 전극에서 불꽃을 방전하면 가솔린의 작은 입자에 불이 붙어 작은 화염핵이 형성된다.
2) 이 화염핵의 열을 주위의 혼합기나 점화플러그의 전극이 흡수하여 화염을 꺼 버리는 현상이며, 점화플러그의 간극이 너무 적거나 전극이 너무 두꺼운 경우 일어난다.

★★
10 점화플러그 열가 설명과 공란에 들어갈 점화 플러그 형식

1) **점화 플러그의 열가** : 점화 플러그의 열 발산 정도를 수치로 나타낸 것이다.
2) (열형) 플러그는 저속에서 자기 청정온도에 달하고, 열 발산 능력이 나빠 차속이 낮은 저속용 기관에 사용한다.
3) (냉형) 플러그는 열 발산 능력이 뛰어나 고속회전의 전극소모가 심한 기관에서 사용한다. 열가의 외관상 차이는 수열면적과 방열경로의 장단(長短)이다.
4) (냉형) 플러그는 수열면적이 작고, 방열 경로가 짧게 되어 있으며,
5) (열형)의 플러그는 수열 면적이 크고, 방열 경로가 길게 되어 있다.

11 점화플러그에서 불꽃이 발생하지 않을 때의 원인

1) 점화 스위치 불량
2) 배전기 접점의 소손 및 점화코일의 불량
3) 점화코일 1차선의 단선 단락
4) 배터리의 불량
5) 점화플러그의 오손 및 불량
6) 배전기나 고압케이블의 불량
7) CAS 센서 불량
8) Power TR 불량
9) ECU 불량

12 점화플러그의 자기 청정 온도

1) 점화 플러그가 연속해서 그 성능을 충분히 발휘하기 위하여 발화부가 실화의 원인이 되는 카본이 퇴적되지 않을 정도로 타야 한다.
2) 즉, 일반적으로 점화 플러그의 전극 부분의 작동 온도가 400℃ 이하이면 연소 때에 생성되는 카본이 전극 부분에 부착되어 절연성능을 저하시켜 불꽃 방전이 약하게 되고, 전극 부분의 작동 온도가 800~950℃이상이 되면 조기 점화를 일으켜 엔진의 출력이 저하 된다.
3) 따라서, 기관이 운전되는 동안 전극부분의 온도는 500~600℃를 유지 하여야 한다. 이 온도를 점화 플러그의 자기 청정 온도라 한다.

★ 13 무연 가솔린 차량의 점화플러그에 비해 유연 가솔린 점화플러그에 카본이 많이 끼는 이유

동일한 점화플러그 사용시 유연 가솔린은 가솔린 내의 납 성분이 실린더내의 온도를 낮추어 점화플러그 주위에 연소를 방해하기 때문이다.

★★★ 14 점화 2차 파형 피크전압이 너무 높을 때의 원인

1) 점화플러그 간극이 크거나 카본 부착이 많을 때
2) 혼합기가 희박할 때
3) 플러그 배선이 불량하거나 단선 될 때
4) 압축압력이 너무 높을 때
5) 점화시기가 너무 늦을 때
6) 배전기캡이 불량할 때

★★★ 15 배전기 방식과 비교한 전자배전 점화 방식(DLI, distributer less ignition)의 장점 (참고 : 개념 및 점화 방식의 종류)

1) 개념

배전기가 없는 점화장치로서 배전기를 사용하지 않고 점화코일에서 직접 점화플러그로 연결되어 점화되는 방식으로 컴퓨터를 이용한 전자 배전 방식이다.

2) 점화 방식의 종류

① 독립 점화 방식 : 1개의 점화코일과 1개의 점화플러그가 연결되어 직접 점화시키는 방식이다.

② 동시 점화 방식 : 1개의 점화코일로 2개의 점화플러그에 동시에 배분하는 방식이다.

③ 다이오드 분배 점화 방식 : 동시점화 방식과 같으며 높은 전압으로 인한 역전류를 다이오드로 방지한다.

3) 특징

① 엔진의 속도에 관계없이 2차 전압이 안정된다.

② 고전압 배전부품이 없기 때문에 배전 누전이 없다.

③ 실린더별 점화시기 제어가 가능하다.

④ 점화 진각폭에 대한 제한이 없어서 내구성이 크다.

⑤ 점화시기가 정확하고 점화성능이 우수하다.

⑥ 고전압이 감소되어도 유효에너지 감소가 없기 때문에 실화가 적다.

⑦ 배전기가 없기 때문에 전파 장해가 없어 다른 전자장치에도 유리하다.

★★ 16 전자제어 점화장치에서 1차 파형의 불량 원인

1) 점화코일 불량

2) 파워 TR 불량

3) 엔진 ECU 접지 전원 불량

4) 파워 TR 베이스 전원 불량

5) 배선의 열화 및 접촉 불량

★
17 점화 1, 2차 파형의 정상파형과 비정상파형(실화를 나타냄)을 그린 것이다. 정상파형과 비교시 비정상 파형에서 나타나는 특징

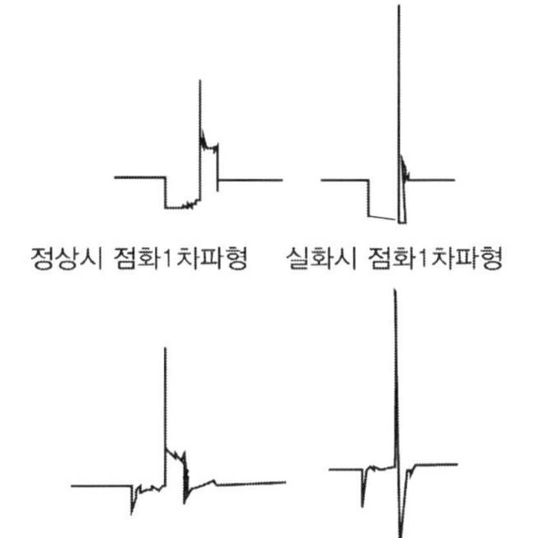
정상시 점화1차파형 실화시 점화1차파형

정상시 점화2차파형 실화시 점화2차파형

1) 피크 전압이 정상파형보다 높다.
2) 점화구간(점화플러그 불꽃지속시간)이 없다.
3) 고압케이블 절연불량인 경우에 발생한다.

★★★
18 전자제어 엔진에서 점화시기를 제어하는 ECU 입력요소

1) 크랭크각 센서 (CAS)
2) 1번 실린더 상사점 센서 (NO.1 TDC)
3) 공기유량 센서 (AFS)
4) 냉각수온도 센서 (WTS)
5) 스로틀포지션 센서 (TPS)
6) 대기압 센서 (BPS, barometric pressure sensor)
7) 노킹 센서 (knocking sensor)

★
19 점화2차 파형에서 피크전압이 너무 낮을 때의 원인

1) 점화플러그 간극이 적거나 오염되었을 때
2) 혼합기가 농후할 때
3) 압축압력이 낮을 때
4) 배전기 로터 및 캡의 절연 파괴 될 때
5) 점화코일이 누전(단락) 되었을 때

★★
20 전자제어 엔진에서 크랭킹은 되나 시동이 되지 않는 원인으로 점화계통의 이상원인 (단, 연료계통은 정상)

1) 파워TR과 같은 점화1차 회로에 이상이 있다.
2) 점화2차 회로에 결함이 있다.
3) 점화코일에 이상이 있다.
4) 점화플러그에 이상이 있다.
5) 점화시기가 맞지 않는다.
6) 제어장치(ECU)가 불량하다.

Part 10

충전장치

★★★
01 교류(AC) 발전기의 특징

1) 소형·경량이고 출력이 크다
2) 저속에서도 충전 성능이 우수하다
3) 내구성이 우수하며 고속 회전에도 유리하다.
4) 브러시 수명이 길고 마찰음이 없다.
5) 속도 변동에 따른 적응범위가 넓다.
6) 직류발전기의 컷아웃 릴레이나 전류제한 릴레이 등이 필요 없다.
7) 정류자가 없어 이에 대한 고장이 없다.
8) 실리콘다이오드를 사용하므로 정류특성이 좋다.
9) 스테이터 코일이 로터 외부에 설치되어 있어서 냉각효율이 좋다.

★
02 교류발전기에 전류제한기가 필요 없는 이유 (공란 채우기)

교류발전기의 스테이터 코일에서 발생하 (인덕턴스)에 의해 최대출력이 제한을 받기 때문에 전압조정기만 필요하고 전류제한기는 실리콘 다이오드가 역방향 흐름을 방지하기 때문에 필요 없게 되었다.

03 IC식 전압 조정기의 특징

1) 배선을 간소화 할 수 있다.
2) 진동에 의한 전압 변동이 없고, 내구성이 크다.
3) 조정 전압의 정밀도가 높다.
4) 내열성이 크며, 출력을 증대 시킬 수 있다.
5) 초 소형화가 가능하므로 발전기 내부에 설치할 수 있다.
6) 배선 저항이 적어 배터리 충전 성능이 향상되고, 각 전기 부하에 적절한 전력 공급이 가능하다.

04 발전기 Field가 있는 회로에서 Multi Tester로 측정할 수 있는 시험

1) 로터코일의 단선 시험
2) 로터코일의 접지 시험
3) 스테이터코일의 단선 시험
4) 스테이터코일의 접지 시험
5) 다이오드 시험

05 교류발전기의 충전전류가 작은 원인

1) 전압조정기의 조정 전압이 낮을 때
2) 다이오드의 단선 또는 단락시
3) 스테이터 코일의 단락시
4) 충전회로에 과대한 저항이 있을 때
5) 팬벨트의 유격이 클 때
6) 브러시의 과대 마멸에 의한 브러시와 슬립링 접촉이 불량 할 때

★ 06 충전장치에서 발전기 충전 불량의 원인 (단, 퓨즈, 배터리, 배선은 정상)

1) 구동벨트가 느슨하거나 마멸되었다.
2) 발전기의 전압조정기의 결함으로 조정전압이 낮다.
3) 발전기 내의 브러시가 많이 마모되어 슬립링에 접촉이 불량하다.
4) 발전기의 계자코일, 전기자 코일의 단선이나 단락되었다.
5) 발전기축 베어링 고착으로 회전이 불량하다.

★
07 직류(DC) 발전기가 발전이 전혀 되지 않는 원인

1) 계자코일과 전기자 코일이 단락 되거나 단선되었을 때
2) 발전기 브러시와 정류자의 접촉 불량일 때
3) 발전기 전압조정기나 전류 제한기가 불량할 때
4) 발전기 구동벨트가 끊어졌거나 미끄럼이 심할 때
5) 발전기 구동회전수가 낮을 때

★
08 발전기는 이상이 없고 크랭킹시 회전이 낮은 경우 배터리 이상 유무를 알기 위한 시험

1) 부하 시험 (9.6V 이상 정상)
2) 무부하 시험 (10.8V 이상 정상).
3) 비중 점검 (1.260이 온대지방기준으로 완충).
4) 전압 점검 (12V 이상).

Part 11

조명장치

★★★
01 전조등의 밝기가 어두운 경우의 원인 (밝기에 영향을 주는 요소)

1) 전구의 규격 미달 불량
2) 전조등 회로의 접촉저항 과대 (접촉 불량, 접지 불량, 전원배선 불량 등)
3) 렌즈 안과 밖에 물방울이 맺힌 경우
4) 반사경의 이물질이 부착되거나 흐려진 경우
5) 전구의 설치 위치가 바르지 않은 경우
6) 전구의 장시간 사용에 의해 열화가 된 경우
7) 전조등 설치부 스프링이 피로한 경우
8) 전조등 전기회로의 단락으로 전류 누설되는 경우
9) 배터리 용량이 저하된 경우
10) 발전기의 발전 상태가 불량한 경우

02 전조등의 주광축이 틀려지는 원인

1) 전조등 설치 볼트나 스프링 피로
2) 타이어 공기압의 불균형
3) 전조등 초점 조정나사의 조정 불량
4) 현가장치 불량으로 차량의 수평 유지가 안될 때

★ 03 라이트의 소켓이 녹는 원인

1) 용량이 큰 전구를 사용하였다.
2) 전구와 소켓의 결합이 느슨하여 접촉 불량으로 인한 열이 발생하였다.
3) 정격용량보다 적은 배선을 사용하였다.
4) 전기회로가 단락 되었다.
5) 높은 광도를 위하여 불량 라이트를 이용하여 과열되었다.

★ 04 자동차 전구가 자주 끊어지는 원인

1) 전구의 용량이 큰 경우
2) 전구 자체가 결함인 경우
3) 회로내의 결함으로 과대 전류가 흐르는 경우
4) 차량의 진동이 심한 경우
5) 과충전이 되는 경우

★ 05 배선 커넥터가 녹는 원인

1) 배선 회로 내에 과부하가 걸림 (배선의 굵기보다 더 큰 전류가 흐름)
2) 회로 내 배선이 접지와 쇼트
3) 정격용량이 큰 퓨즈 사용
4) 커넥터내의 암·수 핀의 접촉 불량으로 열 발생

Part 12

안전장치

★ 01 방향지시등의 점멸이 느릴 때의 원인 (단, 콤비네이션 스위치와 전구는 정상)

1) 전구의 용량이 크다.
2) 방향지시등 회로 배선에 단락이 있다.
3) 배터리 용량이 저하되었다.
4) 플래셔 유닛에 결함이 있다.
5) 전구의 접지가 불량하다.
6) 퓨즈 또는 배선 접촉이 불량하다.

★★ 02 방향지시등이 좌우 점멸 횟수가 다른 이유

1) 플래셔 유닛과 방향지시등 사이의 배선이 단락 되었다.
2) 다기능 스위치의 결함이 있다.
3) 좌우 전구 중 하나의 전구 용량이 다르다.
4) 좌우 회로 중 한 쪽 방향지시등의 회로 배선이 단락 되었다.
5) 앞 또는 뒤의 방향지시등 하나가 불량이다.

★ 03 방향지시등이 점등되지 않는 이유

1) 규정 용량의 전구를 사용하지 않았다.
2) 접지가 불량하다.
3) 전구 한 개가 단선 되었다.
4) 플래셔 유닛과 방향지시등 사이에 단선 되었다.

04 혼의 작동 이상원인

1) 배터리의 전압이 너무 낮을 때
2) 혼 스위치와 접지선의 접촉 불량할 때
3) 혼 스위치가 불량 할 때

Part 13

히터와 에어컨

01 냉방 사이클 압력 점검의 목적

1) 압축기로 흡입되는 냉매가 저온 저압의 기체 상태인지 확인하는 것인데 냉매의 온도가 약 5℃정도여야만 1.5~2.0kgf/cm²의 정상 압력을 유지하게 된다.
2) 압축기에서 압축된 냉매가 응축기에서 정상적으로 응축되어 중온·중압의 액체 상태인지 확인하는 것인데, 냉매의 온도가 약 65~70℃ 정도여야만 14.5~16kgf/cm²의 정상 압력을 유지하게 된다.

02 냉매란

냉동에서 냉동효과를 얻기 위하여 사용하는 물질이며, 저온 부분에서 열을 흡수하여 액체가 기체로 되고, 압축하면 고온 부분에서 열을 방출하여 다시 액체로 되는 것과 같이 냉매가 상태변화를 일으켜 열을 흡수·방출하는 역할을 하는 것이다. 즉, 열의 이동작용을 하는 물질이다.

03 에어컨 냉매 순환 사이클

증발기 → 압축기 → 응축기 → 팽창밸브

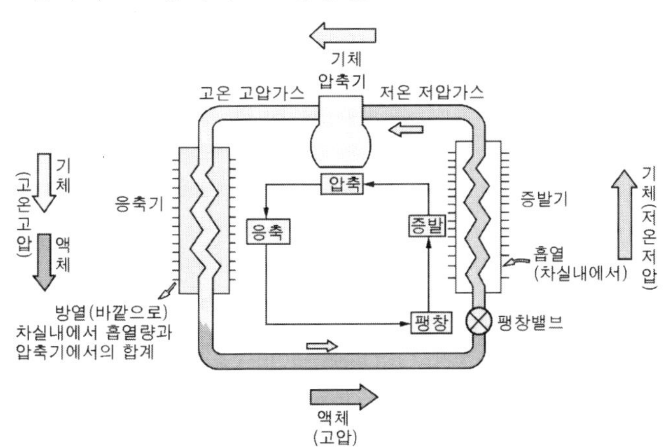

04 에어컨 냉매의 구비조건

1) 냉매의 증발 잠열이 클 것
2) 응축압력이 적당히 낮을 것
3) 비점이 적당히 낮을 것
4) 안전성이 높을 것
5) 부식성이 적을 것
6) 전기 절연성이 좋을 것
7) 누설 검지가 쉬울 것
8) 압축기에서 배출되는 기체 냉매의 온도가 낮을 것

★★ 05 에어컨 냉매오일 취급시 주의사항

1) 규정 용량으로 냉매오일을 교환한다.
2) 규정된 냉매오일을 사용한다.
3) 기타 오일과 절대 혼용하지 말아야 한다.
4) 수분, 먼지, 금속가루 등의 이물질이 혼입되지 않도록 한다.
5) 오일 보관용기는 폴리용기가 아닌 스틸켄으로 사용한다.
6) 오일캔 사용 후에는 즉시 뚜껑을 닫아 대기와 차단한다.
7) 차체 및 피부에 닿지 않게 주의 한다.

06 에어컨 시스템 구성품 중 어큐뮬레이터의 기능

증발기에서 기화된 냉매를 잠시 저장하여 수분과 이물질을 제거한 후 일정한 압력으로 압축기에 공급하는 역할을 한다.

1) 냉매 저장 및 2차 증발 기능
2) 증발기의 잔존 액체 냉매 분리 기능
3) 냉매 중의 수분 흡수 기능
4) 압축기로의 오일 순환 기능
5) 이물질 제거 기능
6) 냉매와 오일의 분리 기능
7) 증발기 빙결 방지 기능

★★

07 에어컨 시스템의 구성품 중 리시버 드라이어 기능

1) 냉매를 저장하는 기능을 한다.
2) 냉매 속의 기포를 제거한다.
3) 냉매 속의 수분을 제거한다.
4) 냉매 속의 이물질 제거한다.
5) 냉매의 압력을 감지한다.
6) 냉매량을 관찰한다.

★

08 에어컨 시스템에서 리시버 드라이어에 장착되어 있는 듀얼압력 스위치의 작동원리

1) 작동원리

듀얼압력 스위치는 냉매의 최저압 이하일 때나 최고압 이상일 때 스위치가 오픈되어 ECU로 에어컨 작동 신호를 주지 못하게 되어, ECU는 에어컨의 컴프레서를 작동시키는 릴레이에 전원을 공급하지 않아 컴프레서가 멈춘다.

2) 이유

냉매가 최저압 이하이면 컴프레서가 공회전하여 고체 마찰로 고착될 수 있으며, 냉매가 최고압 이상이면 너무 냉각이 빨라 증발기가 얼어붙을 수 있으므로 이를 보호하기 위함이다.

09 벨트록 컨트롤러(BLC, belt lock controller)의 목적

1) I-벨트 형식의 엔진은 압축기와 발전기가 같은 벨트로 구동되기 때문에 벨트가 끊어지거나 손상이 되면 발전기의 충전 기능도 중지된다.
2) 벨트록 컨트롤러는 에어컨의 압축기가 내부 불량으로 고착되거나 과부하가 걸려 벨트가 미끄러지면 압축기의 릴레이를 Off 시켜 마그네틱 클러치의 전원을 차단한다.
3) 이렇게, 압축기의 고착으로 인한 벨트의 손상 방지와, 엔진 과부하 및 발전기의 충전 성능을 확보하는데 목적이 있다.

★
10 구냉매 설치 에어컨에서 신냉매를 사용 할 경우 교체해야 하는 부품(압축기와 배관으로 분류)

1) 압축기
① 압축기 오일실 : 재질을 NBR에서 HNBR로 변경
② 압축기 오일 : 광물유에서 합성오일(PAG oil)로 변경
③ 응축기 : 평행흐름 (parallel flow)형식으로 변경
④ 리시버드라이어의 흡습제 : Moleculer Sieve XH-7 또는 XH9으로 변경
⑤ 고압 컷-아웃 스위치 : 32kg/cm2로 조정
⑥ 압력스위치

2) 배관
① 호스 재질 : 나일론 코팅, 보강층이 있는 Butyl 고무 내피와 EPDM 외피로 변경
② 충전 포트 : 나사산이 없는 원터치 조인트식으로 변경

11 오리피스 튜브(orifice tube)의 기능

1) 팽창밸브는 가변밸브로 실내의 냉방부하에 따라 적절히 대응할 수 있는 능력이 있으나 오리피스는 항상 일정한 통로를 개방한다.
2) 팽창밸브 형식에서는 압축기와 팽창밸브 사이에 리시버드라이어를 설치하여 기체냉매와 액체냉매를 분리하여 액체냉매만을 팽창밸브로 공급해준다.
3) 그러나, 오리피스 튜브 형식에서는 오리피스 튜브를 통과하는 냉매를 응축기에서 직접 공급되므로 응축기는 완벽하게 냉매를 액화시켜 오리피스 튜브로 공급해야 한다.
4) 오리피스 튜브는 중온(中溫) 고압의 냉매를 저온·저압의 안개 상태(霧化)된 냉매를 분사하여 증발기로 보내는 일을 한다.

★★
12 에어컨을 점검 하였더니 냉매 량이 과다하다. 아래의 물음에 대한 답하라.

1) 고압 파이프의 상태 : 냉매량이 과다한 경우는 고압 파이프의 상태는 비정상적으로 뜨겁다.
2) 고압 및 저압의 게이지 상태 : 냉매량이 과다한 경우에는 저압 게이지와 고압 게이지의 압력이 정상치보다 높다.

★★★
13 FATC(전자동 에어컨)에 입·출력 요소

1) 입력 요소
① 실내온도 센서
② 외기온도 센서
③ 일사량 센서
④ 핀서모 센서
⑤ 냉각수온도 센서
⑥ 습도 센서
⑦ AQS 센서
⑧ 온도조절 액추에이터 위치 센서
⑨ 스위치 입력

2) 출력 요소
① 온도조절 액추에이터
② 풍향조절 액추에이터
③ 내외기조절 액추에이터
④ 파워 T/R
⑤ 고속 송풍기 릴레이
⑥ 에어컨 출력
⑦ 제어 패널 화면 Display
⑧ 센서 전원
⑨ 자기진단 출력

14 에어컨 정비시 주의사항

1) R-134a 냉매는 휘발성이 매우 강해서 작업시 피부에 닿으면 동상의 우려가 있다.
2) 에어컨 작업시 반드시 보안경 착용
3) 용기는 고 압축이어서 뜨거운 곳에 보관해서는 안 된다.
4) 할로겐 누설 감지기로 누설 점검시 감지기에서 나오는 불꽃과 R-134a에서 누설된 가스가 접하게 되면 유독가스가 발생 되므로 주의해야 한다.

★
15 에어컨 가스 충전시 "냉매회수 – 진공 – 충전"의 순서로 냉매를 충전한다. 이 때 에어컨 시스템의 진공을 하는 목적

1) 냉매회수 및 에어컨 파이프내의 먼지, 수분, 냉동오일 등 제거
2) 충전시 대기압의 차를 이용하여 원활하게 냉매 충전

★
16 에어컨 냉매는 정상이나 컴프레서가 작동하지 않는 이유

1) 에어컨 스위치의 고장으로 ECU로 신호입력이 불가능
2) 에어컨 압력 스위치 고장으로 ECU로 신호입력이 불가능
3) 에어컨 릴레이의 고장
4) 에어컨에서 컴프레서로 가는 전원공급이 불량
5) 에어컨 컴프레서 작동벨트 이완 또는 미끄러짐
6) 엔진의 온도가 규정값보다 높을 때
7) 핀서모 스위치 불량

Part 14 계기장치

01 자동차 속도계 지침의 오차가 발생하는 원인

1) 차속 센서 불량
2) 속도계 구동기어나 피동기어의 과대 마멸
3) 계기판 속도계의 불량
4) 타이어가 규정보다 크거나 작을 때
5) 타이어의 공기압이 규정에 맞지 않을 때

Part 15 전자제어 시간경보장치(ETACS)

01 IMS(integrated memory system)의 개념

1) **개념** : 운전자 자신이 설정한 최적의 시트위치를 기억스위치와 위치 센서를 이용하여 컴퓨터에 기억시켜 시트위치가 변화되어도 1회의 스위치 조작으로 자신이 설정한 시트 위치로 재생할 수 있는 기능으로 운전자가 편안한 운전자세를 유지할 수 있도록 해주는 통합 운전석 파워시트 기억장치이다.

2) **기억(memory) 항목**

① 운전석 시트

가) 슬라이드(slide)   나) 리클라이닝(reclining)

다) 하이트(height)   라) 각도(tilt)

② 조향휠

가) 각도(tilt)   나) 텔레스코프(telescope)

③ 사이드미러, 룸미러의 상하·좌우 위치

02 에탁스(ETACS, electronic time alarm control system)의 기능

1) 백미러 폴딩 제어
2) 뒷 열선 타이머 기능
3) 중앙 도어 집중식 잠금 장치 기능
4) 안전벨트 경고등 기능
5) 감광식 룸 램프기능
6) 운전석 도어 키홀 조명 기능
7) 자동 도어 록 기능
8) 이그니션 키홀 조명기능
9) 간헐 와이퍼기능
10) 도어 열림 경고등 기능
11) 파워윈도 제어
12) 배터리 세이버 기능
13) 워셔 연동 와이퍼 제어 기능

★ 03 에탁스(ETACS)에 연결되는 ON/OFF 스위치의 신호를 감지하는 방법

1) **풀업 전압**(pull-up) : 스위치 ON일 때 0V로 변화시키는 회로에 사용
2) **풀다운 전압**(pull-down) : 스위치 ON일 때 12V와 같은 전압을 인가해주는 회로에 사용
3) **스트로브 방식**(strobe method) : 평소에 펄스가 입력되다가 스위치 ON일 때 0V로 변화시키는 회로에 사용

Part 16 에어백

01 에어백의 종류와 설치 위치

1) DAB(drive air bag) : 운전석 에어백
2) PAB(passenger air bag) : 동승석 에어백
3) FSAB(front side air bag) : 전방 측면 에어백
4) RSAB(rear side air bag) : 후방 측면 에어백
5) RAB(rear air bag) : 뒷좌석 에어백
6) CAB(curtain air bag) : 커튼 에어백

★ 02 충돌안전 장치에서 에어백 시스템의 주요구성 부품

1) ACU(air bag control unit) : 에어백 컨트롤 유닛
2) PT(pretensioner) : 프리텐셔너 (안전벨트)
3) PPD(passenger presence detect) : 승객 유무 감지 장치
4) FIS(front impact sensor) : 전방충돌감지 센서
5) SIS(side impact sensor) : 측면충돌감지 센서
6) 클럭 스프링(clock spring)
7) 안전(safety) 센서

03 SRS 에어백 충돌감지 센서 종류

1) 롤러 마이트식
2) 스프링 댐핑식
3) 바이어스 마그네틱 매스방식
4) 점성 댐핑식
5) 편심로터 방식
6) 가스 댐퍼식

04 SRS 에어백 작동원리

1) **충격 감지 :** 충돌 센서가 감지하여 ACU에 신호를 전달한다.
   충돌 발생 → 충격 감지
2) **에어백 전개 :** ACU는 에어백 모듈에 에어백을 팽창시키기 위한 신호를 전달한다. 가스발생장치 착화 및 화약연소 → 에어백 내로 가스분출·팽창 → 커버 뚫고 에어백 전개 개시 → 에어백 완전 팽창 → 승객보호
3) **에어백 수축 :** 에어백 모듈 가스 발생, 순간적으로 팽창 후 수축한다.
   가스배출 → 수축 → 전방 시야확보

★★★ 05 SRS 에어백 점검시 유의사항

1) 점화스위치를 Lock 위치로 돌리고, 배터리에서 (-)단자를 탈거하고 약 1분 이상 기다린 후 에어백 관련 작업을 수행한다.
2) 에어백 시스템의 고장을 수리시 배터리 분리 전에 진단코드를 검사한다.
3) 진단 유닛 단자간 저항을 측정하지 않는다.
4) 다른 차량의 에어백 부품을 사용하지 않는다.
5) 부품 교환시 신품으로 교환한다.
6) 손상된 배선은 수리하지 않고 교환한다.
7) 테스터의 사용 및 전류를 직접 부품에 통전시키지 않는다.
8) 테스트 단자에 직접 접속하지 않는다.
9) 탈거 후 에어백 모듈을 항상 위쪽으로 향하도록 주의 한다.
10) 점화회로에 수분이나 이물질이 묻지 않도록 주의 한다.
11) 부품을 재사용하기 위한 목적으로 분해하거나 수리하지 않는다.
12) 미 전개 모듈 운반시 커버면이 신체의 바깥쪽을 향하게 한다.
13) 본체를 용접하는 경우 반드시 배터리(-)단자를 분리한다.

★ 06 에어백이 작동하여 터진 다음 교환해야 하는 부품

1) 에어백 모듈
2) 에어백 ECU
3) 충돌감지 센서
4) 클럭 스프링과 에어백 와이어링
5) 안전벨트 프리텐셔너
6) 세이프티 센서

07 SRS 에어백 시스템에서 자기 진단용 제어 모듈의 주요기능

1) 비상 전원 기능
2) DC-DC 컨버터 기능
3) 자기 진단 기능
4) 충격 감지 기능

★ 08 클럭 스프링의 작업공정을 작업순서에 의해서 설명하시오.

1) 배터리 (-)케이블을 분리한 후, 최소 30초 이상 기다린다.
2) 에어백 모듈 장착볼트를 풀고 스티어링휠에서 분리한다.
3) 탈거된 에어백 모듈은 커버 측이 위로 향하도록 위치시킨다.
4) 스티어링 샤프트와 휠의 일치 마크를 표시한 후 스티어링 휠을 분리한다.
5) 클럭스프링 커넥터와 스티어링휠 리모컨 스위치 커넥터를 클럭스프링에서 분리 후 재 장착한다.
6) 클럭스프링을 위치시키고 정렬 마크를 일치시켜 중심위치를 맞춘다.
7) 중심 위치는 시계 방향으로 클럭 스프링을 멈출 때까지 돌린 후 다시 반대 방향으로 약 3회전 시켜서 정렬 마크를 일치 시킨다.
8) 스티어링 컬럼커버를 끼우고 장착한다.
9) 스티어링휠을 장착한다.
10) 에어백 모듈 커넥터를 에어백 모듈과 연결한다.
11) 에어백 모듈 장착 볼트를 체결한다.
12) 배터리 (-)케이블을 연결한다.
13) 에어백 모듈 장착 후 에어백 시스템과 혼의 정상 작동여부를 확인한다.

Part 17

LAN 통신

★ **01** **VDC 캔 통신 데이터를 스코프로 검출한 결과 데이터 프레임의 ID 펄스가 그림과 같이 나타났을 때 빈칸의 2진수 코드를 완성하고 16진수 ID를 쓰시오. (단, 우성 : 0, 열성 : 1)**

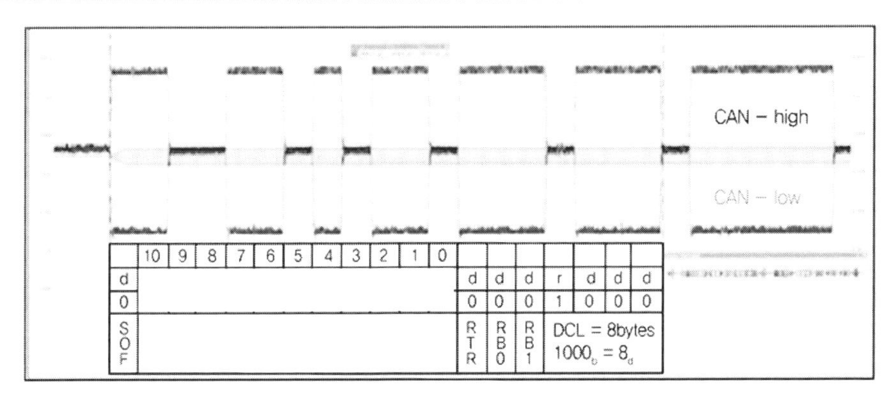

답

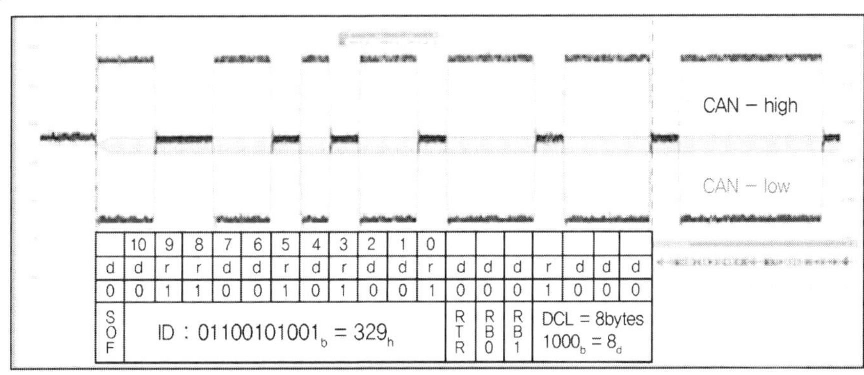

02 자동차에 통신 네트워크를 적용하면 좋은 점

1) 배선의 경량화
2) 전기장치의 설치장소 확보가 용이
3) 시스템의 신뢰성이 향상
4) 진단 장비를 사용한 자동차 정비가 가능하여 정비성이 향상

★ 03 측정방법에 의한 캔 통신 종단저항 값 (종단저항 120Ω)

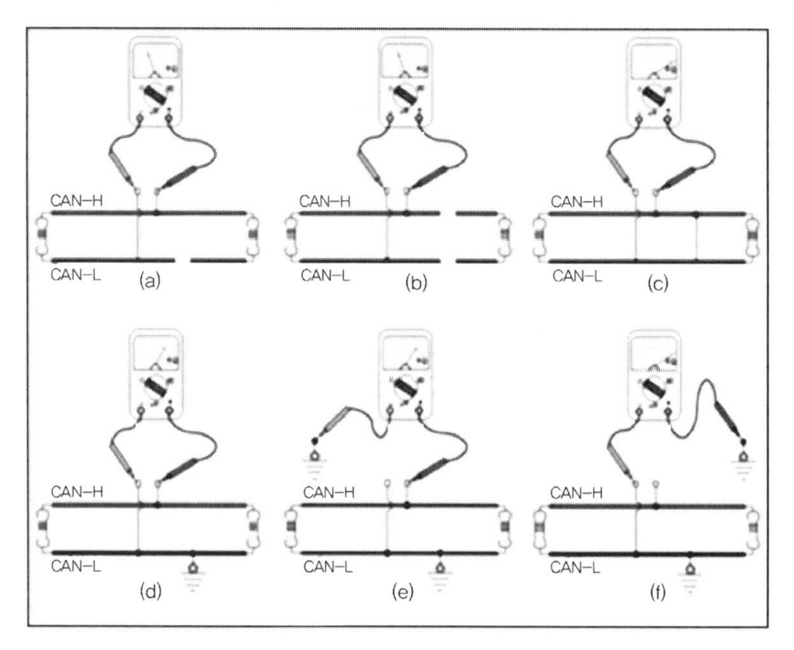

(a) 120Ω (b) 120Ω (c) 0Ω
(d) 60Ω (e) 60Ω (f) 0Ω

04 CAN(controller area network) 통신을 행하는 모듈

1) 메인바디 컨트롤 모듈 (BCM)
2) 스마트 키 ECU (SMK ECU)
3) 전원 분배 모듈 (PDM)
4) 클러스터 모듈 (CLUM)

05 데이터 전송 방향에 따른 통신방식

1) 단 방향 통신
2) 반 이중 통신
3) 시리얼 통신
4) 양방향 통신

06 데이터 전송에서 병렬통신이 직렬통신보다 좋은 점

1) 전송속도가 직렬통신보다 빠르다.
2) 컴퓨터와 주변장치 사이의 데이터 전송에 효과적이다.
3) 직병렬 변환 로직이 필요 없이 구현이 쉽다.

Part 18 도난방지 장치

★ 01 도난방지 장치에서 입력되는 신호

1) 모든 도어 수위치
2) 모든 도어 잠금/해제 스위치
3) 후드 스위치
4) 트렁크 스위치

Part 19

스마트키

01 스마트키 학습과정

1) 스마트키 1번 키홀더 삽입
2) IPM(inter panel module) 학습 시작
3) PIN code 입력
4) PDM(power distribution module) 학습 시작
5) ESCL(electronic steering column lock) 학습 시작
6) 스마트키 1번 학습시작/완료
7) IPM/PDM/ESCL/FOB 학습 완료
8) 스마트키 1번 노브 탈거
9) 스마트키 2번 노브 삽입
10) 스마트키 2번 학습시작/완료

02 Keyless Entry의 기능

1) 도어 잠금 해제 기능
2) 트렁크 잠금 해제 기능

03 카드형 스마트키 학습방법

스마트키 학습시작 → PIN 코드 입력 → 스마트 키 1번 학습 명령 전송 → SSB를 1번 FOB로 누름 → 스마트 키 1번 학습 완료 → 스마트키 2번 학습 명령 전송 → SSB를 2번 FOB으로 누름→ 스마트키 2번 학습 완료→ 이후 3번째 학습도 위와 동일함 → 스마트키 학습 완료

04 PIC(personal identification card, 개인인식카드)의 개념과 구성품

1) 개념

① 사용자의 차량실내 출입 편의성을 제공하는 장치로 사용자가 등록된 스마트키를 소지하고 있는 것만으로 차량실내 출입 등을 위한 의도적인 행위가 필요 없이 도어 잠금 및 해제, 트렁크 잠김 해제가 가능하도록 한 편의장치이다.

② 또한 등록된 스마트키 소지시 키 박스에 키를 삽입하지 않더라도 엔진 시동이 가능하도록 하는 이모빌라이저(보안장치) 기능도 수행하므로서 사용자 편의성을 극대화한 시스템이다.

2) 구성품

① MSL 어셈블리 : 로터리노브 잠금 및 해제, MSL ECU 내장

② 스마트키 : 스마트 IC 내장, 트랜스폰더 내장, 리모컨 기능

③ 아웃사이드 핸들 : 터치 센서 내장, LF 안테나 내장, 도어록 버튼

④ 실내 안테나 : 실내 FOB 키 존재 여부 감지, 4개 설치

⑤ 리어범퍼 안테나 : 범퍼내부에 설치, 트렁크 주변 FOB 키 존재여부 감지

⑥ 트렁크 안테나 : 트렁크 내부에 설치, 트렁크 내부 FOB 키 존재 여부 감지

⑦ 인터페이스 유니트 : PIC 시동 ↔ ECU, 이모빌라이저 기능, RKE 신호 송신

⑧ PIC ECU : PIC 기능총괄 제어

⑨ 외부 수신기 : 스마트키 정보 수신, 리모컨 버튼 수신, RF 안테나 내장

05 버튼시동 스마트키 점검에서 전원이동(OFF → CC → IGn)은 잘되나 브레이크 밟고 버튼을 눌러도 시동이 안 되는 경우 점검순서

1) 기어 레버가 P 또는 N의 위치에 있는지 확인

2) 브레이크 페달 동작 여부를 판단하기 위하여 테스터기로 브레이크 스위치 신호 입력 확인

3) 스타트 릴레이 및 출력 와이어 점검

4) IGn의 전원공급이 정상인지 확인

5) 스마트키 제어장치(SMK ECU)와 엔진 ECU 사이의 IMMO 통신선 점검

CHAPTER IV 차체수리도장

Part 01 BODY REPAIR

재료의 성질 및 가공

★ 01 탄성과 소성의 의미

1) **탄성** : 외력에 의해 변형을 일으킨 물체가 외력이 제거 되었을 때 원래의 상태로 되돌아가는 성질
2) **소성** : 물체에 작은 외력을 가하면 변형되지 않고 항복점 이상의 외력을 가하면 변형되어 외력을 제거하여도 원래의 형상으로 되돌아가지 않는 성질

02 모노코크 보디의 프레스 가공법

코일형태로 입고된 철판을 필요한 크기로 자르고 금형을 장착한 프레스 기계로 일정한 성형의 철판 조각(panel)으로 만드는 소성변형을 이용한 가공 방법

1) **가공경화(working hardening)** : 재료가 탄성 한계를 넘어 변형하게 되면 변형된 부분의 내부 결정 조직이 변화되어 탄성을 잃고 경도가 커지는 것. 즉, 금속재료가 상온 가공에 의해 강도와 경도가 커지고 연신율이 감소하는 성질
2) **업세팅(upsetting)** : 재료를 상하방향으로 눌러 붙여서 높이를 줄이고 단면을 넓히는 가공
3) **플랜징(flanging)** : 평판을 거의 직각으로 구부리는 프레스 가공법으로 구부러진 부분은 다른 부분보다 더욱 강도가 높아진다. 프런트 휀더의 휠 아치부와 사이드 멤버 등에 적용되는 프레스 가공법
4) **헤밍(hemming)** : 도어 및 후드 등의 아우터 패널과 인너 패널을 조합하기 위하여 제품 가장자리를 약간 젖혀서 눌러 접어두는 가공법
5) **크라운(crown)** : 패널 등의 곡률을 의미하는 것으로서 완만한 곡면이나 급격한 곡면을 만들어 전체적인 강성을 유지하는 프레스 가공법
6) **버링(burring)** : 도어 패널, 물 빼기 홀 등의 주위에 플랜지를 만드는 가공법
7) **비딩(beading)** : 보디의 구조상 성형되어 있는 재료의 일부에 보강과 장식의 목적으로 돌기 또는 요철을 추가하는 프레스 가공법

03 강의 열처리 및 표면경화 방법

1) 열처리

① 담금질(quenching) : 재료의 경도와 강도를 높이기 위하여 재료를 A_1 변태점보다 30~50℃ 높은 온도에서 가열하여 물 또는 기름에 급냉시켜 경화시키는 방법. 담금질한 강은 반드시 뜨임처리 후에 사용한다.

② 뜨임(tempering) : 담금질한 강철을 A_1 변태점 이하의 적당한 온도로 다시 가열했다가 공기 속에서 서냉하여 조직을 무르게 하고 안정시켜 내부응력을 없애는 작업. 담금질로 인해 경도가 상당히 높아서 인성을 향상시키기 위하여 뜨임을 통해 인성을 부여한다.

③ 불림(normalizing) : 강을 A_3 변태점보다 40~60℃ 높은 온도로 가열한 후 강제 송풍 냉각하여 표준상태로 만들기 위한 열처리방법. 조직을 미세화 하고 내부응력을 제거한다.

④ 풀림(annealing) : 재료를 A_1, A_3 변태점 이상 20~50℃의 온도로 가열한 후 노 내에서 냉각하여 내부조직을 고르게 하고 내부응력을 제거하는 열처리방법. 열처리로 경화된 재료를 연화 시키고 가공에 의해 생긴 조직변화 및 내부응력을 제거한다.

2) 표면경화 열처리

① 침탄법(carburizing) : 저탄소강의 표면에 탄소를 침투시켜 탄소 농도를 높여 고탄소강을 만든 후 담금질하여 경도를 높이는 방법

② 질화법(nitriding) : 암모니아 가스 속에 강을 넣고 장시간 가열하면 질소와 철이 작용하여 질화철이 되는 것처럼 표면에 질소를 침투시켜 재료를 경하게 만드는 방법

③ 청화법(cyaniding) : 시안화나트륨(NaCN), 시안화칼륨(KCN) 등의 청화물이 철과 작용하여 금속표면에 질소와 탄소가 동시에 침투하게 하는 방법

④ 화염경화법(flame hardening) : 산소·아세틸렌 불꽃으로 강의 표면만을 가열하여 열이 중심부에 도달하기 전에 급냉시키는 방법

⑤ 고주파 경화법(induction hardening) : 금속표면에 코일을 감고 고주파 전류를 통하여 표면만 고온에서 가열한 후 급냉시키는 방법

★

04 스프링 백(spring back) 현상

1) 굽힘 가공을 할 때 가한 힘을 제거하면 판의 탄성 때문에 탄성 변형 부분이 원상태로 돌아가 굽힘 각도나 굽힘 반지름이 열려 커지는 현상을 말한다.

2) 스프링 백의 정도

① 경도가 높을수록 커진다.
② 같은 판재에서 굽힘 반지름이 같을 경우에는 두께가 얇을수록 커진다.
③ 같은 두께의 판재에서는 굽힘 반지름이 클수록 커진다.
④ 같은 두께의 판재에서는 굽힘 각도가 작을수록 커진다.

3) 판금에서 스프링 백 현상의 예방법

① 해머링을 병행한다.
② 가공부위를 가열한다.
③ 기준치보다 2~3㎜ 정도 더 견인한다.

Part 02 BODY REPAIR

차량 및 차체의 구조

★

01 A필러에 대한 정의를 하고, A필러를 기준으로 앞부분에 있는 차체 관련 구성품

1) A필러에 대한 정의

① 차량의 차체와 지붕을 연결하는 기둥을 필러라고 하는데, 필러 기둥은 3개가 있으며 차량 앞쪽부터 A필러, B필러, C필러라 한다.
② 즉, 제일 앞에 있는 차량의 차체와 지붕을 연결하는 기둥이 A필러이다.

2) A필러 기준 앞부분의 차체 구성품

① 프런트 휀더 에이프런
② 프런트 사이드 멤버
③ 프런트 크로스 멤버
④ 프런트 서스펜션 크로스 멤버
⑤ 라디에이터 코어 서포트
⑥ 프런트 휀더
⑦ 대시포트 패널
⑧ 후드리지

02 자동차 프레임의 구조

1) **페리미터 프레임** : 주위 형 프레임이라고도 하며 객실 바닥의 주위에 센터 프레임 레일을 설치, 보디의 사이드 씰(로커 패널) 의 바로 내측을 통하는 모양으로 설계된 프레임으로서 객실의 바닥을 낮게 하여 무게중심을 낮추는 것이 가능한 장점이 있는 프레임의 형태이다.

2) **H형 프레임** : 프레임이 사다리 형태로 되어 있어 사다리형 프레임이라고도 하며 사이드 멤버의 단 면은 ㄱ형, ㄷ형, ㅁ형으로 되어 있고 이들을 연결하는 횡재 즉, 크로스 멤버도 동일 한 단면이나 파이프 등을 사용하는 경우가 있는 프레임이다.

3) **X형 프레임** : 2매의 사이드 멤버 간극을 좁혀서 X형으로 한 것으로서 프레임이 비틀림을 받을 경우 X형의 강재가 굽힘을 받음으로써 강성을 높이는 구조로 되어 있는 프레임의 형태이다.

4) **플랫폼형 프레임** : 보디의 바닥 부분이 프레임과 일체로 용접되어 있고 그 위에 상부 보디가 올려져 있는 프레임의 형태이다.

5) **스페이스형 프레임** : 스포츠카나 경기용 차의 전용 형식으로서 항공기 모양을 한 골격부재 형상으로 되어 있어 가장 가볍고 동시에 강성도 갖추어져 있는 프레임의 형태이다.

6) **백본형 프레임** : 강성이 높은 큰 상자모양 또는 관 모양의 단면 프레임을 등뼈로 하여 엔진 및 서스펜션을 부착하는 크로스 멤버는 좌우로 돌출된 구조로 된 프레임의 형태이다.

03 프레임 붙임 보디의 개념과 사이드 멤버의 종류

1) **프레임 붙임 보디** : 프레임과 별도의 차체 보디의 결합으로 이루어져 있다.

2) **사이드 멤버의 종류** : 스트레이트 멤버, 일단 떨어진 멤버, 이단 떨어진 멤버, 킥업 사이드 멤버

★ 04 모노코크 보디의 특징과 장·단점

1) 특징
① 별도의 프레임을 사용하지 않고 일체 구조로 되어 있다.
② 보디와 차체 표면의 외관과 상자형으로 조립된다.
③ 응력을 차체표면에서 분산시킨다.

2) 장점
① 자동차를 경량화 시킬 수 있다.
② 실내공간이 넓다.
③ 충격 흡수가 좋다.
④ 정밀도가 커서 생산성이 높다.

3) 단점
① 소음 진동의 전파가 쉽다.
② 충돌시 하체의 구조가 복잡하여 복원 및 수리가 어렵다.
③ 충격력에 대하여 차체 저항력이 낮다.

4) 구조
① 계란 껍질형태 구조 : 응력 분산
② 라멘(rahmen) 구조 : 차체 볼트 및 점용접의 조합으로 이루어짐
③ 충격흡수 구조 : 차체 각부에 충돌을 대비한 크래시 포인트 존이 있음

Part 03 BODY REPAIR

차체 파손의 계측 및 분석

01 사고차량의 차체 수리시 차체수리 기술자가 알아야 할 사항

1) 사고 발생시 사고 차체의 크기
2) 충돌 순간의 차체 속도
3) 차체의 충돌 순간에 부딪힌 각도와 방향
4) 충돌 순간 운전자를 제외한 승객의 수와 위치

02 자동차 파손의 원인

1) 생산 과정에서의 가공, 조립 또는 재료 등의 결함
2) 보수 정비의 결함
3) 사용으로 인한 자연적 마모
4) 화재, 침수, 태풍 등의 재난
5) 교통사고

★★ 03 손상된 패널의 손상 정도를 확인하는 방법(보수도장의 손상면 관측법)

1) **육안 확인법** : 패널을 깨끗이 세정 후 형광등이나 태양 빛 등의 패널에 걸치게 하여 손상부위가 어디인지 또는 어느 정도 손상이 어떻게 진행되는지를 육안으로 확인하는 방법
2) **감촉 확인법** : 면장갑을 착용하고 손바닥으로 패널의 접촉면을 미끄러지듯 부드럽게 움직여 미세한 손상부위를 감지하는 방법
3) **눈금자 확인법** : 손상되지 않은 패널에 직선자를 이용하여 굴곡 정도를 확인하는 방법
4) **핸드화일 이용** : 핸드화일에 샌드페이퍼를 부착하여 수평면에 가깝게 대고 연마하면 요철 변형 부위는 연마자국이 생기지 않는 것을 보고 확인하는 방법
5) **보디화일 이용** : 패널의 손상부위를 가볍게 연마해보는 방법

04 프레임 또는 언더 보디의 점검사항

1) 사이드 멤버 및 크로스 멤버의 상·하 구부러짐 점검
2) 사이드 멤버 및 크로스 멤버의 좌·우 구부러짐 점검
3) 사이드 멤버 및 크로스 멤버의 비틀림 점검
4) 사이드 멤버 및 크로스 멤버의 마름모 구부러짐 점검
5) 프레임의 찌그러짐 (굴곡) 점검
6) 상기 구부러짐의 조합 점검

★ 05 모노코크 보디는 충격에 대하여 (1), (2) 및 (3) 변형을 일으킬 수 있다.

1) 상하 굽음(sag)
2) 좌우 굽음(sway)
3) 비틀림(twist)

★★★
06 모노코크 보디에서 충격을 흡수하는 부분(crush point, 응력집중 부분)

충격력을 흡수하기 위해 설계된 장소이다.
1) 구멍이 있는 부위
2) 단면적이 적은 부위
3) 곡면부 또는 각이 있는 부위
4) 패널을 보강한 부위
5) 모양이 변하는 부위

07 육안 검사의 의미와 점검 순서

1) **의미** : 차체 수리 작업을 시작하기에 앞서 견적 담당자 또는 작업자가 차체의 손상을 직접 눈으로 확인하여 손상 정도와 변형 여부를 검사하는 방법.
2) **점검 순서**
① 최초의 충격 지점 확인
② 힘의 전달 경로 확인
③ 최종 손상 부위 확인

★★★
08 차량 사고시 손상 종류

1) **사이드 스위핑**(side sweeping) : 접촉사고일 때 자동차가 서로 교행하면서 발생하므로 강판이 찌그러진 손상이 많은 것이 특징
2) **사이드 데미지**(side damage) : 교차로 사고 등에서 일어나기 쉬운 손상으로 피해차의 측면에 거의 직각으로 충격이 가해진 손상. 센터필러, 플로어, 보디 등을 크게 수리해야 하는 경우가 있다.
3) **프런트 엔드 데미지**(front end damage) : 자동차의 전방에서 곧바로 가해진 충격으로 센터멤버, 후드리지, 프런트 필러까지 변형되고 보디는 다이아몬드, 트위스트, 상하굴곡 등의 변형을 가져올 수 있다.
4) **리어 엔드 데미지**(rear end damage) : 추돌사고 등으로 발생하는 손상이며 충격이 강하면 리어사이드 멤버, 플로어, 루프 패널까지 영향을 미치는 경우가 있다.
5) **롤 오버**(roll over) : 추락, 전복 등 대형사고로 자동차가 1회전 이상 굴러서 타이어가 다시 땅에 닿은 상태이며 필러, 루프, 보디패널 등을 수리해야 하는 경우이다.

★★★ 09 자동차의 추돌 사고에서 프레임의 변형 상태

1) **사이드 웨이(side way)**
   ① 센터라인 상의 변형
   ② 센터라인 중심으로 좌·우 변형
   ③ 측정기 : 센터라인 게이지
   ④ 수정 : 차체 폭 점검 수정
2) **새그(sag)**
   ① Kick-up 현상 : 앞·뒤가 위로 꺾인 현상
   ② Kick-down 현상 : 앞·뒤가 아래로 꺾인
   ③ 계측기 : 센터라인 게이지
   ④ 수정 : 차체의 높이, 차체의 폭 수정
3) **트위스트(twist)**
   ① 전·후면이 꼬인 현상
   ② 수정 : 차체 높이
   ③ 계측기 : 트램 트랙킹 게이지, 데이텀 게이지
4) **다이아몬드(diamond)**
   ① 사각형, 직사각형 → 마름모, 대각선
   ② H형 프레임 일반적으로 변형 발생
   ③ 모노코크 보디 중심 차체에서 가끔 발생
   ④ 측정기 : 센터라인 게이지, 트램 트랙킹 게이지
5) **쇼트 레일(short rail or collapse)**
   ① 프레임이 오므려 지거나 붕괴 된 것
   ② 수정 : 차체 길이
   ③ 계측기 : 트램 트랙킹 게이지, 데이텀 게이지

★ 차제 변형에는 사이드웨이 변형과 (1)변형 (2)변형 (3)변형과 다이아몬드 변형 등이 있다.

10 차체 표면의 검사 방법

1) 표면의 변형을 손의 촉감으로 점검
2) 차체 측면을 15°~45° 각도로 목측 점검
3) 조명을 이용한 점검
4) 어두운 곳에서 밝은 곳으로 점검

★★★
11 자동차의 충돌로 인한 손상시 분석해야 하는 요소

1) **센터라인(center line)** : 언더보디 중심선을 가르는 가상선이며 센터핀의 일치 여부를 확인하여 중심선의 변형을 판단한다.
2) **레벨(level)** : 센터링게이지의 수평바의 관찰에 의한 언더보디의 수평상태를 판독하는 것으로 수평인지 아닌지를 판독하고 앞뒤로 평행상태를 판독한다.
3) **데이텀라인(datum line)** : 차체 언더보디 하부 및 프레임에 수평이 되는 가상선, 차체 하단에서 참조점까지의 높이기준선이다. 언더보디의 상하변형을 판단한다.
4) **차체 치수도** : 자동차 제조사에서 제시한 차체 치수도에 따라 각 부분별 보디의 치수를 측정 비교 분석한다.

★
12 차체하부 및 프레임 점검시 평행이 되는 가상 면으로 높이와 치수를 분석하는 요소

레벨 : 레벨이란 자동차 차체의 모든 부분들이 서로 평행한 상태에 있는가를 고려하는 파손 분석의 요소이며, 높이측면의 가상 기준선을 말한다.

13 차체 치수도의 표시방법에서 계측하는 두 점간의 거리 표시방법

1) **평면 투영 치수** : 보디 중심선에 대해 수평 또는 수직의 거울에 보디를 비춰 거울에 비친 측정위치 사이를 측정한 치수, 높이 또는 좌우 차이를 무시한 평면상의 치수
2) **직선 거리 치수** : 실제 보디에서 각각의 기준점 간의 거리를 직선으로 측정한 치수

★
14 차체수정을 위하여 사용하는 계측방법의 종류

1) 줄자에 의한 계측
2) 지그벤치에 의한 계측
3) 센터링게이지에 의한 계측
4) 3차원 계측시스템에 의한 계측
5) 레이저에 의한 계측

15 보디 프레임 수정작업에 필요한 계측기

1) **트램 트랙킹 게이지** : 대각선 또는 특정 부위의 길이 측정
2) **센터링 게이지** : 중심선의 변형이나 비틀림 판별
3) **줄자** : 홀 끝간의 거리 측정

★★ 16 차체 수정작업에서 센터라인 게이지(center line gauge)로 판단할 수 있는 프레임 손상의 종류

차량 프레임의 중심부를 측정함으로 프레임의 이상 상태를 진단하는 계측기로서 프레임의 상하, 좌우, 비틀림 변형을 측정할 수 있다.

1) 사이드 웨이(side way)
2) 새그(sag)
3) 트위스트(twist)
4) 다이아몬드(diamond)
5) 쇼트 레일(short rail)

★ 17 센터링 게이지를 이용하여 4~5개소를 측정할 때 기준이 되는 요소

1) 프레임의 중앙부를 측정함으로써 프레임이 수평상태를 유지하고 있는지 즉, 프레임의 상하·좌우 비틀림 변형을 진단하는 것이다.

2) 기준이 되는 요소

① 핀과 핀 사이
② 홀과 홀 사이
③ 대각선의 길이
④ 각진 곳의 거리
⑤ 구성품 설치 위치간 거리

18 센터링 게이지를 고정하는 위치

기본적인 설치 위치는 손상이 없는 부위 2~3곳, 손상이 있는 부위 1~2곳으로 한다. 일반적으로 아래의 부위에 고정한다.

1) 프런트 크로스 멤버
2) 프런트 사이드 멤버 전면부/바닥부
3) 센터 사이드 멤버
4) 리어 사이드 멤버 전면부/후면부

★★★ 19 차체수정 작업에서 트램 트랙킹 게이지(tram tracking gauge)의 용도 (트램 트랙킹 게이지의 측정방법)

차량 기준점간의 거리측정 및 대각선의 길이를 비교, 점검 하여 차체의 변형 상태 점검할 수 있다.

1) 프런트 보디의 직선 또는 대각선 길이 측정 비교
2) 프런트 사이드 멤버의 직선 길이 측정 비교
3) 프레임의 대각선 길이 측정 비교
4) 높이가 다른 두 곳의 길이와 높이 측정 비교

★ 20 자동차 사고 차체 변형에서 다이아몬드 변형의 점검방법과 판단방법

1) **점검방법** : 센터라인 게이지 또는 트램 트랙킹 게이지에 의한 방법
2) **판단방법** : 사이드 멤버의 대각선 치수를 측정하거나, 멤버의 중심으로부터 대칭의 위치에 있는 사이드 멤버의 임의의 점까지의 길이를 비교하면 판단이 가능하다. 측정을 여러 번 하면 정확도는 높아진다.

Part 04 BODY REPAIR 차체 고정

★★ 01 차체(Body) 수정의 3 요소

보디 수정시 효과적인 수정작업을 위해 고정, 견인, 계측의 3요소가 맞아야 한다. 어느 한 가지라도 잘못되게 되면 효율적이고 정확한 보디수정을 할 수 없다.

1) **고정** : 언더 보디를 4곳 이상 고정할 수 있을 것
2) **견인** : 다중 견인이 가능할 것
3) **계측** : 측정의 기준이 되는 평면이 있고 보디의 변형을 측정할 수 있을 것

02 차체 수정작업에서 고정작업은 반드시 실시되어야 하는데 고정 작업의 목적

1) 차체의 인장력에 의한 이동방지
2) 견인력을 균등하게 분산 (2차적인 손상 방지)

03 차체를 고정하기 위한 조건

1) 어떤 차량이라도 고정 할 수 있을 것
2) 힘을 가할 때 비틀어지거나 풀리지 않을 것
3) 수평으로 고정 할 것
4) 고정점을 연결하여 일체화 할 수 있을 것

★ 04 차체수정 작업에서 클램프 사용시 안전 조치사항

1) 클램프를 확실하게 고정하여 미끄러지지 않게 한다.
2) 녹이 슨 체인을 사용하지 않는다.
3) 체인은 반드시 수평으로 연결한다.
4) 고정용 클램프의 조임 상태를 확인한다.
5) 추가고정시 체인의 불량이나 연결 상태를 확인한다.
6) 추가고정된 체인은 수평으로 연결되어 있는지 확인한다.
7) 차체의 회전력이나 변형 발생여부를 확인한다.

★ 05 차제수리를 위한 보디패널 판금용 유압 보디잭 사용시 주의사항

1) 램(유압실린더)과 어테치먼트를 작업 용도에 맞게 선택해서 사용한다.
2) 수동식과 에어식이 있으며 큰 힘을 필요로 하는 경우 에어식을 사용한다.
3) 램에 필요 이상의 무리한 힘을 가하지 않도록 주의 한다.
4) 유압 펌프와 램을 연결시키는 호스는 특히 취급에 주의 한다.
5) 유압펌프, 실린더의 패킹부위에 고열을 가하지 않는다.

★ 06 인장작업을 할 경우 체인이나 클램프와 보디 사이에 설치하는 것

와이어로프 : 인장 작업시 갑자기 클램프 등 인장공구가 이탈되어 흉기로 변하는 일이 있기 때문

07 인장 (견인)시 주의 사항

1) 보디의 중심라인을 정확히 파악한다.
2) 힘이 가해진 장소에서 제일 먼 부위부터 전달되도록 한다.
3) 견인 작업을 할 때 힘이 보디에 효과적으로 전달되도록 한다.
4) 보디에 2개소 이상 클램프를 설치하여 견인한다.
5) 클램프를 설치할 때 패널에 미끄러지지 않도록 설치한다.

★★★
08 차체견인 작업시 기본고정 외에 추가고정을 하는 이유

1) 불필요한 회전모멘트 제거
2) 용접부 보호 (용접부 바로 앞에 고정)
3) 힘의 범위 제한 (작용부위 제한)
4) 견인작업시 과도한 견인 방지
5) 개구부 보호

09 차체견인 작업중 기본고정이란

1) 기본고정 부위
   ① 언더보디와 사이드씰(side seal) 또는 락커 패널(locker panel)이 연결되는 플랜지 4개 부분을 고정용 언더보디 클램프를 이용하여 고정한다.
   ② 각각의 클램프는 우물정(#)자 모양으로 완전하게 고정한다.

2) 기본고정 효과
   ① 차체 미끌림 방지
   ② 모멘트 발생 억제
   ③ 견인 (인장력) 균등하게 분산
   ④ 차체 비틀림 (변형) 방지
   ⑤ 견인방향을 상하좌우 자유롭게 할 수 있다.

★★
10 인장작업을 할 경우 체인이나 클램프와 보디 사이에 설치하는 것

와이어로프 : 인장 작업시 갑자기 클램프 등 인장공구가 이탈되어 흉기로 변하는 일이 있기 때문

Part 05 BODY REPAIR

차체 수리 및 판금

01 차체 수리 (보디 수정) 5단계

1) 1단계 : 차체손상 원인 분석
2) 2단계 : 차체고정, 기본·추가고정
3) 3단계 : 차체 견인·인장
4) 4단계 : 패널 절단, 부품 탈착
5) 5단계 : 패널 용접 이음, 부품 부착

02 프레임의 균열을 수리하는 방법

1) 수리 부분을 탈거한다.
2) 균열의 끝부분을 4~6개의 드릴 구멍을 뚫는다.
3) 균열부 전체는 소형 그라인더를 사용하여 V자형 홈을 만들고 2~3개의 루트 간극을 만든다.
4) 프레임 재질에 맞는 용접봉을 사용하고 전기나 아크 용접을 한 후 그라인더로 편평하게 가공한다.

★ 03 사고가 발생한 차량에서 탄성변형이 일어났을 경우의 수리방법

1) 사고부위 확인
2) 사고부위 측정
3) 사고부위 견인 · 교환
4) 사고부위 재점검

04 보디(body) 수정시 고려 사항

1) 패널 수정시 평면적 감각, 보디 수정시 입체적 감각
2) 보디에 전달되는 힘의 범위 확인
3) 힘의 성질(방향 크기 작용점), 강판의 성질, 보디의 구조
4) 작업 전에 작업 순서
5) 고정, 견인, 계측을 하나로 보고 작업
6) 응력이 집중된 장소의 변형 확인
7) 체인의 꼬임 방지, 클램프의 톱니 확인

05 차체 수정기의 선정기준

1) 차체 수정기 위에 파손차량의 설치가 용이한지 여부
2) 신속하고 간단한 차량설치로 차체 고정이 용이한지 여부
3) 바른 인장 작업과 다각도 인장 작업이 가능한지 여부
4) 파손 차량을 원활히 고정하는 다중 인장 방식인지 여부
5) 인장 능력의 우수 여부
6) 작업 공정의 간편 여부
7) 공간 활용의 효율성 여부
8) 계측기 사용법이 쉽고 적응이 쉬운지 여부
9) 고객에게 경제적이고 홍보효과가 있는지 여부

06 손상차체의 절단이나 제거용 동력공구

1) 에어 드릴
2) 스포트 드릴 커터
3) 에어 치즐
4) 에어 소오
5) 에어 가위
6) 에어 그라인더

★★

07 돌리가 들어가지 않는 부분을 작업할 수 있는 공구

스푼(spoon)

08 수정작업 우선순위

다이아몬드 → 트위스트 → 새그 → 쇼트 레일 → 사이드 웨이

09 수공구의 기능과 종류

1) **비트는 공구** : 오픈렌치 (스패너 등)
2) **물체를 잡는 공구** : 플라이어, 키플라이어, 롱로즈, 바이스그립
3) **절단 공구** : 에어톱, 에어가위, 가스절단기, 산소절단기, 에어치즐
4) **타출 공구** : 해머, 망치, 돌리, 보디스푼

★★★ 10 수공구중 스푼(spoon)의 용도

1) 강판의 굽힘 수정시 또는 강판의 피트 수정시
2) 일반 돌리로 수리가 안 되는 부분 수리시
3) 돌리 블록이나 돌리의 대용으로 사용
4) 중심 틈 사이에 넣어 지렛대 원리를 이용하여 패널 부위 교정
5) 해머에 의한 타격 전달의 보조 기구로 사용
6) 패널 수정시 손이 닿지 않는 부분 수정시
7) 차체교정 후 마감손질에 사용

11 차체수리 작업중 패널 수정의 인출 수정과 타출 수정의 차이점

1) **타출 수정** : 해머, 돌리를 주로 사용하고 필요에 따라서 스푼과 정을 병용하여 패널을 두드리면서 수정하는 방법
2) **인출 수정** : 패널 내측에서 손과 스푼이 들어가지 않는 폐단면 부위를 패널의 외부에서 스터드 (stud) 용접기로 용접하여 잡아당기면서 수정하는 방법

★ 12 해머와 돌리(dolly)를 이용한 패널 수정 방법

1) 해머 온(ON) 돌리
   ① 해머와 돌리의 중심선이 일치되게 해머링. 즉, 돌리 위를 해머로 치는 것
   ② 중간 수정 및 마무리 요철 부위의 수정
2) 해머 오프(OFF) 돌리
   ① 해머와 돌리의 중심선이 어긋나게 해머링. 즉, 치는 위치와 돌리의 위치가 어긋나 있는 것
   ② 대충 펴기 작업

★★ 13 와이어로프가 손상되는 원인, 형태 및 교체기준 (점검기준)

1) 손상 원인 (사용상)
   ① 로프 직경, 구성, 종류 선택 부적합
   ② 드럼, 시이브 감기 불량
   ③ 킹크, 충격 및 과하중이 걸릴 때
2) 손상 원인 (단품 품질상)
   ① 스트랜드(strand), 소선내부 마모
   ② 마모 및 부식에 의한 단면적 감소
   ③ 표면경화 및 부식에 의한 로프의 질적 변화
3) 손상형태
   ① 과하중에 의한 로프의 단선
   ② 피로에 의한 로프의 단선
   ③ 와이어로프의 꼬임(kink)
4) 교체기준 (점검기준)
   ① 와이어 한 꼬임의 소선수가 10%이상 절단된 경우
   ② 지름 감소가 공칭 지름의 7%이상 감소된 경우
   ③ 심한 부식 또는 변형이 발생한 경우
   ④ 와이어로프에 킹크(kink) 또는 엉켰을 경우
5) 방지책
   ① 드럼쪽 로프의 고정 및 감는 방법을 올바르게 할 것
   ② 플레이트각을 하용값 이내로 할 것
   ③ 오일을 충분히 발라 줄 것
   ④ 로프를 두드리거나 비비지 말 것

★★ 14 판금에서 전개도의 종류

1) **평행선 전개법** : 물체의 모서리가 직각으로 만나는 물체나 원통형 물체를 전개할 때 사용하는 방법으로 원 둘레를 구하여 수평선을 긋고 12등분하여 각 등분점에 수직선을 긋는다.
2) **방사선 전개법** : 각뿔이나 원뿔과 같이 꼭지점을 중심으로 부채꼴 모양으로 전개하는 방법이며, 정면도와 평면도를 그린 후 평면도의 원둘레를 12 등분한다.
3) **삼각형 전개법** : 꼭지점이 먼 각뿔이나 원뿔을 전개할 때 입체의 표면을 여러 개의 삼각형으로 나누어 전개하는 방법으로 정면도와 평면도를 그리고 빗변의 실제 길이를 구한다.

★ 15 강판 수축작업의 종류

1) 산소 · 아세틸렌 가스용접에 의한 수축
2) 전기 열원에 의한 수축
3) 해머와 돌리에 의한 수축
4) 강판의 절삭에 의한 수축
5) 정확한 가열에 의한 수축

16 일반차량과 알루미늄차량의 수축작업시 차이점

1) 알루미늄 차량은 패널에 가열하여도 빨갛게 적열되는 모습이 보이지 않기 때문에 너무 가열을 하면 패널에 구멍이 뚫린다.
2) 이러한 현상을 막기 위하여 열을 가하는 온도가 적정온도(약 250℃) 전·후로 가해져야 되며, 또한 열이 냉각되는 시간도 일반 패널과 비교하면, 약 2배 정도 빨리 냉각이 되므로 신속히 작업을 해야 한다.

17 패널의 탈 · 부착시 주의사항

1) 탈·부착 부품은 차량 1대 마다 모아서 정리
2) 볼트, 너트류는 탈착한 부품에 부착
3) 복잡한 부품의 분해는 메모
4) 전장품의 탈착시는 배터리 분리
5) 큰 패널은 코너부에 테이프를 부착하여 보호

18 알루미늄 합금 패널과 일반패널의 접촉 부위에 수지 와셔나 실런트를 도포하는 이유

일반 패널과 알루미늄 합금패널의 접촉시 전위차에 의한 부식이 발생하므로 이를 방지하기 위한 일종의 절연제이다.

Part 06 BODY REPAIR

용접

01 용접의 종류

1) **압접**(pressure welding) : 압력을 가한 상태에서 금속을 순간적으로 가열하여 접합하는 방법이다. 특히 압접법의 일종인 스포트용접은 자동차 생산 및 보수에 많이 사용되고 있다.
2) **융접**(fusion welding) : 접합 할 부분을 가열 용해해서 압력을 가하지 않고 녹여 붙이는 방법이며 가열 방법에 따라 아크용접과 가스용접으로 분류된다.
3) **납접**(brazing welding) : 접합 할 금속을 녹이지 않고 그 금속보다 낮은 융점을 갖는 금속(납)을 녹여서 결합하는 방법이고, 납의 용해온도가 450℃ 이상의 경우를 경납(브레이징), 450℃ 이하의 경우를 연납이라고 한다.

02 전기용접의 극성에 따른 분류

1) **정극성 용접**(DC SP, straight polarity)
   ① 모재에 (+), 용접봉에 (−)를 연결하는 방식
   ② 용접봉의 용융속도가 느리다.
   ③ 모재의 용융속도가 빠르다.
   ④ 모재 용입이 깊다.
   ⑤ 비드(beed)폭이 좁다.
   ⑥ 일반적으로 두꺼운 판재 용접
2) **역극성 용접**(DC RP : reverse polarity)
   ① 모재에 (−), 용접봉에 (+)를 연결하는 방식
   ② 용접봉의 용융속도가 빠르다.
   ③ 모재의 용융속도가 느리다.
   ④ 모재 용입이 얕다.
   ⑤ 비드(beed)폭이 넓다.
   ⑥ 얇은판, 주강, 고탄소강, 합금강, 비철금속 등에 사용

★ 03 보노코크 버디에서 점(spot) 용접의 특성

1) 국부적 가열에 의해 변형이 거의 없다.
2) 용접 시간이 짧고, 작업 능률이 높다.
3) 샌딩 작업이 필요 없다.
4) 박판(0.6~1.4㎜ 정도) 용접에 적합하다.
5) 패널이 밀착된 상태이므로 부식 발생이 적다.
6) 작업자의 기능에 좌우되는 일이 거의 없다.
7) 강도가 보장되지 않는다(강도의 확인이 어렵다).
8) 큰 전류를 필요로 하므로 용접기 본체가 무겁다.
9) 용접 후 접합 상태를 외부에서 판단하기 곤란하다.

04 전기용접의 점검 및 용접순서

1) 용접기 점검
2) 케이블 점검 (1차선, 2차선)
3) 어스 접속 점검
4) 전원 스위치를 넣는다.
5) 전압 및 전류 측정 (arc 발생)

05 점용접(spot welding)의 원리

1) 스포트(spot) 용접은 압접법의 일종이며, 겹쳐진 금속판을 전극에 끼워서 전류를 흐르게 하고 전기저항에 의해서 발생하는 열로 접합부를 용융시키고 그 위에 압력을 가해서 접합하는 용접방법으로 가압, 통전, 가압보전(유지) 공정을 거쳐 용접이 진행된다.
2) 일반용접기와 달리 강판자체만으로 접합되므로 용재가 불필요하며, 작업면을 고르고 깨끗하게 완성할 수 있다.

06 전기저항 점(spot) 용접의 3단계 공정

1) **가압** : 용접부위에 많은 전류가 순간적으로 흐르기 때문에 전극을 사용하여 용접부위를 밀착시킨다. 가압력이 부족하면 통전시의 저항으로 불꽃이 발생해 용접 불량의 원인이 된다.
2) **통전** : 가압 상태에서 용접부위에 많은 전류가 흐르면 저항이 가장 큰 부분에 발열로 인한 온도가 상승하여 용융하면서 용접된다.
3) **가압보전 (유지)** : 통전이 종료되면 용융부는 서서히 냉각되고 너겟이 형성되어 가압력에 의해 조직이 치밀해져 강도가 높아진다.

★

07 차체 전기저항 점용접의 3대 조건

1) **가압력** : 불꽃이 발생하지 않도록 전극팁 양극으로 모재를 가압한다.
2) **용접전류** : 모재에 전류를 흘려 발생하는 저항열로 용접부위를 용융시켜 접합하기 쉬운 상태로 만든다.
3) **통전시간** : 모재를 충분히 용융하고 알맞은 너겟(nugget, 덩어리 따위)을 형성한다. 용접부위에 발생하는 열량은 통전시간과 비례하여 증가하고 너겟도 커진다.

08 점(spot) 용접시 주의사항

1) 칩선단의 형태는 용접강도에 영향을 주므로 항상 정확한 형상을 유지해야 한다.
2) 타점 위치는 기존의 스포트 위치를 피하여 타점한다.
3) 용접 작업 후에는 차체 패널과 같은 재료의 테스트 피스를 사용하여 시험을 하고 용접 강도를 확인한다.
4) 기존의 용접점보다 크게 해야 한다.

09 점(spot) 용접부의 강도 부족 원인과 대책

1) **전극의 정렬 불량** : 전극은 전류의 통로이므로 정확한 정렬이 되어야 한다.
2) **전류가 약하거나 통전시간 부족** : 모재가 충분히 녹지 않아 용입이 불량하고 충분한 너겟을 만들 수 없어서 강도가 떨어진다. 그러므로 전류의 세기와 통전시간을 충분히 확보해야 한다.
3) **전극 선단 직경 과대** : 직경이 과대하면 전류의 밀도 저하로 발열량이 부족하여 모재의 용입이 불량하게 된다.
4) **가압력의 과대 또는 과소** : 과대하면 접촉저항 소멸로 발열량이 부족하게 되고, 과소하면 접촉저항이 심하게 되어 불꽃이 튀어 전류의 흐름을 방해한다.
5) **전류의 분류** : 바이스그립으로 전류가 통하여 전류가 모자라 발열량이 부족하게 될 수 있다. 이 때문에 바이스그립을 절연시켜야 한다.

10 점(spot) 용접에서 불꽃이 튀는 원인

1) 과전류
2) 가압력 부족
3) 전극 정렬 불량
4) 모재의 오염
5) 모재의 매칭상태 불량

11 점(spot) 용접시 팁의 직경이 너무 좁을 경우 용접성에 미치는 영향

너겟 (nugget)이 적어 접합 강도가 저하된다. 만일 팁의 직경이 너무 넓을 경우 전류의 밀도가 낮아 용융 불량의 원인이 된다.

12 전기저항 점(spot) 용접 작업에서 타점거리가 짧을 경우 나타날 수 있는 결함과 원인

스포트 용접점 간격을 최소화하면 강도는 증가한다. 그러나, 최소 간격보다 짧게 하면 용접강도는 증가하지 않는다. 그 이유는 용접할 때 많은 전류가 이미 용접한 곳으로 흐르기 때문에 충분한 너겟 (nugget)이 형성되지 않는다. 이 전류를 무효 전류라고 한다.

13 MAG/MIG 용접에서 보호가스의 역할

용융부를 대기로부터 차단하고, 산화와 질화를 방지하는 역할을 한다.

14 MIG/MAG 용접에서 용접 속도에 따른 용접 결함이 발생되었다. 토치 이송 속도가 늦을 때 발생되는 결함과 용접속도가 빠를 때 발생되는 결함

1) 용접속도가 빠르면 비드폭이 얇고, 언더컷이 발생한다.
2) 용접속도가 느리면 용입이 깊고 오버랩이 발생한다.

15 MAG/MIG 용접시 발생되는 용입 부족현상의 원인

1) 용접전류가 낮다.
2) 아크의 길이가 길다.
3) 와이어의 끝이 용접부에 닿았다.

16 MIG/CO_2 용접 장비의 주요 구성요소

1) 용접기　　2) 와이어 송급기
3) 용접 토치　　4) 보호가스 설비

17 MAG 용접에서 아크의 길이와 관련 있는 것

1) 와이어 이송속도　　2) 아크 전압

18 이산화탄소(CO_2) 아크 용접법의 특징

1) 기계적 성질이 좋음 : 산화가 쉬운 금속용접에 알맞음
2) 고속도 용접 가능 : Arc 안정, 불꽃이 적어 용접이 아주 조용함
3) 시공이 편리 : 전자세 용접이 가능함
4) 용접후 처리가 쉬움 : 슬러그가 잘 붙지 않음
5) 용입이 깊음
6) 조작이 쉬움

19 CO_2 용접에서 메탈이행 특성 중 단락이행

1) 비교적 낮은 전압, 전류를 사용하여 용접하면 와이어가 용융지 속에 잠길 때 단락 회로가 생기며,
2) 이때의 열이 가장 높아져 와이어를 잘라 떼는 현상이 생긴다.
3) 이와 같은 동작의 빠른 반복으로 용접부를 채우는 것을 말한다.
4) 단락 회로가 초당 100회 이상이 되면 아크는 안정되며 깨끗한 용접 결과를 얻을 수 있으며 박판에 가장 적합한 메탈이행 특성이 된다.

20 CO_2용접기로 작업을 하기 위하여 토치 트리거 스위치를 누르면(ON) 용접토치를 통하여 (①)와 (②)가 공급된다.

1) 실드(shield) 가스(CO_2)
2) 용접 와이어 (전극 와이어)

21 일반적으로 가스용접 및 절단에 사용되는 가스

산소 + 아세틸렌 가스

22 산소 절단 순서

1) 산소밸브를 좌로 돌려놓고 4~5kgf/cm^2로 압력을 조정한다.
2) 아세틸렌 밸브를 우로 돌려놓고 0.3~0.5kgf/cm^2로 압력을 조정한다.
3) 토치 아세틸렌 밸브를 1/4~1/2 푼다.
4) 토치 산소 밸브를 조금 푼다.
5) 점화한다.
6) 토치를 두꺼운 철판 80~90°기울인다.
7) 얇은 철판은 더 경사지게 해서 산소레버를 누르면서 절단한다.

23 아세틸렌 가스가 완전히 타지 않고 불완전 연소로 검은 그을음이 날 때는 산소 부족이거나 아세틸렌의 과잉이다. 이 때의 불꽃상태는?

탄화 불꽃

24 산소·아세틸렌 가스용접에서 플럭스의 역할과 플럭스를 첨가하여 용접해야 하는 재질

1) **플럭스의 역할 :** 산화를 막기 위하여 모든 요소를 용접봉에 첨가하는 것은 불가능하므로, 어떤 종류의 약제를 사용하여 산화를 방지하는 것이 플럭스이다.
2) **플럭스 첨가 필요 재질 :** 주철, 고탄소강, 알루미늄 합금, 마그네슘 합금. 용접 종료 후에는 표면으로부터 플럭스 슬래그를 제거하여야 한다.

25 산소용기에 산소가스 충진 압력

35℃에서 150기압으로 충진 한다.

26 산소·아세틸렌 가스용접시 이상 현상

1) **역류(contra flow) :** 토치팁이 막히면 고압의 가스 (산소)가 밖으로 배출되지 못하고 산소보다 압력이 낮은 아세틸렌 통로로 밀면서 들어가 아세틸렌 호스로 들어가는 현상
2) **인화(flash back) :** 팁 끝이 순간적으로 막히면 가스의 분출이 나빠지고 가스가 혼합실까지 가스 불꽃이 도달되어 빨갛게 달구어지는 현상
3) **역화(back fire) :** 토치의 취급이 잘못 되었을 때 순간적으로 불꽃이 토치의 팁 끝에서 빵!빵! 하는 굉음 소리를 내며 불길이 들어갔다가 다시 나타나는 현상

27 산소·아세틸렌 가스용접시 역류현상(contra flow)

1) 용접 토오치는 토오치의 인젝터 작용으로, 산소 기류의 압력에 의해서 흡인되는 구조로 되어 있으나,
2) 혹시 팁 끝이 막히면 산소가 아세틸렌 도관 내로 흘러 들어가 수봉식 안정기로 들어간다.
3) 만일, 수봉식 안전기가 불안전하면 산소가 아세틸렌 발생기에 들어가 폭발을 일으키게 된다. 이것을 역류라 한다.

★ 28 산소·아세틸렌 가스용접시 역류(contra flow)와 역화(back fire) 원인

1) 토치 성능이 불량
2) 토치 체결나사 부분이 풀림
3) 토치의 취급·조작 미숙
4) 팁에 카본누적, 이물질·먼지가 쌓여 막힘
5) 팁의 과열
6) 가스 압력과 유량의 부적절

29 산소병 취급시 주의사항

1) 반드시 세워서 보관
2) 직사광선은 피하고 서늘한 곳에 보관
3) 연소할 염려가 있는 장소는 피할 것 (오염, 이물질, 먼지 등)
4) 화기로부터 5m 이상 멀리 할 것
5) 운반시 충격을 주지 말 것
6) 밸브는 천천히 개방, 이동시에는 밸브를 잠그고 이동시킨다.

30 브레이징(brazing) 용접

1) 모재보다 낮은 용융온도를 가지는 용가재를 사용하여 모재는 용융시키지 않고 용가재만 용융시켜 두 재료를 접합시키는 방법
2) **원리 :** 두 모재간의 좁은 간극을 용융금속의 퍼짐성(spreadability), 젖음성(wettability) 및 모세관 현상을 이용하여 모재 사이에 용가재를 투여한다.
3) **종류 :** 용가재의 용융 온도 기준으로 450℃ 이상이면 브레이징(경납땜), 450℃ 이하이면 솔더링(연납땜)이라 한다.

31 신품 패널의 뒷부분에 8mm정도 구멍을 내고 그 위에 하는 용접

플러그 용접 : 부재 한 쪽에 구멍을 뚫고 판의 표면까지 가득 차게 용접을 하고 다른 쪽 부재와 접합하는 용접

32 용접에서 비드(bead)의 정의

용접봉이 세로 방향으로 길게 녹아 모재 표면에 퇴적된 형상

★★ 33 차체의 일부분에 브레이징(brazing) 용접을 하는 목적

1) 목적

① 패널의 벌어짐 방지 : 용접이 곤란한 상태(이종 재질 등)의 패널 접합부를 국부적으로 브레이징으로 용접하여 접합강화 도모

② 방수성 향상 : 도어 둘레의 웨더스트립(weather strip)과 같이 패널의 접합면의 누설이 없도록 홈을 메워 방수.방풍성 향상 도모

③ 미관의 향상 : 눈에 띄기 쉬운 외판 패널 접합부의 홈을 메워 평탄면으로 가공하여 미관 향상 도모

2) 효과

① 유연하면서 미려한 접합면을 얻을 수 있다.

② 모재의 변형이나 잔류응력이 거의 없다.

34 납접의 특징

1) 모재에 비하여 용융점이 낮으므로, 모재에 발생하는 열변형이 적다.
2) 좁은 틈 사이에 침투가 가능하여 충분한 실링 효과를 얻을 수 있다.
3) 모재를 녹이지 않고 타 금속과 접합이 가능하다.
4) 금속표면의 접합이므로 강한하중과 반복하중에 대한 강도가 낮다.
5) 작업자의 숙련된 기능을 요한다.
6) 납에 비하여 해롭지 않다.

35 용접중 팁과 모재와의 거리가 가까울 때 팁의 선단에 와이어가 들러붙는 현상

번백(burn back) 현상

36 차체 리벳 작업을 할 때 리벳 지름에 비교한 Hole의 크기 공차 (mm)

1) 상온시 : 0.1 ~ 0.2mm
2) 고온시 : 0.5 ~ 1.5mm

37 차체 리벳 이음의 종류

1) 맞대기 리벳 이음　　2) 겹치기 리벳 이음

38 용접에는 전진법과 후진법이 있다. 이 때 전진법과 후진법의 비드의 형상

1) 전진법 : 토치를 오른손에, 용접봉을 왼손에 잡고 오른 쪽에서 왼쪽으로 용접하는 방법
   ① 용입이 얕고 평탄한 비드가 형성된다.
   ② 용접선이 잘 보이므로 운봉을 정확하게 할 수 있다.
   ③ 와이어 끝이 용융풀을 약간씩 밀고 가므로 용착금속이 아크보다 앞서기 쉬워 용입이 얕아진다.
   ④ 스패터가 비교적 많으며 진행 방향으로 흩어진다.

2) 후진법
   ① 용입이 깊고 볼록한 비드가 형성된다.
   ② 용접선이 노즐에 가려서 운봉을 잘 하기 어렵다.
   ③ 모재를 충분히 예열하며 진행하므로 용입이 깊어진다.
   ④ 스패터 발생이 전진법보다 적다.

39 리벳 이음에 비하여 용접을 했을 때의 장·단점

1) 장점
   ① 자재를 절약할 수 있다.
   ② 공정수가 감소한다.
   ③ 제품의 성능이 향상된다.
   ④ 이음면이 향상된다.
   ⑤ 기밀 또는 수밀성이 향상된다.

2) 단점
   ① 품질 검사가 어렵다.
   ② 열 영향으로 재질 변화가 생긴다.
   ③ 응력 집중이 되는 점부분이 생기기 쉽다.
   ④ 용접 기술에 따른 강도 및 품질의 차이가 크다.
   ⑤ 이종 금속간 용접이 곤란하다.

40 용접에 비하여 리벳 이음의 장점

1) 열응력에 의한 잔류변형이 생기지 않으므로 취성(脆性)파괴가 일어나기 어렵다.
2) 구조물 등에 사용할 때 현장조립의 경우에는 용접 작업보다 용이하다.
3) 경합금과 같이 용접이 곤란한 재료의 결합에는 신뢰성이 있다.
4) 공정수가 감소하고 자재를 절약할 수 있다.

Part 01 PAINTING

도장의 개요

★★★

01 자동차 도장의 목적

1) 외부 오염물질에 의한 차체의 보호
2) 차체 부식 방지
3) 상품성 향상
4) 도장에 의한 표시

02 하도, 중도, 상도에 사용되는 도료의 기능

1) **하도 도료** : 방청 기능, 부착 기능
2) **중도 도료** : 움푹 패인 부분 메움
3) **상도 도료** : 외관의 아름다움 창출

★

03 자동차 도료의 기능

1) 부식 방지(rust prevention) : 녹 방지
2) 메움 기능(filling) : 요철부위 메움
3) 실링 기능(sealing) : 상도도료 속의 용제 하도에 침투방지
4) 외관 향상(cosmetic quality) : 표면의 색상, 광택, 부드러움 제공
5) 부착 기능(adhesion) : 상도와 하도간 밀착성 향상
6) 작업성(workability) : 손쉬운 혼합, 도장, 건조, 샌딩 가능

04 도료의 건조시 액체의 도료가 경화되면서 도막으로 형성되는 과정에서 안료, 수지, 용제의 변화상태

1) **안료** : 수지와 결합하여 분말 형태로 도막 (수지) 속에 잔류한다.
2) **수지** : 건조 후 안료와 결합하며, 단단한 도막을 형성한다.
3) **용제** : 열처리시 공기중으로 증발되어 도막에 잔류하지 않는다.
4) **첨가제** : 도막 형성 부요소로 도막 내에 존재한다.

05 자동차 도료의 종류

1) 래커 도료(1액형)
2) 우레탄 도료(2액형)
3) 에나멜 도료

Tip

★1액형 : 원액도료 + 희석시너 = 화학 반응이 일어나지 않고 도막이 되는 형태
★2액형 : 주제 + 경화제 = 화학 반응이 일어나 도막이 되는 형태

★★★ 06 자동차 도료의 구성(조성) 요소와 기능

1) **안료**(color) : 색상을 나타내고 은폐력을 부여하는 분말(물질에 색을 발현시키는 색소(pigment)
2) **수지**(resin) : 광택, 경도, 부착율을 부여하며 도막형성의 주요소
3) **용제**(solvent, 수화제) : 수지를 녹이고 안료와 수지를 잘 혼합하여 유동성 부여
4) **첨가제**(additive) : 도료의 특정 성능 향상(도료의 물성 좌우, 보통 1%)

07 근래 출시되는 친환경 도료의 공통적 특징

1) 휘발성 유기화합물(VOC), 방향족 탄화수소(HCHO)를 방출하지 않으며, 냄새를 제거한다.
2) 음이온, 원적외선을 방출하고, 단열 성능이 높으며, 결로를 방지함으로써 곰팡이, 세균 등의 번식을 억제한다.
3) 방음과 습기조절이 가능하고 불에 잘 타지 않아 화재시 유독가스 배출이 없다.

08 용제 건조형 (공기 건조형)도료의 특성과 종류

1) 특성
   ① 도료는 용제와 시너가 증발하면서 도막을 형성한다.
   ② 건조된 도막도 시너에 쉽게 녹는다.
   ③ 기후 변화에 대한 적응성이 떨어진다.
   ④ 건조가 빠르고 작업성이 편하다.
2) 종류
   ① NC래커
   ② NC아크릴 래커
   ③ CAB아크릴 래커

09 VOC(volatile organic compounds)의 정의 및 종류

1) 휘발성 유기 화합물로서 대기중에서 태양에 의해 질소 산화물(NOx)과 광화학적 산화 반응을 일으켜 지표면의 오존농도를 일으켜 스모그 현상을 야기 시키는 물질이다.
2) 대부분의 유기 용제가 해당됨 : 톨루엔, 크실렌, 아세톤, 파라핀, 글리콜, 올레핀, 이소프로필 등

10 친환경 도료의 개념 (공란 채우기)

『수도권 대기환경 개선에 관한 특별법』 제30조에 의한 휘발성 유기화합물(VOC) 함유량이 30~840g/L인 도료를 말한다. 도료에는 안료, 합성수지, 첨가제, 용제로 구성된다. 친환경 도료의 경우 휘발성 유기화합물이 이 4가지 구성요소에 모두 없어야 한다.

① 안료는 (중금속 성분)이 없어야 하며,
② 합성수지/첨가제는 (중금속 촉매) 등의 유해 원료가 제외되어야 하며,
③ 용제에는 (방향족탄화수소)가 최소화 되어야 한다.

11 수용성 도장의 목적

수도권 지역의 대기환경을 개선하고자 하는 특별 시행규칙에 따라 단계적으로 VOC 규제조치가 시행되고 있으며 2012년부터 강화되기 때문에 강화된 기준을 만족시키기 위해서는 수용성 도장을 사용해야만 하기 때문이다.

12 수용성 도료

수용성 도료는 희석용제로 물(증류수 + IPA ; iso propyl alcohol)을 사용한 도료를 말하며 수지, 안료, 용제, 첨가제 등의 구성은 기존 유용성 도료와 같다고 볼 수 있다.

★ 13 도장에서 수지에 안료를 혼합하는 이유 (안료를 도료의 착색제로 사용하는 이유)

1) 도막에 색상을 부여하여 하지에 대한 은폐력을 부여한다.
2) 화학적으로 안정되어 색이 일광이나 대기의 작용에 대하여 강하다.
3) 도료에 유동성을 주어 적당한 점도를 갖도록 한다.
4) 도료를 중복 도장할 경우 하도막의 색이 위의 도막의 용제에 녹아 나오지 않는다.

14 수용성 도료의 장·단점

1) 장점

① 대기환경 오염이 적은 친환경 제품이다.
② 인체에 해가 적다.
③ 화재에 대한 위험성이 낮다.
④ 층간 선영성이 우수한 외관을 가진다.

2) 단점

① 도장 조건이 주변 환경에 민감하다.
② 도료의 건조시간이 길어 작업성이 나쁘다.
③ 적정온도로 도료를 보관하기 어렵다.

15 안료의 종류와 용도

1) **방청 안료** : 산화·부식 방지용 도료에 사용
2) **체질 안료** : 요철부분 충진용 도료에 사용
3) **착색 안료** : 색채·광택도료에 사용

16 첨가제의 개념과 종류

1) **개념** : 도료의 제조에서부터 저장 및 건조, 건조후의 내구력을 유지시킬 때까지 각각의 단계에서 도료의 필요한 기능을 충분히 발휘할 수 있도록 첨가되는 물질을 말한다.

2) **첨가제 종류**

① 분산제
② 유연제
③ 침전방지제
④ 자외선 흡수제
⑤ 소포제
⑥ 열 안정제
⑦ 피막형성 방지제
⑧ 방부제
⑨ 색분리 방지제
⑩ 핀홀 방지제
⑪ 경화 촉진제

17 수성 Base Coat의 기본 구성

구 분		내 용
수지	아크릴 수지	친수기를 도입한 수용화타입 및 에멀죤 타입을 사용
	폴리에스테르 수지	친수기를 도입한 수용화 타입을 사용
	멜라민 수지	친수성 타입을 주로 사용, 필요에 따라 소수성 타입도 사용
안료		기본적으로 용제형과 동일한 것을 사용. 단, 알루미늄에 관해서는 불활성화 처리가 필요
첨가제	핀홀 방지제	소포제
	표면 조정제	표면장력 저하시킴(수성도료는 표면장력이 높다)
	점성 부여제	광휘재배향 제어, 흐름방지를 위해서 필수성분
	기 타	자외선 흡수제 등
용제		알코올계, 셀로솔부계, 플로필렌 글리콜계 용제
물		탈이온수

18 도장하는 방법

1) 에어 스프레이 도장
2) 주걱(헤라) 도장
3) 붓 도장
4) 로울러 코터 도장
5) 레기(rake) 도장
6) 정전도장
7) 아크릴 래커
8) 우레탄 도장
9) 에어리스 스프레이 도장
10) 침적 도장
11) 전착 도장
12) 분체 도장
13) 텀블링(tumbling) 도장
14) 플로우(flow) 도장

19 도장 작업시 일반적인 안전수칙

1) 사용할 도료의 특성을 잘 파악하여 사용법을 틀리지 않게 한다.
2) 적절한 소지 조정을 행하고 피도면은 손에 닿지 않게 한다.
3) 적절한 도장기를 선정하여 사용한다.
4) 도료를 잘 교반하여 여과한 후 사용한다.
5) 적정 두께로 전체를 고르게 도장한다.
6) 건조 조건을 잘 지킨다.
7) 저온(5℃이하), 다습(85%이상)을 피한다.
8) 오물과 먼지가 없도록 한다.
9) 도료 보관 및 사용시 인화위험에 주의한다.
10) 도료 용제는 인체에 접촉 및 흡입되지 않도록 취급해야 한다.

★ 20 도장 작업시 필요조건

1) 작업장의 먼지 및 습도와 온도
2) 도료의 점도
3) 퍼티 도막의 연마 정도
4) 공기 압력(스프레이건의 분사속도)
5) 스프레이건과 도면과의 거리
6) 환기조건, 오염조건, 인화조건 고려

★ 21 보수도장의 스프레이 부스의 역할

1) 청결한 작업환경을 유지하여 먼지와 오물이 묻지 않도록 하여 도장 품질 향상을 도와준다.
2) 2액형 도료의 열처리를 도와 단단한 도막이 형성되도록 돕는다.
3) 도장 시 발생되는 도료 더스트나 분진 등을 필터를 통해 정화 후 외부로 방출 시킨다.

22 도장부스 운용시 주의 사항

1) 부스 내에서는 보호 안경과 마스크를 반드시 착용한다.
2) 적절한 시간과 온도를 조절한다.
3) 부스의 기밀을 유지한다.
4) 도장 작업 후 2~3분간 플레시타임(flash time)을 둔다.
5) 열처리 후 2~3분간 플레시타임(flash time)을 둔다.
6) 실내 · 외를 주기적으로 청소한다.
7) 부스의 작동은 매뉴얼에 의해 작동한다.

23 스프레이부스 사용시 준수 사항

1) 차량이 입고되기 전에 바닥은 물청소 실시와 적정습도를 유지한다.
2) 실내를 완전 밀폐된 상태로 유지한다.
3) 실내와 차체의 온도를 적정온도(20℃)로 유지한다.
4) 도장 작업 완료 후 실내의 도료 분진을 완전히 제거하기 위하여 환풍기를 3분 정도 연장 가동한다.
5) 열풍기 가동시 도장 도료에 맞는 적정 시간과 온도를 세팅 한다.
6) 가열 종료 후 실내에 들어가기 전에 환풍기를 3분 정도 가동하여 유독 가스를 배출한다.
7) 실내 도장 작업시 반드시 마스크와 보안경을 착용한다.

24 에어 스프레이 도장법의 특징

1) 분무되어 도장되므로 도장작업이 효율적이고 외관이 아름답다.
2) 피도물의 모양, 재질 및 크기에 관계없이 도료를 도장할 수 있다.
3) 분무시켜 도장하므로 도료의 손실이 크다.
4) 분무시켜 도장하므로 많은 양의 시너를 첨가하여 도료의 점도를 일정하게 유지해야 한다.

25 에어리스 스프레이 도장법의 특징

도료에 직접 공기를 혼합하지 않고 도료 자체압력에 의한 힘으로 분무하여 도장하는 방법

1) 에어스프레이 도장보다 도장시간을 단축시킬 수 있다.
2) 거의 도료만 분출되므로 도료의 손실이 적다.
3) 높은 점도의 도료를 사용하여 도료의 부착효율이 높다.
4) 독성흡입을 감소시키고 폭발 위험이 적다.
5) 에어스프레이와 같은 아름다운 외관을 얻을 수 없다.
6) 언더코트에 사용이 가능하다.

26 공기 압축기(air compressor)의 이상적인 설치 조건

1) 설치 장소는 단단한 지면에 수평을 유지할 것
2) 직사 광선을 피할 것
3) 습기가 적고 실내 온도가 적정온도 (40℃) 이하일 것
4) 소음 · 진동이 없는 곳일 것
5) 먼지 · 불순물이 없을 것

27 수지의 종류와 예

1) **천연수지** : 로진, 세라믹, 탈민, 고무, 라텍
2) **열가소성 수지** : 염화비닐, 아크릴 수지
3) **열경화성 수지** : 페놀수지, 유리수지, 에폭시 수지, 불포화에틸렌 수지, 폴리우레탄

★★
28 에어 트랜스포머(air transformer)의 설치위치와 기능

1) **설치위치** : 에어탱크와 스프레이건 사이이며, 스프레이건에 가장 가까운 곳에 설치하는 것이 유리하다.
2) **기능(역할)**
   ① 압축 공기중의 수분, 유분, 먼지 등을 제거하고 (수분, 유분 여과)
   ② 고압의 압축 공기를 도장 작업에 적합한 압력으로 조절하는 장치로 (공기압력 유지)
   ③ 불순물은 여과통의 하부에 설치되어 있는 밸브에 의해서 배출된다 (불순물 배출).

29 스프레이건에서 배출되는 수분을 최소화 하기 위한 방법

1) 컴프레서 탱크내의 물을 정기적으로 뺀다.
2) 컴프레서를 습기가 없는 곳에 설치한다.
3) 에어필터를 설치한다.
4) 배관 끝에 오토 드레인을 설치한다.
5) 컴프레서의 냉각을 양호하게 한다.
6) 에프터 쿨러와 에어 드라이어를 설치한다.
7) 배관 1개에 구배 1cm를 둔다.
8) 분기관을 위로 돌려 사용한다.

★
30 스프레이건의 조절부 3곳에 대한 기능

1) **도료 분출조절 장치**(paint spray regulator) : 도료의 토출량 제어
2) **패턴 조절 장치**(pattern regulator) : 패턴의 폭, 모양 제어
3) **공기캡** (air cap) : 도료를 미립화 시키고 분사공기를 이용하여 패턴 제어
4) **공기량 조절 장치**(airflow regulator) : 스프레이건에 요구되는 공기량 제어

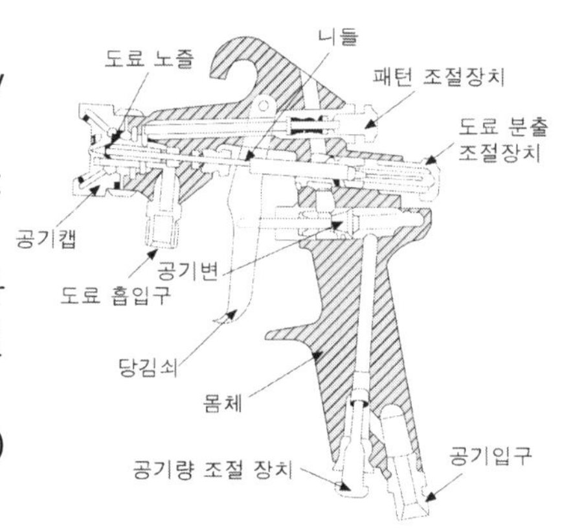

★★★
31 스프레이건의 종류와 특징

1) **중력식** : 도료 용기를 스프레이건의 윗부분에 부착하여 도료가 중력에 의해 노즐에 보내어지는 방식
   ① 장점 : 도료를 끝까지 모두 사용할 수 있고 적은양의 도료로도 도색이 가능 하다.
   ② 단점 : 스태프 또는 하단 작업이 어렵고 장시간 도색시 팔의 피로도가 심하게 발생한다.
2) **흡상식** : 도료 용기를 스프레이건의 아래쪽에 설치하여 공기에 의해 도료가 스프레이건으로부터 부압에 의해 빨려 올라가 분출하는 방식
   ① 장점 : 이동 및 기동성이 좋고 빠른 시간 내에 작업을 할 수 있다.
   ② 단점 : 도료를 끝까지 사용할 수 없으므로 도료의 낭비가 많다.
3) **압송식** : 에어스프레이건에 도료용 기를 직접 부착하지 않고 공기의 압력으로 공기 캡의 전방을 진공으로 만들어 도료를 흡상하는 방식

32 정전도장의 특징

1) 도료는 전기적인 힘에 의해 도장되므로 에어스프레이 도장보다 도료의 손실이 적다.
2) 도료의 미립화는 전기적인 반발력에 의해 결정되므로 특히 메탈릭 도장시 외관이 좋다.
3) 코너 부위는 전위가 낮으므로 도료가 잘 부착되지 않아 보정작업이 추가되어야 한다.
4) 유리, 플라스틱, 목재 등에 적용이 불가능하다.

★★★
33 보수도장 작업시 도장표면의 양부에 영향을 미치는 요인

1) 퍼티 도막의 두께
2) 퍼티 도막의 경화 상태
3) 도료의 점도
4) 공기 압력(3~4kg/cm^2)
5) 압축 공기속의 수분 함유 상태
6) 스프레이건의 규격 선정
7) 스프레이건과 피도물간의 거리(20~30cm)
8) 스프레이건의 이동속도(2~3ms)
9) 도장 회수

34 구도막 제거시 주의 사항

1) 철판면이 드러날 때까지 연마하지 않는다.
2) 구도막을 한꺼번에 벗겨내지 않는다.
3) 샌더의 연마 각도를 과도하게 치우치지 않게 한다.
4) 한 곳에 너무 오래 머물지 않는다.

35 신차 도막과 보수 도막의 차이

1) **신차도막의 구조 :** 철판 - 전착도막 - 중도도막 - 상도도막
2) **보수도막의 구조 :** 철판 - 퍼티도막 - 프라이머 서페이서 (중도도막) - 상도도막

★ 36 스프레이 패턴이 한 쪽으로 쏠리는 원인

1) 스프레이건이 피도물과 직각을 이루지 않았을 때
2) 스프레이건을 수평으로 이동시키지 않았을 때
3) 에어 노즐의 조임이 불량 할 때
4) 에어노즐이 막혔을 때
5) 중심구멍과 니들핀의 센터가 맞지 않을 때
6) 도료에 불순물이 혼합되었을 때

37 보수도장의 목적

1) 손상패널의 복원 도장
2) 손상도막 도장
3) 불량도막 재생 도장
4) 패널이 부식될 때 복원
5) 상품성 향상
6) 지정색 도장(특수목적)

38 보수도장의 범위

1) 전체 도장
2) 부분 도장 (block)
3) 숨김 도장 (blinding)
4) 전착 도장 (touch up)

★ 39 자동차 보수도장에서 다음 단계별 공정에 대하여 제시어 중 해당되는 용어를 공란에 넣기

단계	도장 공정	제시어
1단계	차체 혹은 도장부위 세정	세정 연마 전처리 마스킹 중도 상도
2단계	구도막면 (①)	
3단계	눈메움 작업 및 도막면 (②)	
4단계	비도장 부위 (③) 작업(초기)	
5단계	하도 도장 적용 및 도막면 연마	
6단계	비도막 부위 (④) 작업(최종)	
7단계	색상 (⑤) 적용	
8단계	투명 상도 적용 및 마무리	

① 전처리 ② 연마 ③ 마스킹 ④ 마스킹 ⑤ 상도

★★★ 40 자동차 보수도장 공정 중 공란에 알맞은 용어 넣기

차체 표면 검사 → 차체 표면 오염물 제거 (탈지 공정) → (구도막 및 녹제거) → 단 낮추기 작업 → (퍼티혼합) → 퍼티 바르기 → (퍼티연마) → 래커퍼티 바르기 → (래커퍼티면 연마 및 전면연마) → 중도 도장 → (중도연마) → 조색 작업 → 상도 도장 → (투명 도료 도장) → 광내기 작업 및 왁스 바르기

Part 02 PAINTING   

하지 작업

01 플라스틱 프라이머 도장시 주의사항

1) 플라스틱 프라이머를 한꺼번에 두껍게 도장하지 않는다.
2) 탈지 작업을 두 번에 걸쳐 실시한다.
3) 물을 사용하여 세정할 때는 물 끼를 완전히 제거한 후 탈지제로 재차 탈지한다.
4) 에어 압력을 필요이상으로 높여 도장하지 않도록 한다.

02 프라이머를 도장하는 목적

철판소재에 대한 내부식성을 증가시키고 동시에 후속도막과의 부착력을 향상시키기 위함. 또한 플라스틱 소재의 경우 플라스틱 소재와 도료와의 부착력을 향상시키기 위함.

1) 워시 프라이머(에칭 프라이머) : 강판, 아연도금 강판, 알루미늄 등에 사용
2) 플라스틱 프라이머 : 범퍼, 가니쉬, 몰드류 등에 사용

03 워시 프라이머의 역할과 기능

1) 아연도금강판과 같은 비철 금속류와 부착력 향상
2) 알루미늄과 같은 비철 금속류와 부착력 향상
3) 금속 표면에 내부식성과 부착성능 향상
4) 신차도장 라인에서의 인산아연 피막처리를 대신한다.
5) 부풀음(blistering), 도막수축(lifting) 등의 녹이 발생하여 생기는 도막결함을 예방한다.

04 워시 프라이머 도장 부위

1) 철판(steel), 알루미늄(Al), 아연도금 강판 등
2) 연마가 잘된 신차 전착도막 (프라이머) 위
3) 연마가 잘된 구도막 위
4) 우레탄 보수도막 위
5) 폴리에스테르퍼티 도막 위 및 그 주변 철판 소지가 드러난 곳

05 에어 샌더기로 연마시 주의사항

1) 샌더 페이퍼를 용도에 맞게 사용할 것
2) 연마면과 평형 되게 밀착시켜 사용할 것
3) 샌더에 너무 강한 힘을 가하지 말 것
4) 샌더를 한 곳에 오래 머물지 말 것
5) 전체를 평활하게 연마 할 것
6) 단 낮추기 작업에서 단을 부드럽게 작업할 것

★ 06 퍼티 작업에서의 주의사항

1) 퍼티 혼합시
① 퍼티 혼합시 주제와 경화제의 혼합비율을 정확하게 확인한다.
② 공기가 퍼티 속에 혼합되지 않도록 밀착해서 혼합한다.
③ 주제의 색상과 경화제의 색상이 일정한 색이 되도록 혼합한다.
④ 주걱으로 퍼티를 부수듯 압착하면서 혼합한다.
⑤ 필요 이상의 퍼티를 혼합하여 낭비하지 않도록 적당량을 혼합한다.

2) 퍼티 도포시
① 퍼티를 한 번에 두껍게 도포하지 않는다.
② 퍼티에 실버, 시너 및 기타도료를 혼합하여 사용하지 않는다.
③ 퍼티 도포는 2회로(초벌 퍼티 + 마무리 퍼티)하여 퍼티의 밀도를 높인다.

3) 퍼티 연마시
① 한쪽 방향으로만 연마하지 않도록 한다.
② 샌더 및 핸드블록으로만 처음부터 마무리까지 작업하지 않도록 한다.
③ 페더에지 부분에 단차가 없도록 도포 한다.

★★★

07 도장용 샌더(sander)의 종류

1) **디스크 액션 샌더 (싱글액션 샌더) :** 도막 제거용으로 싱글 회전의 샌더로서 파이버 디스크를 사용하는 일반적인 그라인더이다.
2) **밸트 샌더 :** 도막 제거용 샌더로 판금에서도 사용되지만 좁은 면적, 오목한 부위의 연마에 편리하다.
3) **오비털 샌더 :** 거친 연마용으로 사용하기 쉽기 때문에 퍼티 연마에 가장 많이 사용되며, 더블 액션 샌더에 비하여 연삭력은 떨어지나 힘이 평균적으로 가해져 균일한 연마를 할 수 있다.
4) **더블 액션 샌더 :** 용도가 넓기 때문에 많이 사용되며, 오빗 다이어의 큰 타입은 페더에지 만들기, 거친 연마 등의 연마에 적합하고 오빗 다이어의 수치가 작은 타입은 작은 면적의 퍼티 연마, 프라이머 서페이서의 연마, 표면 만들기에 적합하다.
5) **기어 액션 샌더 :** 거친 연마용으로 오비털 샌더나 더블 액션 샌더에 비해 연삭력이 우수하며, 면 만들기에 효율이 높고 작업 능률도 높다.
6) **스트레이트 라인 샌더 :** 면 만들기 용으로 퍼티면에 작은 요철이나 변형을 연마하는데 적합하다. 특히 라인 만들기에 가장 적합하다.
7) **사가오비털 샌더 :** 퍼티 연마시 주로 사용한다.

★

08 보수도장 퍼티(putty)의 종류

1) **판금 퍼티 :** 교환하는 철판의 접합부나 요철이 큰 부분에 사용. 철판과 부착성을 좋게 하면서 두꺼운 도막 형성. 연마성이 좋지 못하다.
2) **폴리에스테르 퍼티 :** 소재가 철판 (아연도금 강판 포함), 알루미늄 등 5mm 정도의 요철이나 퍼티면의 굴곡 등을 수정하여 마무리 한다.
3) **래커 퍼티 :** 연마 흔적 제거 또는 기공부위를 메워주는 퍼티
4) **수지 퍼티 :** 범퍼 등 합성수지면에 사용한다.
5) **오일 퍼티, 아연도금 강판용(EGI) 퍼티 :** 엔진의 열이 많이 발생하는 곳에 사용하는 패널에 적합하다.
6) **스프레이 퍼티 :** 퍼티 작업 부위가 넓은 곳 또는 굴곡 부위에 스프레이를 이용하여 도포한다.

09 도장면의 요철부위를 확인할 수 있는 방법 중 육안판별법과 용제확인법

1) **육안 판별법** : 도장면에 오렌지필의 상태나 광택도를 육안으로 판별 (신차도막은 규칙적이고 보수도막은 불규칙적임)
2) **용제 확인법** : 도장면을 래커시너를 묻힌 물걸레로 문질러 용제에 녹아 묻은 색상으로 판별 (신차도막은 녹아 나오지 않고 보수도막은 색상이 묻어 나옴)

★ 10 퍼티 주제와 경화제 혼합 비율

1) 여름 ⇒ 주제(100) : 경화제(1)
2) 봄, 가을 ⇒ 주제(100) : 경화제(2)
3) 겨울 ⇒ 주제(100) : 경화제(3)

11 보수도장에서 사용하는 "폴리에스테르 퍼티" 설명

1) 주제와 경화제가 혼합되어 화학반응이 일어나 경화되는 타입의 재료
2) 짧은 시간에 건조되며 두꺼운 도막이 형성된다.
3) 용제가 사용되지 않는 무용제형 도료로 경도와 내약품성이 좋다.
4) 주제와 경화제의 혼합비율이 100:1~3정도

12 바람직한 퍼티 재료 (주제와 경화제)의 조건

1) 내수성이 좋아야 한다.
2) 내열성이 있어야 한다.
3) 철판 및 도막면에 대하여 밀착이 좋아야 한다.
4) 두껍게 칠할 수 있어야 하며 기공발생이 없어야 한다.
5) 주걱칠이나 연마 등의 작업성이 좋아야 한다.
6) 도료의 흡입이 적고 프라이머 서페이서와의 상대성이 좋아야 한다.

13 퍼티 작업의 순서

1) 에어블로어로 불어 먼지나 오물을 제거한다.
2) 탈지제를 사용하여 표면 세척한다.
3) 기온이 낮은 경우 퍼티 작업 할 부위의 온도를 높인다.
4) 기공이 발생하지 않도록 주제와 경화제를 100:1로 섞어 반죽한다.
5) 철판면에서 잡아 빼듯이 자기 쪽으로 세게 잡아당기며 작업한다.

14 퍼티 사용시 주의사항

1) 경화제는 유독성 물질이므로 피부에 닿으면 즉시 씻어낸다.
2) 경화제는 인화성 물질이므로 화기에 주의 한다.
3) 퍼티에 코를 가까이 하면 빈혈이나 구토가 생길 수 있으므로 가까이 하지 않는다.
4) 사용한 공구는 굳기 전에 용제에 닦은 후 보관한다.

15 단 낮추기 작업시 주의사항

1) 샌더의 각도를 기울여 작업하지 않는다.
2) 샌더를 한 곳에 오래 머무르지 않는다.
3) 손상 부위 안쪽에서 바깥쪽 방향으로 샌더를 움직여 단 낮추기 작업을 하지 않도록 한다.

★★★

16 자동차 보수도장에서 페더에지(feather edge, 단 낮추기)의 의미

패널에 손상이 있어 이 부분을 보수 도장 할 경우 후속 되어지는 퍼티나 프라이머 서페이서 등의 도료와 부착력을 증진시키기 위하여 단위 표면적을 넓게 연마해서 단차를 없애는 작업을 말한다.

Part 03 PAINTING

중도 작업

01 부품 (패널) 교환 후 방청처리 방법

1) **보디 실링** : 보디의 필요한 부분에 보디실러 도포
2) **방청제 도포** : 용접 부분의 뒷면에 왁스나 오일 등 방청제 도포
3) **언터코트 도포** : 보디의 필요한 부분에 언터코트 도포

★★★ 02 도장작업에서 보디실러(body sealer)의 역할(보디 실링의 효과)

1) 이음 부분을 밀봉시키는 역할을 한다.
2) 방수의 역할을 한다.
3) 방진의 역할을 한다.
4) 녹의 발생을 방지한다.
5) 기밀성을 향상 시킨다.
6) 미관성을 향상 시킨다.

03 도장작업에서 보디실러 적용 부위

1) 헴 플렌지
2) 트렁크리드
3) 철판과 철판 사이
4) 루프
5) 쿼터패널

04 실런트(sealant)의 3가지 효과

1) 소음 제거제의 작용
2) 부식 방지제의 작용
3) 부식 방지 컴파운드 작용

05 실러의 종류와 실런트 재료에 대한 구분

1) 실러(sealer) : 도장 공정중 열처리 후에도 말랑말랑한 상태가 되어야 하고 도장 작업이 가능해야 한다.
   ① 브러셔블 심 실러(brushable seam sealer) : 색깔은 회색이며 스포트 용접된 부위에 틈새를 막는데 주로 쓰인다. (플로어팬, 카울트렁크 심 등)
   ② 조인트 심 실러(joint seam sealer) : 신축성이 많은 성분이며 한번 작업하면 영구히 남아있는 형태, 적용 부위는 내부·외부의 조인트 심 등이다. (라커패널과 센터필러의 연결부위 등)
   ③ 드립 체크 실러(drip check sealer) : 조인트 심 실러보다 얇다. 패널의 접촉 부위에 사용한다. (도어 하단부의 힘 플렌지 접합 부분)

2) 실런트의 재료
   ① 솔벤트(solvent) : 접착제나 실런트의 접착성에 영향을 미치는 오염물을 제거하는 역할 (가스켓, 실, 웨더스트립 등의 작업을 하기 전에 쓰임)
   ② 세척제(cleaner) : 도장면에 과도히 나온 실런트를 제거하는 역할
   ③ 접착제(adhesive)
      가) 본드비닐, 헤드라이닝 : 속성건조, 고강도
      나) 웨더스트립 접착제 : 방수, 신축성, 진동흡수, 온도변화에 강함
      다) 에폭시 접착제 : 강하고 내구성이 강함, 우리, 금속, 플라스틱, 유리섬유 접착
      라) 우레탄 접착제 : 삼각유리 부착시 사용. 쿼터글라스, 윈드실드, 백윈도우
   ④ 실러(sealer)
   ⑤ 코크(caulk)
   ⑥ 컴파운드(compound)
   ⑦ 보디실러(body sealer)
   ⑧ 프라이머(primer)

06 프라이머 서페이서(primer surfacer)의 도장 부위

1) 맨철판 위　　2) 퍼티면 위
3) 래커도막 위　　4) 교환부품 위

07 프라이머 서페이서의 중도 공정 중 보조공정으로 굴곡·패임을 막는 공정작업은?

메움기능(filling : 요철부위의 메꿈 역할)

★★★

08 중도 도료 프라이머 서페이서(primer surfacer)의 기능

1) **부식 방지** : 철판표면에 녹이 발생되는 것을 방지한다.
2) **도료와의 밀착 기능** : 상도와 하도 간에 밀착을 높인다.
3) **상도도료의 흡수방지 기능** : 상도 도료 속의 용제가 하도에 침투되는 것을 방지한다.
4) **연마자국 메움 기능** : 퍼티의 굵은 연마자국을 제거한다. 즉, 최종적으로 미세한 요철을 제거한다.
5) **금속과의 부착 기능** : 금속과의 부착성을 높인다(도막을 두껍게 하여 외력으로부터 보호).
6) **완충 기능** : 운행중 돌이나 모래에 도막이 벗겨지는 것을 방지한다.

09 프라이머 서페이서의 조건

1) 내수성이 좋아야 한다.
2) 퍼티 및 상도에 대하여 밀착성이 좋아야 한다.
3) 도료 흡입이 적어야 한다.
4) 실링 효과가 있어야 한다.
5) 안료의 침전이 없어야 한다.
6) 내열성 및 방청성이 있어야 한다.
7) 연마성이 좋아야 한다.

Part 04  PAINTING  

마스킹 및 도장 준비

01 마스킹과 샌딩의 목적

1) 마스킹 : 도장을 하기 전에 유리부분 또는 탈착하지 않은 플라스틱류, 램프류 및 몰드류 등 도장을 하지 않는 부분을 종이, 비닐, 테이프 등을 이용하여 도료가 묻지 않도록 하는 작업

2) 샌딩
   ① 금속 표면의 결함 제거
   ② 페인트의 결함 제거
   ③ 도막의 평활성 향상
   ④ 층간 부착력 향상
   ⑤ 퍼티 자국 제거

★ 02 마스킹 페이퍼(용지)가 갖추어야 할 조건

1) 먼지 발생이 없을 것
2) 도료나 용제의 침투가 없을 것
3) 정전기로 인한 먼지가 표면에 붙지 않을 것
4) 높은 온도에 잘 견딜 것
5) 재단이 쉽고 마스킹 작업이 편리할 것
6) 붙인 자국이 남지 않을 것

03 마스킹 작업시 주의사항

1) 마스킹 재료는 도료가 침투하지 않는 재료를 사용한다.
2) 내열성 테이프를 사용한다.
3) 테이프 접촉 부분의 청결을 유지한다.
4) 오버 마스킹을 하지 않는다.
5) 마스킹 테이프는 적당한 시간 후 제거한다(오래 두면 자국 생김).

04 금속 표면의 불순물 제거 탈지법

1) 용제 탈지법
2) 알칼리 탈지법
3) 에멀젼 탈지법
4) 전해 탈지법

Part 05 PAINTING   

조색 작업

01 보수도장에 공급되는 도료공급 시스템

1) **현장조색 시스템** : 도료회사에서 수지와 조색제를 따로 분리해서 공급하여 현장에서 인터넷 또는 색상 배합책을 보고 배합비에 맞도록 전자저울을 사용하여 배합하여 사용하는 방식. 작업현장에서 직접 특정 색상을 만들기 위하여 전자저울, 배합비, 원색 조색제, 교반기, 마이크로필름, 필름 판독기 등이 구비되어야 한다.

2) **사전조색 시스템** : 도료메이커에서 특정 색상을 만들어 보수도장 작업현장에 공급하는 방식

★ 02 육안 조색 작업시 주의사항(기본원칙)

1) 조명의 밝기는 800Lux 이상일 것
2) 동일한 색상을 장시간 응시하지 말 것
3) 일출전과 일몰 직전·후에는 색상을 비교하지 말 것
4) 색상 비교 면적을 동일하게 할 것
5) 소량씩 섞어가며 작업 할 것

03 조색하는 방법의 종류

1) 육안에 의한 조색 (눈)
2) 계량에 의한 조색 (전자저울)
3) 컴퓨터에 의한 조색 (CCM)

04 조색작업시 주의 사항

1) 한꺼번에 여러 가지 조색제를 투입하여 미조색하지 않는다.
2) 한 번에 한 가지 조색제만 투입한 후 비색한다.
3) 고농도의 조색제를 사용할 때에는 한 방울이라도 색상방향을 바꿀 수 있기 때문에 희석시너에 희석하여 사용한다.
4) 시편 도장시 실차 패널에 도장하는 것과 같은 방법으로 도장한다.
5) 조색작업이 진행되는 과정에서는 혹시 모를 실수를 대비하여 도료를 따로 담아두어 방향성이 잘못되어 다시 처음부터 조색을 해야 할 경우 백업받은 도료를 사용하여 시간을 절약한다.

05 조색 작업시 색상이색이 되는 원인

1) 래커, 우레탄, 에나멜 등의 사용도료의 차이
2) 스프레이건 토출량, 패턴, 노즐 규격 등의 차이
3) 작업기술, 도료의 점도, 도막 두께의 차이
4) 기상조건, 건조방식 등 작업환경의 차이

Part 06 PAINTING

상도 도장

01 우레탄 메탈릭 컬러 도장시 하지 조정부터 광택작업까지의 공정순서

1) **하도** : 하지작업 → 퍼티바르기 → 퍼티건조 → 퍼티연마
2) **중도** : 프라이머 서페이서 → 칠하기 → 프라이머 서페이서 연마
3) **상도** : 상도준비 → 상도스프레이 → 건조 → 마무리(광택)

02 우레탄용 메탈릭 컬러의 보수도장시 하도에서 상도까지 소요되는 장비·재료의 종류

1) 에어 컴프레서, 에어 트랜스포머
2) 스프레이건, 스프레이 부스
3) 건조 장치
4) 연마기기, 연마지, 주걱
5) 도장 마스크, 테이프류

03 플래시타임 (flash time)이란

1) 도장간 용제가 증발할 수 있는 여유시간을 도장 대기시간(flash time)이라 한다.
2) 플래시타임 없이 도장하면 도료가 흐르거나 뭉치는 현상과 메탈릭 도료는 얼룩현상이 발생한다.

★★★ 04 가이드 코팅의 의미

표면의 굴곡 상태를 확인하기 어려운 부분에 도장하려는 색상보다 어두운 색으로 착색하고, 건조한 다음에 연마를 하면 굴곡 부위의 표면 상태를 확실하게 판단할 수 있는 방법이 될 수 있어서, 미려하고 효과적인 도장 작업을 위해 실시하는 방법을 가이드 코팅이라 한다.

★★
05 도장에 있어서 가사시간(pot life)이란

1) 2액형 도료에서 주제와 경화제를 혼합한 후 도료가 굳지 않고 정상적으로 도장에 사용할 수 있는 한계시간을 말한다.
2) 가사시간을 초과하게 되면 젤리상태가 되고 분사도장을 할 수 없게 된다.
3) 도료의 종류 및 기온에 따라 차이가 있으나 우레탄 도료에서는 20℃ 상태에서 8~10시간이 일반적이다.

06 세팅 타임(setting time, 예비 건조시간)이란

스프레이 도장 직후 열처리 전까지 용제를 건조시키기 위해서 열처리 전에 10~15분 정도 자연 건조하여 용제 시너가 도막 표면에서 자연 증발하도록 하는 여유시간

07 아크릴 래커와 우레탄 도장의 차이점

1) 아크릴 래커 도장의 특징
① 건조가 빠르다.
② 열처리를 필요로 하지 않는다.
③ 도장 작업이 쉽다.
④ 도막 형성이 우레탄 도장 보다 좋지 못하다.

2) 우레탄 도장의 특징
① 건조가 느리다.
② 특수 열처리 시설을 필요로 한다.
③ 작업 후 광택 작업이 불필요하다.
④ 도막 형성이 우수하다.
⑤ 차체의 보수도장이 신차만큼 우수하며 현재 가장 많이 사용한다.

08 솔리드와 메탈릭에 대하여 건조전과 후의 밝기

1) 솔리드 : 건조 전 – (밝음), 건조 후 – (어두움)
2) 메탈릭 : 건조 전 – (어두움), 건조 후 – (밝음)

09 솔리드 색상에 대비한 메탈릭 색상의 특징

1) 알루미늄 조색제가 혼합되어 빛이 반사된다.
2) 반짝이는 효과가 있고, 중금속의 느낌이 난다.
3) 보는 각도에 따라 색 또는 명암이 달라 보인다.

★ 10 보수도장에서 상도도료의 적용시 솔리드, 메탈릭, 3코트 펄에서 도장하는시스템의 차이점

1) **솔리드(solid) 색상 :** 1C1B (1coat + 1bake)
   ① 철판 〈 하도(primer) 〈 중도(surfacer) 〈 상도(우레탄 도막, one coat)
   ② 수지, 안료, 첨가제, 용제의 기본적인 도료의 요소로 구성되며 알루미늄입자인 은분(silver)이 포함되지 않은 도료
   ③ 유색 안료, 무채색 안료 등의 혼합으로 입자감이 없는 색
   ④ 어느 각도로 보아도 색이 동일한 컬러

2) **메탈릭 색상 :** 2C1B (2coat + 1bake)
   ① 철판 〈 하도(primer) 〈 중도(surfacer) 〈 상도(base coat) 〈 상도(clear coat)
   ② 수지, 안료, 첨가제, 용제의 기본적인 도료의 요소로 구성되며 알루미늄입자인 은분(silver)을 포함하는 도료
   ③ 알루미늄 조색제가 혼합되어 빛이 반사되며, 반짝이는 효과가 있고 중금속의 색감이 나는 컬러
   ④ 보는 각도에 따라 색 또는 명암이 달라 보임

3) **3코트 펄 색상 :** 3C1B (3coat + 1bake)
   ① 철판 〈 하도(primer) 〈 중도(surfacer) 〈 상도(color base coat) 〈 상도(pearl base coat) 〈 상도(clear coat)
   ② 펄 조색제가 혼합되어 빛이 물질을 투과하여 공기중의 빛의 굴절 및 산란현상이 보이는 컬러
   ③ 빛이 투과되어 여러 가지 색감을 냄

11 펄(pearl)이란

1) 펄은 진주를 말하며 진주는 여러 겹의 나이테를 형성하여 각 층마다 빛의 반사 각도가 다르기 때문에 색이 다양하게 표현된다.
2) 이러한 펄 조색제가 혼합되어 빛이 입자를 통과하여 산란된다. 빛이 굴절 혹은 산란되어 여러 가지 색감을 나타낸다.

12 마이카(mica, 운모)란

1) 인조 펄로서 운모를 잘게 쪼개어 표면을 산화티탄이나 산화철 등 빛의 굴절율이 높은 금속산화물로 코팅하여 안전한 무기펄 안료를 만들어 낸 것이다.
2) 굴절율이 높은 산화티탄 층과 낮은 마이카 그리고 주변 매개체와의 경계에서 반사된 빛이 진주와 같은 광택을 발하게 된다.

13 블렌딩(blending, 부분도장) 도장 작업

1) 패널과 패널 사이의 컬러 매칭을 위하여 블렌딩 하거나, 하나의 패널 내에서 부분 도장하여 구도막과의 컬러 매칭을 이루어내는 작업
2) 상도도장 작업이 된 신차도막이든, 보수도막이든 그 도막에 손상이 있어서 수리를 해야 하는 작업이므로 상도 위에 또 다른 상노노상이라 할 수 있다.

14 숨김도장(blinding)시 사용 미드코트 (수지, 시너 1 : 1로 혼합한 도료) 설명

1) **샌딩마크 방지** : 샌딩 작업시 발생되는 연마자국을 메워 주는 기능
2) **얼룩현상 방지** : 경계 부위의 알루미늄 입자의 배열을 일정하게 하여 얼룩을 방지한다.

Part 07 PAINTING

도장 결함과 광택

★ 01 도료에 의한 도장불량 종류

1) **흘림**(sagging) : 도료 또는 도료조건에 원인
2) **변퇴색**(discoloration fading) : 도료가 기후에 견디는 성질이 나쁨
3) **백악**(chalking) : 도료가 기후에 견디는 성질이 나쁨

★ 02 백악(白堊, chalk)화 현상의 원인

1) 안료에 비하여 수지분이 적을 때
2) 자외선에 약한 안료 사용
3) 동절기보다 하절기에 많이 발생
4) 평활하지 않은 도면에 수분이나 먼지의 흡수에 의하여 도막 붕괴

★ 03 도장 건조 방식과 의미

1) 열을 발생시키는 에너지원(등유, 도시가스, LPG 등)의 연소열을 이용하는 직접가열과, 전기를 이용하는 간접가열(열 교환기)이 있다.
2) 실내에 건조설비를 두는 방식에는 적외선·원적외선 등의 램프로 가열하는 방식이 주로 사용된다.
3) 열풍 방식은 위에서 아래로 뜨거운 공기를 흘려보내면서 실내 전체를 설정 온도가 되도록 한다.
4) 건조기의 종류에는 스포트 램프, 열풍, 적외선(근적외선, 중적외선, 원적외선) 등이 있다.
   ① 스포트 램프 : 스포트라이트 전구의 발열을 이용한다.
   ② 열풍 : 등유 또는 폐유를 연소시켜 버너의 불꽃 등으로 열을 가한 공기를 팬으로 내보내는 구조를 갖고 있다.
   ③ 적외선 : 방사선 파장이 0.8~2㎛ 까지를 근적외선, 2~4㎛를 중적외선, 4㎛ 이상을 원적외선으로 구분하고 있다. 적외선 건조기는 전기식의 적외선 램프를 몇 개 붙이고 있다.

★ 04 자동차 보수도장의 강제 건조과정에서 도막의 건조 상태에 영향을 미치는 요인

1) 시너의 선택
2) 온도 분포
3) 세팅 타임
4) 건조(가열) 시간
5) 건조기 선택
6) 도막과 건조기와의 거리

05 부풀음(blister) 현상과 원인

1) **현상 :** 피도면에 습기나 불순물의 영향으로 도막사이에 틈이 생겨 부풀어 오르는 현상

2) **원인**
① 도장면에 불순물 제거가 미흡하다.
② 탈지 부족 및 수세수의 오염
③ 압축 공기 속에 오일 또는 수분이 포함되었다.
④ 고온, 다습한 환경에서 도장
⑤ 너무 두꺼운 도색을 했을 때
⑥ 연마 후 건조가 불충분 할 때
⑦ 우레탄 도료에 래커 시너를 사용

3) **예방 대책**
① 도장 작업시 수시로 도장실의 상대 습도를 확인한다.
② 폴리에스테르 퍼티 적용시 도막 면에 남아 있는 수분을 완전히 제거하고 실러 코트를 적용한다.
③ 충분한 건조시간을 확보한다.

★ 06 광택 폴리싱(polishing) 전동 폴리셔의 적정 회전수와 작업범위

1) **회전 수 :** 폴리셔의 추천 회전수는 1200~1600rpm이 적당하다. 보통 1500rpm 세팅하나 제조회사별 조절가능 타입을 사용하고 최고 2500rpm이다.

2) **작업 범위 :** 50cm × 50cm 정도로 하여 약제를 일직선으로 도포하여 작업한다.

★ 07 도장 건조 불량 원인

1) 도막이 너무 두껍다.
2) 저온, 고습도에서 통풍이 나쁘다.
3) 올바른 희석 시너를 사용하지 않았다. (고 비점의 시너는 증발이 늦다)
4) 도료가 오래되어 도료중의 건조촉진제 (drier)가 작용하지 않는다.

★★★
08 오렌지필(orange peel) 현상과 발생원인

1) **현상** : 도장 표면에 오렌지 껍질처럼 울퉁불퉁한 요철이 생기는 현상
2) **원인**
① 시너의 증발이 빠르다.
② 도료의 점도가 높다.
③ 스프레이건의 패턴 겹침 폭이 불량하거나 피도물 거리가 멀다.
④ 압축공기의 압력이 높거나 스프레이건의 이동속도가 빠르다.
⑤ 도장부스의 공기 속도가 빠르거나 고온이다.
3) **예방 대책**
① 온도에 맞는 적정 시너를 이용한다.
② 도료의 점도를 적절하게 맞춘다.
③ 표준 작업온도에 맞추어 작업한다.
④ 스프레이건의 이동속도, 공기압, 거리, 패턴 등을 규정에 맞게 조절하여 사용한다.

★★
09 백화 현상(blushing)원인과 방지방법

1) **현상** : 도장시 도장 주변의 열을 흡수하여 피도면에 공기중의 습기가 응축되어 안개가 낀 것처럼 하얗게 되고 광택이 없어지는 현상
2) **원인**
① 시너의 증발속도가 빠르다.
② 온도 및 습도가 높은 상태에서 도장했다.
③ 도장면의 온도가 낮다.
④ 스프레이건의 공기압력이 높다.
⑤ 주위에 수분이 많다.
3) **예방 대책**
① 도장부스의 습도를 조절한다.
② 스프레이건의 압력을 낮춘다.
③ 증발속도가 느린 시너를 사용한다.

10 도막수축(lifting) 결함의 현상과 원인

1) **현상** : 보수도막의 용제가 구도막을 용해하여 도막의 수축현상으로 도막내부의 비틀림과 주름현상이 상도도막에 나타나고 열에 의해 확장되는 결함

2) **원인**

① 상도 시너가 구도막을 용해하는 경우
② 우레탄 (2액형) 도료가 반응하는 동안 새로운 도료를 도장한 경우
③ 에나멜 도료가 완전히 건조되지 않은 상태에서 래커도료(1액형)를 도장한 경우
④ 시너에 반응하는 구도막이 노출된 상태에서 도장한 경우

11 핀홀(pin hole) 현상과 원인

1) **현상** : 도장건조 후 도막에 바늘로 찌른 듯 조그만 구멍이 생기는 현상

2) **원인**

① 도막이 너무 두꺼울 경우
② 스프레이건의 공기압력이 낮을 경우
③ 도장면을 급격하게 가열했을 경우
④ 시너의 증발 속도가 빠를 경우
⑤ 도료의 토출량이 너무 많을 경우
⑥ 부스의 온도가 높거나 풍속이 빠를 경우
⑦ 퍼티의 기공이 완벽하게 메워지지 않은 경우

3) **예방 대책**

① 도장 후 세팅 타임을 충분히 준다.
② 적절한 시너를 사용한다.
③ 도장 전 하도, 중도 기공의 유무를 확인하고, 발견시 수정하고 후속도장을 한다.
④ 도료에 적합한 점도를 유지하여 스프레이를 한다.

12 크레터링(cratering) 현상과 원인

1) **현상** : 도장면이 분화구 모양으로 움푹 패인 현상

2) **원인**
   ① 탈지 및 수세가 미흡할 경우
   ② 용기 불량 및 공기중의 수분이 혼입됐을 경우
   ③ 도막이 너무 두꺼울 경우
   ④ 스프레이 부스 내 먼지제거 불량
   ⑤ 다른 도료의 더스트가 묻은 경우
   ⑥ 왁스, 실리콘 등을 사용하는 작업장 근처에서 도장작업을 한 경우
   ⑦ 플라스틱 사출 공장 근처에서 도장작업을 한 경우

3) **예방 대책**
   ① 전용 탈지제를 이용하여 유분이나 실리콘 성분을 완전하게 제거한다.
   ② 깨끗한 걸레를 사용한다.
   ③ 공기 배관에 대한 정기적인 보수를 한다.
   ④ 도장에 방해되는 공장 근처에서 작업한다면 시간을 구분하여 도장을 한다.

★ 13 도장작업에 있어서 겔(gelling, 증점)화 현상과 원인

1) **현상**
   ① 도료의 점도가 현저하게 높아져 유동성을 잃어 점점 고체화되는 현상
   ② 수지의 일부가 반응하여 점점 푸딩(pudding) 현상이 되는 상태

2) **발생요인**
   ① 뚜껑 개방에 의한 용제의 증발 또는 수분 혼입
   ② 고온 저장
   ③ 장기 저장
   ④ 다른 종류의 도료를 혼합할 경우
   ⑤ 경화제가 혼입된 상태로 저장
   ⑥ 불량 시너의 첨가

★ 14 KS 규격에 의한 도장건조의 종류와 설명

1) 건조의 정의
   ① 도료를 얇게 칠한 층이 액체에서 고체로 변화하는 현상
   ② 건조기구 : 용매의 휘발, 증발, 도막형성 요소의 산화, 중합, 축합 등
   ③ 건조조건 : 자연건조, 가열건조, 강제건조

2) 분류
   ① 지촉건조(set to touch) : 점착성은 있으나 도료가 묻어나지 않음. 손가락 끝을 도막에 가볍게 대었을 때 점착성은 있으나 도료가 손끝에 묻어나지 않은 상태
   ② 점착건조(dust free)
      가) 손가락에 의한 방법 : 손가락 끝에 힘을 주지 않고 도막면을 가볍게 좌우로 스칠 때, 손끝 자국이 심하게 나타나지 않는 상태
      나) 솜에 의한 방법 : 탈지면을 약 30cm 높이에서 도막면에 떨어뜨린 다음 입으로 불 때 탈지면이 쉽게 떨어져 완전히 제거되는 상태. 지촉건조 보다 조금 더 건조가 진행된 상태
   ③ 고착건조(dry free) : 도막면에 손가락 끝을 모두 닿게 하여 눌러보아도 도막표면에 지문이 남지 않는 도막의 상태. 점착건조에 비하여 조금 더 건조된 상태
   ④ 고화건조(tack free) : 엄지와 검지 사이에 도막 표면을 엄지 쪽으로 힘껏 눌렀다가 떼어 내어 헝겊으로 문질러도 흔적이 남지 않는 도막의 상태. 고착건조에 비하여 건조가 더 된 상태
   ⑤ 경화건조(dry through) : 도막 표면에 팔이 수직이 되도록 하여 엄지손가락으로 힘껏 누르면서 90° 각도로 비틀었을 때 도막 면이 비틀림을 보이거나 변형되지 않는 도막의 상태
   ⑥ 완전건조(full hardness) : 도막을 손톱이나 칼끝으로 긁었을 때 흠이 잘 나지 않고 힘이 든다고 느끼는 상태(일정시간(약 3개월) 경과 후 광택 및 왁스작업을 해야 한다.)

15 흐름(sagging, running) 현상과 원인

1) **현상** : 한번에 너무 두껍게 도장하여 도료가 흘러내려 도장면이 편평하지 못한 상태

2) **원인**

① 부스의 온도가 낮거나 풍속이 느릴 경우
② 도장 면의 온도가 낮은 경우
③ 스프레이건의 압력이 낮은 경우
④ 도료의 토출량이 많은 경우
⑤ 건의 이동속도가 느리고 피도물과의 거리가 가까운 경우
⑥ 도료의 점도가 너무 낮은 경우
⑦ 시너의 증발이 느릴 경우

3) **예방 대책**

① 여러 번에 나누어 도장간 프레시오프타임을 주면서 도장한다.
② 적절한 점도의 도료를 사용한다.
③ 적절한 시너를 사용한다.
④ 저온에서 도장을 피하고 세팅타임을 준 후 도장한다.
⑤ 스프레이건의 사용을 규정대로 한다.

16 폴리싱(광택) 작업시 주의사항

1) 폴리싱은 한 곳에서 장시간 작동시키지 않을 것
2) 폴리싱에 과도한 힘을 주지 않을 것
3) 버프는 전체를 균일하게 접촉할 것
4) 도장면에 접촉시킨 상태에서 스위치 작동을 금지할 것
5) 프레스 라인이나 코너 작업시 주의할 것
6) 도막이 완전 건조된 후에 작업할 것
7) 컴파운드를 장시간 도막표면에 발라놓지 않을 것
8) 광택 작업은 직사광선이 쬐는 곳이 아닌 반그늘에서 할 것

CHAPTER

V 신기술 하이브리드 전기자동차

Part 01

그린카 일반

01 친환경 자동차의 종류

1) 수소 자동차
2) 천연가스 자동차
3) 알코올 자동차
4) 태양광 자동차
5) 전기 자동차
6) 하이브리드전기 자동차
7) 연료전지 자동차

02 수소자동차의 장·단점

1) 장점
   ① 공해물질이 거의 발생하지 않는다.
   ② 물로 재순환되는 무한 에너지원이다.
2) 단점
   ① 수소를 액화시키기 어렵다.
   ② 저장탱크 제작이 어렵다.
   ③ 양산시 너무 비싸다.
   ④ 인프라 구축이 아직 현실화되지 못하다.

★ 03 자동차 증가시 지구환경에 미치는 영향

1) 지구 온난화 발생
2) 대기 오존층 파괴
3) 대기오염 악화
4) 산성비
5) 이상기후 현상
6) 소음과 진동 발생

Part 02 하이브리드 자동차

01 구동형식에 따른 하이브리드 자동차 분류

1) **직렬형** : 직렬형은 엔진에서 출력되는 기계적 에너지는 발전기를 통하여 전기적 에너지로 바꾸고, 이 전기적 에너지가 배터리나 모터로 공급되어 차량은 항상 모터로 구동되는 하이브리드 전기자동차를 말한다.
2) **병렬형** : 병렬형은 배터리 전원으로도 차를 움직이게 할 수 있고 엔진(가솔린 또는 디젤)만으로도 차량을 구동시키는 두 가지 동력원을 같이 사용하는 방식을 말한다.
3) **복합형** : 모터는 제어기를 통해 변속기와 바퀴를 구동하고 엔진 역시 변속기를 통해 바퀴를 직접 구동하는 방식이며 직렬형과 병렬형의 복합이다.

02 2개의 동력원을 이용하는 하이브리드 자동차의 의미와 형태

1) **의미** : 하이브리드 전기자동차는 두 가지 기능이나 역할이 하나로 합쳐져 사용되고 있는 자동차를 말하며 이는 2개의 동력원 (내연기관과 축전지 등)을 이용하여 구동되는 자동차를 말한다.
2) **형태**
   ① 가솔린 엔진 + 전기 모터
   ② 디젤인진 + 전기 모터
   ③ 수소 연소 엔진 + 연료 전지
   ④ 천연가스 엔진 + 가솔린 엔진

03 직렬형 하이브리드의 특징

1) 직렬 방식은 엔진에서 출력되는 기계적 에너지는 발전기를 통하여 전기적 에너지로 바뀌고, 이 전기적 에너지가 배터리나 모터로 공급되어 차량은 항상 모터로 구동되는 하이브리드 전기자동차를 말한다.
2) 기존의 전기자동차에 주행 거리의 증대를 위하여 발전기를 추가한 형태를 말하며 이 발전기의 발전을 엔진동력 즉 연료를 이용한 엔진구동을 통해 발전하는 형태를 말한다.

04 하이브리드 자동차(HEV, hybrid electric vehicles)의 형식

1) 소프트 타입
   ① 소프트 방식은 엔진과 변속기 사이에 모터가 삽입된 간단한 구조를 가지고 있고 모터가 엔진의 동력보조 역할을 하도록 되어 있다.
   ② 이러한 특징 때문에 전기적 부분의 비중이 적어 가격이 저렴한 장점이 있는 반면 순수하게 전기차 모드로 구현이 불가능하기 때문에 하드타입에 비하여 연비가 나쁘다는 단점을 가지고 있다.

2) 하드 타입
   ① 하드 방식은 엔진, 모터, 발전기의 동력을 분할, 통합하는 기구를 갖추어야 하므로 구조가 복잡하지만 모터가 동력보조뿐만 아니라 순수 전기차로도 작동이 가능하다.
   ② 이러한 특징 때문에 연비는 우수하나 대용량의 배터리가 필요하고 대용량 모터와 2개 이상의 모터, 제어기가 필요하므로 소프트 타입에 비하여 전용부품 비용이 1.5~2배 이상 소요된다.

05 병렬형 하드타입 방식의 하이브리드 차량 구동방식

1) **출발, 저속주행 (모터구동)** : 엔진의 구동 없이 모터만으로 구동하여 연료 소비가 없으며, 엔진 소음 또한 없이 정숙
2) **중·고속 정속 (엔진 or 모터구동)** : 엔진 또는 모터가 구동시키며 배터리 잔량이 적정수준 이하일 경우 충전
3) **가속·등판 (엔진구동 & 모터보조)** : 엔진구동과 동시에 모터가 힘을 배가시켜 가속 및 등판시 강력한 가속 성능을 제공

★ 06 병렬형 하이브리드의 특징

1) 배터리 전원으로 차량을 구동할 수 있다.(저속 주행)
2) 엔진만으로 구동할 수 있다. (고속 주행)
3) 배터리, 엔진 두 가지 동력원을 이용하여 구동할 수 있다. (등판 주행)
4) 동력성능과 배기가스 저감면에서 유리하다.
5) 소프트, 하드 및 플러그 방식이 있다.

07 플러그인 하이브리드 자동차(PHEV : plugin hybrid electric vehicles)의 형식

1) 플러그인 방식은 일반적인 하이브리드카와 달리 더 많은 배터리를 장착해두고 있다가 미리 충전을 통해 전기로 주행할 수 있는 거리를 늘리는 차를 말하며, 하이브리드카와 전기차의 중간쯤 되는 차이다.
2) 가정용 전기나 외부 콘센트에 플러그를 꽂아 충전한 전기로 주행하다가 충전한 전기가 모두 소모되면 가솔린 엔진으로 움직이는 내연기관 엔진과 배터리의 전기동력을 동시에 이용하는 자동차이다.

08 저전압 변환기(LDC : low voltage DC-DC converter)

12V 충전용 직류 변환장치로써, 일반 가솔린 자동차의 알터네이터 대용으로 하이브리드 자동차의 메인 배터리의 고전압을 저전압으로 낮추어 보조 배터리 충전 및 기타 12V 전장품에 전력을 공급하는 장치이다.

09 HCV(하이브리드 전기자동차)에서의 아이들 정지(idle stop) 모드

아이들 스톱은 차량이 정지할 경우 연료 소비를 줄이고 배기가스를 저감시키기 위해 엔진을 자동으로 정지시키는 기능이다. (공조시스템도 정지) 아이들 스톱이 해제되면 모터 크랭킹과 엔진 분사를 재개하여 엔진을 재 시동시킨다.

10 HCU(hybrid control unit)가 제어하는 컴퓨터의 종류

운전자의 요구를 해석하여 시스템 구성품의 종합적인 효율을 제어하고, 변속비, 모터의 토크 등을 제어한다.
1) 엔진 컴퓨터(ECU, engine computer unit)
2) 모터 컴퓨터(MCU, motor computer unit)
3) 변속기 컴퓨터(TCU, transmission computer unit)
4) 배터리 컴퓨터(BMS, battery management system)
5) 저전압 변환기(LDC, low voltage DC-DC converter)

11 LDC (low voltage DC-DC converter)의 구성품

1) **방열부** : 강제 공랭식
2) **출력 다이오드** : 300V 140A 용
3) **트랜스/인덕터** : 전력 변환/ZVS용
4) **제어/센시회로** : PWM 제어칩
5) **노이즈 필터** : 2단 LC 필터
6) **스너버/캐패시티** : 파워 모듈보호
7) **파워 모듈** : 300V 46A

12 하이브리드 가솔린 엔진에서의 특징적인 기술

하이브리드에 적용된 가솔린 엔진은 연비향상과 모터와의 조합 등을 고려하여 기존의 가솔린 엔진에 비하여 아래와 같은 여러 가지 향상된 기술을 접목하였다.

1) 연비향상
2) 고팽창비 사이클 적용
3) 압축비 증대
4) 저 하중 밸브스프링 사용
5) 저 마찰 피스톤 링 사용
6) 서모스탯 온도 상향

13 하이브리드 자동차의 연비향상 요인

1) 엔진과 모터의 동력분배와 "에너지 최적 제어기능" 실현
2) 자동차 정차 및 출발시 시동을 제어하는 "아이들 스톱·고 기능" 적용
3) 제동 에너지를 흡수하여 재사용하는 "회생제동 기능" 실현
4) 배기량을 작게 하는 "엔진의 다운사이징" 실현
5) 발전기의 구동용 벨트에 의한 "동력손실 저감" 실현
6) 자동변속기의 "토크컨버터를 삭제"하여 동력손실 저감 실현
7) 소형화 엔진 실현으로 차량의 "공기저항 최소화" 실현

14 하이브리드 가솔린 엔진에서 모터 시동금지(auto stop) 조건

1) 고전압 배터리 온도의 온도가 약 −10° 이하인 경우
2) 고전압 배터리 온도 약 45° 이상의 경우
3) 모터컨트롤모듈 (MCU) 인버터 (inverter) 온도가 94° 이상인 경우
4) 고전압 배터리 충전량이 18% 이하인 경우
5) 엔진 냉각수 온도가 −10° 이하인 경우
6) ECU, MCU, BMS, HCU에서 고장이 감지된 경우

15 하이브리드 가솔린 엔진에서 모터 시동금지(auto stop)조건 (운전자의 조작에 의한 조건)

1) 오토 스톱 스위치가 OFF일 경우
2) 가속페달을 밟을 경우
3) 변속 레버가 P, R 또는 L단에 있는 경우
4) 급감속시 (기어비 추정 로직으로 계산)
5) ABS 등을 동작시키는 경우

★
16 하이브리드 자동차 점검시(고전압 정비시) 주의사항

하이브리드 자동차는 고압을 다루므로 점검시에는 다음과 같은 내용에 유의하여야 한다.

1) 취급기술자는 고전압시스템에 대한 검사와 서비스 교육이 선행되어야 한다.
2) 모든 고전압 시스템 취급하는 단품에는 고전압이라는 라벨이 붙어있다.
3) 절연 장갑을 착용하고, 차량 고전압 차단을 위한 안전 스위치를 OFF해야 한다.
4) 안전 스위치 OFF 후 5분 경과 후 작업을 해야 한다.
5) 작업시 금속성 물질은 몸에서 탈거해야 한다. (시계, 반지, 금속성 필기구)
6) 고전압 케이블(오렌지 색) 금속부 작업시 반드시 0.1V 이하인지 확인한다.
7) 고전압 터미널부 체결시 반드시 규정 토크를 준수한다.
8) **정비·점검시 "주의 :** 고전압 흐름. 작업 중 촉수금지" 경고판을 통해 알릴 필요가 있다.

17 레졸버(resolver, 회전자위치 센서)의 필요성

1) 구동모터를 가장 큰 회전력으로 제어하기 위하여 로터와 스테이터의 위치를 정확하게 검출하여야 한다.
2) 즉, 로터의 위치 및 회전속도 정보로 모터제어 기구가 가장 큰 회전력으로 모터를 제어하기 위하여 레졸버를 설치한다.

18 하이브리드 모터 장착 위치와 주요기능

1) **장착위치 :** 주동력원인 엔진과 변속기(또는 무단변속기: CVT) 사이에 장착
2) **기능**
   ① 가속시 엔진의 동력 보조
   ② 차량 감속 또는 제동시 고전압 배터리 충전
   ③ 정지시 아이들 (오토) 스톱

19 MCU(motor control unit)의 개념

MCU(motor control unit)는 고전압 배터리로부터 직류 (DC) 전기를 공급받아 3상의 교류 (AC) 전기를 발생시키고, HCU의 모터구동 토크명령에 의해 AC 3상 전류를 제어하여 모터의 회전속도 및 토크를 제어하는 장치이다.

1) 모터제어를 위한 컴퓨터 (회전속도 및 토크제어)
2) HCU의 토크 구동명령 따라 모터로 공급되는 전류량 제어
3) DC to AC의 인버터 기능
4) AC to DC의 컨버터 기능 (배터리 충전)

20 MCU(motor control unit) 취급시 주의사항

1) 270V 고전압으로 작동되는 장치이므로 시동 키 ON 또는 엔진 시동 상태에서는 절대 만지지 않는다.
2) 고전압 차단을 위해서는 차량 시동키를 OFF 상태로 하고, 5분이지난 후 방전된 것을 확인하고 작업한다.
3) MCU에 연결된 파워 케이블 (DC 2상, AC 3상)은 감전의 우려가 있으므로 손으로 만지거나 전기 케이블을 임의로 탈착하지 않는다.
4) 방전여부는 파워케이블의 커넥터커버 분리 후, 전압계를 사용하여 각 상간 (U/V/W) 전압이 0V인지 확인한다.
5) AC 3상 케이블의 각 상간 (U,V,W) 연결이 잘못되거나 DC 케이블의 (+),(-) 극성이 반대로 연결되지 않도록 주의해야 한다.
6) MCU는 트렁크 룸 내부에 장착되므로, 과다한 화물 적재 또는 충격이 가해지지 않도록 주의한다.
7) 작업하기 전 반드시 장갑을 끼어야 하며, 작업은 주의사항 및 모터·MCU 시스템을 숙지한 후 실시 한다.

21 인버터(inverter)의 의미와 작동원리

1) 의미
① 직류전원을 교류전원으로 변환해주는 역할을 한다.
② 하이브리드 차량에서 인버터는 차량 구동시 하이브리드 배터리의 직류전원을 3상교류 전원으로 변환하여 하이브리드 모터로 전달하고,
③ 제동시에는 모터의 회전력으로 생성된 전기에너지를 배터리로 저장한다.
④ 인버터의 전기에너지 조절로 모터의 출력 및 토크를 적절하게 제어함으로써 엔진의 동력을 보조하고 연비향상효과로 나타난다.
⑤ 신호대기나 정차 후 재출발하는 오토스톱 해제시 하이브리드 모터로 엔진 시동을 하도록 한다.

2) 작동원리
① 교류전력이 모터의 회전력을 조절하기 위해서는 모터 속도에 비례하는 주파수와 모터 출력에 비례하는 크기를 가지는 교류전력이 필요하다.
② 배터리에 저장된 전기 에너지는 직류이므로 모터가 원하는 교류전력으로 변환시켜주는 장치가 필요하다.
③ 인버터는 이러한 기능을 수행하는 장치로 모터 회전력 조정 성능은 인버터 성능과 직접적으로 연관되어 있다.
④ 모터를 제어하기 위하여 인버터는 전력 변환부를 거쳐 직류전력을 교류로 변환시키고 교류 전력의 패턴을 제어하여 모터로 전류를 보내게 된다.

22 HEV 차량의 고전압 배터리 시스템의 작동모드

1) **방전 모드(Mode1)** : 모터구동을 위해 고전압 배터리가 전기 에너지를 방출
2) **정지 모드(Mode2)** : 전기 에너지 입·출력이 발생되지 않는 동작모드
3) **충전, 회생, 제동모드(Mode3)** : 고전압 배터리가 소모한 전기 에너지를 회수·충전하는 동작 모드

23 고전압 배터리 시스템(BMS, battery management system)의 구성

1) 고전압 배터리(고출력 / 고에너지, 내구성)
2) 배터리 제어기(상태예측 / 출력제한, 냉각 및 안전제어, 잔존용량 계산)
3) 배터리 트레이(열관리 설계, 내진동 설계, 방습설계)
4) 냉각 시스템(열유동 해석, 전지 냉각, 내진동 설계, 저소음)
5) 전장부품(전원공급 릴레이, 전류 센서, 프리차저 릴레이, 퓨즈 및 안전 스위치)

24 하이브리드 자동차의 주요 기능

1) **엔진시동 기능** : 시동은 엔진과 변속기 사이에 있는 하이브리드 모터에 의해 시동된다(단, 외기온도가 낮거나 고전압 배터리의 상태가 나쁜 경우 기동시동에 의해 걸림).
2) **동력보조 기능** : 출발시, 가속시, 급가속과 같은 엔진 부하가 큰 상황에서는 모터가 작동 하여 동력을 보조한다.
3) **회생제동 기능** : 감속시 발생하는 차량의 관성에너지를 전기에너지로 변화시켜 배터리를 충전한다(모터가 발전기로 변환되어 배터리를 충전하게 된다).
4) **오토스톱 기능** : 불필요한 공회전을 줄여 배출가스 저감, 연비감소를 위한 기능이며, 신호대기, 정차시, 엔진 구동이 정지되고 브레이크 페달을 떼면 재시동 되는 기능이다.
5) **경사로 밀림방지 기능** : 오르막이나 내리막길 운행시 운전자가 브레이크에서 발을 떼어도 일정기간 동안 제동력을 유지하는 기능을 말한다.
6) **E-모드 드라이브 기능** : 자동변속기 변속레버에 E모드가 추가되어 운전자가 급가속을 하더라도 차량 스스로 완만한 가속으로 제어하여 연료소비를 줄이는 모드를 말한다.

25 브레이크 밀림 방지 장치(CAS, creep aided system)의 역할과 작동원리

1) 역할

① 경사로 밀림 방지 장치는 일반 오토 가솔린 자동차와는 달리 정차시 아이들 스톱 모드로 들어가는 특수성 때문에

② 언덕길에서 순식간에 차가 뒤로 밀리는 위험한 상황이 발생 할 수 있기 때문에 하이브리드 특성상 안전을 위하여 장착된 기능이 CAS(creep aid system)이다.

2) **작동원리** : HCU로부터 CAS제어 요청 신호를 CAN을 통해서 CAS ECU가 수신하고, TC 밸브를 제어하여 자동차가 밀리지 않도록 휠 실린더의 유압을 유지시킨다.

26 회생 제동 모드(regenerative braking system)의 개념과 장·단점

1) 개념

① 브레이크를 밟을 때 모터가 발전기의 역할을 하게 된다는 개념이다.

② 모터에 공급하던 전류를 차단하면 도로를 달리던 자동차는 바퀴가 모터를 돌리는 형태가 된다.

③ 이때 자동차의 관성에 의해 돌아가는 모터에서는 전류가 발생한다.

④ 내연기관의 엔진이 뿜어대는 에너지 등 차체를 움직이는데 사용 되는 것은 연료에 포함된 총에너지의 약 16%밖에 안된다.

⑤ 나머지 에너지는 엔진열과 마찰열로 사라지고 다른 부속장치(펌프류, 발전기)등을 구동시키는데 사용된다.

⑥ 일반적인 자동차에서는 브레이크를 밟는 힘만으로 속도를 줄인다.

⑦ 차체의 관성은 브레이크 디스크와 패드 사이의 마찰열로 날아가 버리는데 이렇게 사라지는 에너지를 회수해 전기를 다시 저장하는 것이 회생제동 이다.

2) 장점

① 연비개선 효과가 매우 크다

② 세기를 자유롭게 제어 할 수 있다.

③ 마칠재의 부담이 줄어든다.

④ 일종의 엔진 브레이크 효과를 얻을 수 있다.

3) 단점

① 회생제동이 시작되는 시점에서 갑작스런 제동력으로 인해 운전자가 진동을 느끼기 쉽다.

② 운전자가 밟는 발의 힘과 제동력 사이에는 회생제동력의 크기만큼 이질감이 생겨 운전자에게 혼란을 초래하기 쉽다.

★ 27 MDPS의 종류

모터가 설치되는 위치에 따라 아래와 같이 구분 한다.

1) **컬럼(column, C-MDPS) 보조 방식** : 핸들 축을 직접 돌리는 방식이며 핸들 축의 중간을 돌리는 형태
2) **래크(rack, R-MDPS) 보조 방식** : 구동모터가 타이로드와 연결된 부분(래크기어)에 장착된 형태
3) **피니언(pinion, P-MDPS) 보조 방식** : 핸들축을 직접 돌리는 방식이며 핸들축 끝의 피니언 기어를 돌리는 형태

28 MDPS(motor driven power steering)의 특징

1) **장점**
   ① 엔진의 동력을 사용하지 않아 엔진의 출력을 향상시키고 연료를 절감한다.
   ② 오일펌프 등 전체적으로 무거운 장치가 사용되지 않아 조향장치의 경량화를 가져온다.
   ③ ECU를 통한 적극적인 스티어링 개입으로 정밀제어가 가능하다.
   ④ 유압오일이 필요하지 않아 환경오염을 줄일 수 있다.
2) **단점**
   ① 전동모터 구동시 대전류 방전으로 대책이 필요하다.
   ② 초기 모터 구동시 진동이 핸들로 전달될 수 있다.

29 하이브리드 자동차의 형식 중 하드방식이 소프트 방식보다 연비효과가 더 좋은 이유

1) 엔진개선 효과
2) 감속시 연료분사중지 효과
3) 회생제동 효과
4) 자동차 정지시 엔진정지 효과
5) 전자제어 기술적용 효과

30 하이브리드 전기자동차에서 HCU(hybrid control unit)가 고유기능을 수행하기 위하여 제어하는 장치

1) 엔진제어 장치
2) 모터제어 장치 (모터 출력토크 제어)
3) 고전압 배터리제어 장치
4) 자동변속기제어 장치

31 HCU(hybrid control unit)로 입력되는 정보

1) 차량정보 : 차속 등
2) 운전자 정보 : 가속페달 및 브레이크 등
3) 엔진 정보 : 엔진회전수 및 냉각수온도 등
4) 배터리 정보 : 배터리 전압 및 배터리 전류제한 등

32 앳킨슨 사이클(atkinson cycle) 이란

하이브리드 자동차의 경우 연비와 효율 때문에 일반적인 오토 사이클과 다른 엔진을 사용하는데 이것이 앳킨슨 사이클 엔진이라고 하며 밀러 사이클 엔진이라고도 한다.

1) 고팽창비 사이클로서 흡기밸브 닫힘 시기를 늦추어 (CVVT 이용) 고팽창비 사이클을 구현한다.
2) 압축행정 (압축행정이 짧다)과 팽창행정을 따로 설정하여 압축시 발생되는 펌핑손실을 최소화 하며,
3) 연소시 형성되는 에너지를 최대로 활용하는 연소 사이클이다.
4) 연비는 향상되나 출력은 떨어져 일반차량에는 사용하지 않고 하이브리드 차량에는 사용한다.

Part 03

연료전지, 전기, 천연가스

01 연료 전지의 특징

1) 높은 발전 효율 2) 에너지 절약
3) 환경 친화성 4) 설치성

02 연료전지 차량(FCV : Fuel Cell Vehicle)

1) 수소(H2)를 연료로 사용하여 대기중의 산소와 화학적으로 반응시켜 전기에너지를 발생시켜 모터를 구동하는 전기자동차이다.
2) 전기자동차를 능가하는 연료효율, 가솔린차량 수준의 연료공급 편의성, 전기자동차 수준의 정숙성, 배기가스가 없는 차세대 청정연료로 각광
3) 전기를 잠시 화학에너지로 저장하는 일반전지와 달리, 연료로부터 직접 전기를 생산하는 에너지 변환장치이다.
4) 수소와 산소가 직접 만나면 급격한 반응이 일어나 물과 열이 발생하는데 연료전지는 이온상태로 만나게 하여 물과 전기를 만든다.
5) 수소를 공급하는 연료변환 기 방식에는 메탄올 개질방식과 수소 흡장 합금 방식이 있다.
6) 전기를 충전하여 모터를 움직이는 전기자동차와는 달리, 연료전지차량은 전기를 실시간으로 생산하면서 모터를 움직이는 전기자동차라는 점이 차이점이다.

03 연료 전지(fuel cell) 장·단점

1) 장점
① 배기가스가 친환경적이다. ② 저공해, 고효율 에너지원이다.
③ 다양한 연료를 사용할 수 있다. ④ 폐열의 효율적 이용이 가능하다.
⑤ 소음과 진동이 작다. ⑥ 간편한 설치와 모듈화가 가능하다.
⑦ 차세대 에너지원이다. ⑧ 새로운 시장 잠재력이 크다.

2) 단점
① 메탄올이나 수소를 연료로 사용함에 따라 안전성에 문제가 있다.
② 백금 촉매제를 사용하기 때문에 소재 가격이 높다.
③ 현재 기술로는 소형화에도 어려움이 있다.

04 전기자동차의 장·단점

1) 장점
   ① 무공해 또는 저공해이며 초 저소음
   ② 운전 및 유지보수 용이
   ③ 수송에너지 다변화 가능 (원자력, 수력, 화력, 풍력으로 발전된 전기 사용)
   ④ 충전부하로 수요창출 (심야전력 이용)

2) 단점
   ① 주행성능이 나쁨
   ② 1회 충전 주행거리가 짧다.
   ③ 고가이다.
   ④ 전기자동차 사용여건 미비 (법령, 충전시스템, 전기료 등 여건 미비)

05 BMS의 기능

1) **SOC 추정 (제어)** : 배터리의 전압, 전류, 온도를 측정하여 배터리의 SOC를 계산하고, 차량제어기 (VCU)에 전송하여 적정 SOC 영역을 관리한다.
2) **파워 제한** : 배터리 가용파워 예측, 배터리 과충 (방)전 방지, 내구성 확보, 배터리 충 (방)전 에너지 극대화
3) **고장 진단** : 차량 측 제어 이상 및 전지 열화에 의한 battery의 안전사고를 방지하기 위해 릴레이를 제어
4) **셀 밸런싱** : 배터리 충/방전 과정에서 전압 편차가 생긴 셀을 동일한 전압으로 매칭
5) **냉각 제어** : 최적의 배터리 작동 온도를 유지하기 위해 냉각 팬을 이용한 배터리 온도 유지 관리
6) **고전압 릴레이 제어** : 고 전압계 고장으로 인한 안전사고 방지

06 전기자동차 요소기술

1) 전지 기술
   ① 에너지 밀도 : 운행거리 결정
   ② 출력 : 가속력, 초고속도 결정

2) 모터/제어 기술
   ① 고출력화 : 가속성능, 최고속도 결정
   ② 경량/소형화 : 탑재중량, 용적 감소결정
   ③ 고효율화
   ④ 제어의 고속화

07 고전압 릴레이 어셈블리(PRA, power relay assembly)의 기능과 구성품

1) 기능

① PRA는 EV에 사용되는 대용량 고전압 배터리와 모터 구동 장치 사이에 위치하며 그 연결을 담당하는 장치로 릴레이, 대용량 저항 등으로 구성되어 있다.

② 모터 구동 장치에는 일반적으로 매우 큰 커패시터가 사용되는데 배터리와 커패시터를 직접 연결하게 되면 매우 큰 전류가 순간적으로 흐르기 때문에 초기에 저항으로 전류의 크기를 제한하는 역할을 한다.

③ 또한, 차량의 운전이 완료되었을 때 모터 구동 장치와 배터리 사이의 연결을 해제하는 역할도 한다.

2) PRA내 구성부품

① 메인 릴레이
② Free charge 릴레이
③ Free charge 레지스터
④ 배터리전류 센서
⑤ 메인 퓨즈
⑥ 안전 스위치
⑦ 부스바

08 천연가스의 엔진 적용기술의 방식

1) CNG/가솔린의 겸용(bi-fuel) 방식

① 압축 천연가스와 가솔린을 동시에 자동차에 저장하고 그 중 한가지를 선택하여 연료로 사용하는 방식이다.

② 천연가스 보급 초기에 천연가스의 충전 환경이 좋지 않을 때 사용하기 적합한 장점이 있다.

2) CNG/디젤유의 혼소(dual-fuel) 방식

① 압축천연가스와 경유를 동시에 저장하여 두 가지 연료를 함께 사용하는 방식이다.

② 디젤은 엔진시동 및 운전중에 점화원으로 활용하도록 구성된다.

③ 그러나 현실적으로 천연가스의 가격이 디젤가격 대비 가격 경쟁력이 가솔린에 비해 높지 않으므로 많이 보급되지 않고 있는 실정이다.

3) CNG 전소(dedicated) 방식

① 압축천연가스만을 저장하여 사용하는 방식으로, 천연가스 엔진으로 최적화 할 수 있으므로,

② 출력성능 및 배출가스 저감 능력이 우수하여 전 세계적으로 가장 많이 보급되고 있는 방식이다.

09 전기자동차(EV : electric vehicle)의 주요기능 및 특징

1) **전기모터 및 감속기** : 배터리의 전기를 이용하여 전기모터를 구동하여 구동력 발생
2) **배터리** : 전기에너지 저장 및 공급장치로 전기자동차의 핵심부품
3) **인버터** : 고전압 배터리 전원을 이용하여 모터를 제어하는 장치
4) **충전기** : 가정용 전원 및 급속 충전기를 이용하여 배터리에 에너지를 저장하는 장치
5) **회생제동장치** : 제동 및 차량감속시 잔여 구동력으로 전기를 발생하여 배터리에 충전하는 장치
6) **배터리 관리시스템** : 전기 자동차의 배터리를 효율적으로 관리·제어하는 장치
7) **저전압 직류 변환기** : 고전압 배터리로부터 12V 차량 전원 공급

★ 10 HEV(hybrid electric vehicle)에서 리튬이온 폴리머 배터리에 셀 벨런싱(cell balancing)을 하는 이유

1) **이유** : 셀간 용량의 밸런스가 달라지면 배터리 수명, 성능이 저하되기 때문에 이를 막기 위하여 밸런싱을 해줘야 한다.
2) **방법**
   ① BMS는 시스템의 전압, 전류 및 온도를 모니터링하여 최적의 상태로 유지 관리하여 주며, 시스템의 안전운영을 위한 경보 및 사전 안전예방 조치를 해준다.
   ② 배터리의 충·방전시 과충전 및 과방전을 막아주며 셀간의 전압을 균일하게 하여줌으로써 에너지 효율 및 배터리의 수명을 높여준다.
   ③ 데이터의 보전 및 시스템을 진단하여 경보 관련 이력상태의 저장 및 외부 진단시스템 혹은 모니터링 PC를 통한 진단이 가능하다.

★ 11 아주 얇은 유리섬유로 된 특수 매트가 배터리 연판들 사이에 놓여 있어 모든 전해액을 잡아 주고 높은 접촉 압력이 활성 물질의 손실을 최소화하면서 내부 저항은 극도로 낮게 유지 되며 전해액과 연판 재료 사이의 반응이 빨라져 까다로운 상황에서 보다 많은 양의 에너지가 전달 되도록 한 것을 (①) 배터리라고 한다.

AGM(absorptive glass mat)

12 CNG 엔진 자동차의 특징

1) 낮은 압축비로 인한 소음·진동이 대폭적으로 개선되고, 구동부품의 마모가 감소한다.
2) 디젤엔진에 비교하여 질소산화물은 50%, 탄화수소는 70%, 입자성 물질과 스모그는 100% 저감한다.
3) 전자식 희박연소 엔진 적용으로 연비와 운전 조작성이 향상된다.
4) 저속 토크가 증대하고 동급 디젤기관에 비하여 출발 성능이 우수하다.
5) 엔진의 고출력화로 동력성능이 향상된다.
6) CO_2의 감소로 지구온난화를 방지한다.
7) CO의 배출량이 경유차에 비해 46% 절감한다.

13 디젤 엔진을 CNG 전소방식으로 개조할 경우 개조해야 하는 부품과 방법

1) **실린더 헤드** : 스파크플러그를 설치해야하며, 실린더 보어 직경을 맞춘다. 또한, 스월을 발생시키는 Inlet port를 만든다.
2) **밸브** : 밸브 시트 각 30°로 개조한다.
3) **인젝션 노즐펌프** : 배전기, 거버너, 아이들링 조정, 혼합기 제어, 혼합기 조정으로 개조한다. 린번일 경우에는 스로틀 밸브도 개조한다.
4) **인젝션 노즐** : 스파크 플러그를 대체한다.
5) **인젝션 분사시기 조정** : 점화시기로 조정한다.
6) **인젝션 타이밍 장치** : 부하추종 점화시기로 조정한다.

Part 04

신기술

★

01 자동차에 사용되는 마이크로 컴퓨터(예, ETACS) 3가지를 쓰고 역할을 설명하시오

1) ECU : 엔진제어 컨트롤 하는 컴퓨터
2) TCU : 자동변속기 컨트롤 하는 컴퓨터
3) FATC : 에어컨 시스템을 컨트롤 하는 컴퓨터

02 능동 에어 플랩(AAF : active air flap)

1) 이 시스템은 라디에이터 그릴 안쪽에 위치하여
2) 불필요한 외부 공기의 유입을 차단해 차량의 효율성을 증대시키기 위한 친환경·지능형 시스템이다.
3) 냉각수 및 엔진오일의 온도 변화에 따라 냉각이 필요한 경우에 외부 공기가 유입되도록 작동한다.
4) 이는 차량 주행 저항 감소 및 엔진 작동 조건 개선에 따른 연비 2.3% 개선, 엔진 예열(warm-up) 시간 단축에 의한 배출 오염 물질 약 15% 저감 등의 효과를 얻을 수 있다.

03 인휠(in-wheel) 시스템의 의미와 특징

1) 의미
① 고성능의 전기모터를 휠(wheel)에 직접 장착하여 파워트레인 요소를 모두 제거함으로써 차량 시스템의 효율을 높이고,
② 추후 친환경 차량에 적용할 수 있는 신개념의 플랫폼을 제공할 수 있는 고효율, 고성능 차량 시스템이다.

2) 특징
① 설계상의 자유도가 높고, 모든 구성부품을 바닥에 배치할 수 있으며, 엔진룸의 공간을 없앨 수 있다.
② 구동계통의 부품이 생략되어 가격의 절감, 중량의 경감, 기계적인 전달손실 절감 등으로 효율을 향상할 수 있다.
③ 구동축과 차동기어가 필요 없고, FTR차량의 경우 추진축이 필요 없다.

04 전동식 워터펌프(EWP : electric water pump)

1) 전동식 워터 펌프는 기계식 워터 펌프와 달리 동력원이 배터리가 되어
2) 전원의 공급에 의해 가동하고 싶은 순간에 펌프를 작동할 수 있기 때문에
3) 엔진 냉각을 최적인 상태에서 컨트롤하는 것이 가능하고,
4) 엔진 부하를 경감시킬 수 있으며,
5) 엔진 주위의 구조를 간소화하면서
6) 차량 전체의 연비를 향상시키는 효과가 있다.

05 사고회피 기술의 종류

1) 차간 거리 경고 장치
2) 뒤차 경보 장치
3) 차선 이탈시 경보 장치
4) 사고 발생시 대피 자동 조작 장치
5) 코너 진입시 감속 장치
6) 교차로 일단 정지 장치

06 예방안전 기술의 종류

1) 졸음운전 경보 장치
2) 위험상태 모니터 장치
3) 양호한 운전시계 확보 장치
4) 야간 장애물 감지 장치
5) 경고등 자동 점등 장치
6) 액티브 헤드라이트 장치
7) 정지 및 출발시 오조작 방지 장치

07 첨단 운전자 지원 시스템(ADAS, advanced driver assistance systems)

1) 고속도로 주행지원 시스템, 후측방 충돌 회피지원 시스템, 부주의 운전 경보 시스템 등 최첨단 주행 지원 기술을 통해 사고발생을 사전에 감지하고 막아주는 기술의 집약체로서 운전자의 안전주행을 도와주는 첨단 운전자 보조시스템이다.

2) ADAS가 제공하는 기능
① 적응형 크루즈 컨트롤
② 사각 지대 모니터링
③ 차선 이탈 경고
④ 나이트 비전
⑤ 차선 유지 보조
⑥ 충돌 경고 시스템과
⑦ 자동 조향 및 브레이크 조작

3) 능동적인 ADAS는 자동차 움직임을 부분적으로 제어함으로써 사고를 방지하도록 설계된다. 이러한 자동 안전 시스템은 미래의 완전 자율 주행 자동차를 위한 기반을 구축한다.

★ 08 차선 이탈 방지장치(LDWS, lane departure warning system)의 정의와 센서의 종류

1) 정의

① 운전자의 부주의 또는 졸음운전 등으로 차선 및 도로 이탈을 방지하기 위하여 운전자에게 주의를 주는 장치

② 의도하지 않게 차선을 벗어날 경우 차량의 요철띠 위를 운전하는 것과 같은 소리를 내거나 운전대를 진동시키는 방법으로 운전자에게 경고

2) 종류

① 카메라 모듈

② 경보장치 (부저, 화면표시, 햅틱 안전벨트)

③ LDWS ON/OFF 스위치

09 후측방 충돌회피 지원 시스템의 종류와 구성품

1) BSD(blind spot detection) : 차량 주행시, 좌/우 사각 지대에 차량이나 물체가 접근할 때 경보하는 기능

2) LCA(lane change assist) : 현재상태의 거리와 상대속도를 기준으로 4.5초 이후 대상 차량이 자차 위치로 오는경우 경보하는 기능

3) RCTA(rear cross traffic assist) : 주차 후 출차를 위해 차량을 저속으로 후진하면 차량의 좌우 측방에서 접근하는 차량을 감지해 경보 하는 기능

4) 구성품 : ON/OFF 스위치, 워닝램프, 워닝스피커, 레이더 센서(리어범퍼 내부), HUD 그래픽

10 응급상황 비상정지 시스템(AESS, aid emergency stop system)

스마트워치(smart watch)와 같은 IT 기기와의 융합으로 심박수 등 운전자의 건강에 이상이 발견되면 차가 알아서 갓길로 이동하는 기능

11 진보된 스마트 크루즈 컨트롤(ASCC, advanced smart cruise control)

1) 레이더 센서를 통해 전방 차량과의 차간 거리를 자동으로 조정해줄 뿐 아니라 전방 차량이 정차시 자동정지 및 재출발 기능까지 지원하는 최첨단 주행편의 시스템
   ① 선행차량 없을시 : 운전자가 설정한 속도로 정속 주행
   ② 선행차량 있을시 : 선행차량의 속도와 거리를 감지하여 일정한 차간 거리제어
   ③ 선행차량 정지시 : 자동정지 및 3초 이내 선행차량 출발시 자동출발
   ④ 선행차량 없음(사라짐) : 설정속도까지 가속 후 정속주행

2) **구성품** : SCC 센서, 엔진 ECM, VDC, 휠스피드 센서, 요레이트 센서, 조향휠 센서, 클러스터

12 원격전자동 주차시스템(RAPAS, remote automatic parking assistance system)

1) 스마트 주차를 할 수 있는 공간이라 하더라도 사람이 빠져 나오지 못할 수 있는 경우를 대비하여 전자동 원격 주차 시스템이 개발됨
2) 전기차 기반 구동/제동/조향/변속 통합제어
3) 스마트키를 이용한 원격조작
4) 직각/평행 주차 및 출차 지원
5) **기능**
   ① 주차공간 탐색 : 저속 주행시 초음파 센서로 주차공간 탐색
   ② 경로 생성 : 최적의 주차경로 생성(직각/평행 주차)
   ③ 주차 제어 : 전자동 차량제어(구동/제동/조향/변속)
   ④ 원격 시동 및 출차 제어 : 스마트키를 통한 원격시동 및 차량 출차, 근접 장애물에 대한 긴급제동

13 부주의 운전 경보 시스템(DAA, driver attention alert)

1) 주행 중 차량의 조향각, 조향 토크 등 차량 신호와 차선 내 차량 위치 등의 주행패턴을 종합적으로 분석해 운전자의 운전 위험 상태를 5단계로 클러스터에 표시한다.
2) 운전자의 피로에 따른 부주의 운전 패턴이 검출되면 휴식을 권하는 팝업 메시지와 경보음을 발생시켜 주의환기 및 운전자가 휴식을 취하게끔 유도한다.
3) **구성품** : 카메라 모듈, 부저, 클러스터

14 타이어 펑크 수리 키트 TMK(tire mobility kit) 제공 이유

1) **장점**
   ① 예비 및 임시용 타이어 비치 공간을 다른 용도로 사용할 수 있다.
   ② 예비 타이어 20kg, 임시 타이어 12kg이상의 무게를 줄여 불필요한 연료낭비를 줄일 수 있다.
   ③ 국내의 경우 대부분 전 지역에 걸쳐 긴급출동 서비스 시스템이 잘 구축돼 있다.
   ④ TPMS를 부착하면 사전에 타이어공기압을 운전자가 직접 확인하여 TMK로 조치할 수 있다.
   ⑤ 신차 제작비가 절감된다.
2) **단점** : TMK로 복구가 불가능한 상황일 경우 대책이 없다.

15 자동 긴급제동 시스템(AEB, autonomous emergency braking)

1) ASCC(advanced smart cruise control)의 전방 레이더 신호와 차선이탈 경보장치(LDWS, lane departure warning system)의 전방 감지 카메라의 신호를 종합적으로 판단하여
2) 앞 차량의 위험한 급제동이 감지되면 자동으로 브레이크를 작동시켜 차량을 비상 제동함으로써 긴급 상황에서 차량과 운전자의 피해를 최소화하는 시스템

16 스마트 하이빔 어시스트 작동 중, 전조등이 상향 상태에서 하향상태로 전환되는 상황

1) 다가오는 차량의 전조등을 감지할 때
2) 앞서가는 차량의 미등을 감지할 때
3) 전조등을 상향하지 않아도 될 만큼 주위가 밝을때
4) 전방에 가로등이나 기타 조명이 있을 때
5) 조명 스위치가 AUTO(자동 점등) 위치가 아닐 때
6) 스마트 하이빔 어시스트(SHBA) 기능이 꺼졌을 때
7) 차속이 35km/h 이하로 감속되었을 때

17 앞좌석 프리 액티브 시트벨트(PSB, pre active seat belt)

1) 긴급 브레이크, 미끄러짐 등의 위험상황 감지시 시트벨트를 당겨 탑승자를 보호하고
2) 급제동시에도 시트벨트를 되감아 운전자의 쏠림 현상을 예방하는 기능을 한다.

18 가상 엔진 소음 발생 장치(VESS, virtual engine sound system)

1) 자동차의 소음이 너무 작아서 보행자가 자동차의 접근을 알아차리지 못하여 발생하는 사고를 예방하기 위하여 가상으로 엔진소리를 발생한다.
2) 범퍼에 스티커를 부착하여 전기자동차나 하이브리드 자동차 특유의 소음을 증폭시켜 보행자에게 차가 오고 있다는 것을 알려 준다.

19 헤드업 디스플레이(HUD, head up display) 정의와 장점

1) 정의

① 운전자의 가시영역인 차량 전면 유리창에 운전에 필요한 정보를 화상으로 나타내 보여주는 전방 표시 장치
② 운전자는 차량에 설치된 장치들에 따라 보여지는 내용은 정속 주행, 능동 정속 주행, 내비게이션, 주행 속도, 체크 컨트롤 메시지 등 운전자가 필요로 하는 정보들을 선택할 수 있다.

2) 장점

① 운전자의 가시영역 내에 제공하므로, 운전자는 1차적으로 도로교통 상황에만 정신을 집중할 수 있다.
② 운전자가 계기판과 도로를 번갈아 가며 주시할 필요가 훨씬 줄어든다.
③ 따라서 운전자의 피로경감 및 주행안전에 기여한다.

3) 디스플레이 정보

① SCC(smart cruse control) 설정 속도
② LDWS(lane departue warning system) 차선이탈 정보
③ 도로 정보
④ 차량속도 정보
⑤ 내비게이션 연동 정보
⑥ BSD(blind spot detection) 정보
⑦ 경고등 (연료부족 등)

20 셀프 실링 타이어(SST, self-sealing tire)

1) 주행 중에 못이나 뾰족한 물질이 트레드를 관통했을 때 (지름 5mm이내) 타이어 자체적으로 젤리 형태의 실란트 층이 손상 부위로 자동적으로 이동
2) 자가 봉합(self-sealing)을 통해 손상 부위를 메워 타이어 공기압 누출을 막아주어 정상적으로 주행이 가능한 타이어
3) **종류**
   ① 런플랫(run flat) 타이어 : 주행 중 펑크가 발생하면 공기압이 줄어도 그 형상을 유지, 일정 거리 이상을 주행하는 타이어, 일정 거리 주행 후 손상된 타이어를 교체해야 함.
   ② 실란트(sealant) 타이어 : 이물질에 의해 관통된 손상 부위를 자가 복원해주므로 주기적인 안전점검을 통해 타이어 수명이 다할 때까지 교체하지 않아도 되는 것이 특징

21 스마트 하이빔 어시스트(SHBA, smart high beam assist)

1) 마주 오는 차량 또는 선행 차량의 광원을 인식하여 상향등을 자동으로 점등 또는 소등하는 시스템이다.
2) 단순히 상향등을 끄는 것이 아닌, 하향등으로 전환 점등을 실행해 운전자가 시야를 완전히 잃지 않도록 해준다.
3) 이 기능은 차량이 시속 35㎞ 이하로 감속했을 때나 주변이 갑자기 밝아질 경우에도 스스로 작동하여 안전한 전방시야 확보를 도와 주행안전 및 편의성을 높여준다.

★ 22 AHS 중 다이나믹 밴딩 라이트(dynamic bending light)와 스태틱 밴딩 라이트(static bending light)의 의미

1) **다이나믹 밴딩 라이트(dynamic bending light)** : 동적 코너링 라이트는 커브 길에서 스티어링 휠의 움직임에 따라 헤드램프의 방향을 제어하여 최적의 가시성을 확보해 준다.
2) **스태틱 밴딩 라이트(static bending light)** : 정적 코너링 라이트는 스티어링 휠을 돌리거나 방향 지시등을 켤 때 별도의 라이트가 켜지면서 진행 방향을 추가로 비춰 주어 야간에 어두운 골목길이나 국도를 운전할 때에도 효과적으로 시야를 확보해 주며 작동조건은 다음과 같다.
   ① 3~10km/h 미만에서 스티어링 휠 진행방향 각도가 100˚일 때
   ② 10~90km/h 이하에서 스티어링 휠 진행방향 각도가 35˚일 때

23 어라운드 뷰 모니터링(AVM, around view monitoring)

1) 사각지대를 지나거나 주차를 할 때 주위를 살펴도 시야확보가 어려운 경우, 인공위성에서 내 차를 내려다보는 것처럼 시야확보를 도와주는 시스템
2) 차량 좌·우·앞·뒤에 장착된 광각 카메라에서 촬영된 이미지를 시스템을 통하여 하나의 화면으로 구성하여 모니터로 보여주며, 필요에 따라 다양한 뷰를 제공한다.
3) **작동조건**
   ① 스위치 On 상태 : 20km/h 이하에서 작동
   ② 스위치 Off 상태 : R단 → D단으로 자동 On되어 동작할 경우 10km/h 이하에서 작동
   ③ 외부에 장착된 카메라로 차량주변 360도 상황을 표시하는 주차지원시스템

24 리트랙터 프리텐셔너(retractor pre-tensioner)와 EFD(emergency fastening device) 시스템

1) 리트랙터 프리텐셔너는 현 프리세이프 시트벨트의 원형으로 정면충돌시 어깨 쪽 벨트를 순간적으로 잡아 당겨 앞좌석 승객의 상체를 좌석에 확실히 고정시켜 안전벨트와 에어백의 효과를 한층 높여주는 장치
2) EFD 시스템도 프리세이프 시트벨트의 일종으로 정면충돌시 앞좌석 탑승자의 골반 쪽 벨트를 순간적으로 잡아당겨 하체를 보호하는 안전벨트의 효과를 한층 높여주는 장치이다.

25 전·후방 주차 보조 장치(PAS, parking assist system)

1) 차량의 편의성 및 안전성을 확보하기 위하여 운전자가 기어를 전진·후진에 위치하면 주차보조 장치가 작동된다.
2) 초음파 센서를 이용하여 전·후방의 장애물이 감지되면 부저를 통하여 경고해준다.
3) 구성품
   ① 초음파 센서
   ② LIN(local interconnect network) 통신
   ③ IPM(intelligent integrated platform module) / BCM(body control module)
   ④ 부저 또는 디스플레이 경보
   ⑤ PAS 스위치

26 전자식 변속 레버(SBW, shift by wire)

1) 미래지향적 자동차 선도 기술인 X-BY-WIRE 테크놀로지의 하나인 SBW는 기계적인 케이블로 변속기를 제어하던 것을 차량 내 네트워크 기술을 통해 여러 장치들을 전자적으로 제어하는 기술을 말한다.
2) 변속기와 변속레버가 전자통신 제어로 변속하는 시스템이다.
3) 변속레버 진동이 없고 작은 조작력과 동선만으로도 정확한 변속이 가능하여 편의성이 뛰어나다.
4) 변속레버에 현재 변속단이 표시되므로 운전자의 인지성이 우수하다.
5) **기어변속 방법**
   ① P단에서 D단 또는 R단 변속시 브레이크 패달과 언락 버튼을 누르고 레버를 앞 또는 뒤로 이동하여 변속한다.
   ② 정차 중 변속레버의 상단부 P버튼을 누르면 P단 변속이 용이하다.
   ③ 주행 단 D/R/N 구간 중 시동을 끄는 경우 자동으로 P단 체결되어 안전성이 우수하다.
   ④ 시동 OFF 후 P 릴리즈 버튼 작동시 N단 체결이 용이하다.

27 경사로 저속주행장치(DBC, downhill brake control)

비포장길 또는 급커브 길 등의 경사가 심한 곳을 내려올 때 브레이크 페달 작동 없이 자동으로 일정 속도 (약 10km/h) 이하로 감속시켜 운전자가 조향 핸들 조작에 집중할 수 있도록 도와주는 장치

28 자동 주차 장치(SPAS, smart assist system)

1) 운전자가 어려워하는 주차를 쉽게 할 수 있도록 지원하는 시스템이다.
2) 30Km/h 이내로 주행하여 주차공간을 탐색한 후, MDPS와 연동된 조향휠을 자동으로 제어하면서 평행주차를 도와준다.
3) 또한, 변속제어, 가속페달, 브레이크는 운전자가 차량의 안내에 따라 제어하고 PAS 기능을 포함한 주차를 지원한다.
4) **구성품**
   ① SPAS ECU
   ② 초음파 센서
   ③ MDPS TCU
   ④ PAS, SPAS 스위치
   ⑤ 클러스터

29 혼잡구간 주행지원 시스템(TJA, traffic jam assist)

1) 차선이 보이지 않는 경우에도 주변 차량의 주행 궤적을 인지해 선행차량과 일정한 간격을 유지하며 운전자 조작 없이 차량이 스스로 혼잡한 교통상황, 주변 차량 정보를 분석 및 판단해 자율주행이 가능하다.

2) **차량 주행 형태에 따라 제공되는 기술은**
   ① 고장차량 회피 : 선행차량이 고장차량을 발견하고 회피하면 TJA 차량이 선행차량을 따라 안전하게 고장차량을 회피
   ② 일시정차 및 출발 : 선행차량이 정차하면 후행하는 TJA 차량이 따라 정차한 후 선행차량이 출발하면 자동으로 재출발
   ③ 유턴 : 차선이 보이지 않거나 혼잡한 교통상황의 교차로 등 차선을 따라가기 어려운 유턴, 곡선 형태의 도로에서도 선행차량을 따라 쉽게 주행이 가능
   ④ S자 주행 : 도로 위의 낙하물 또는 움푹 파인 구멍 등 불규칙적인 장애물을 선행차량이 피해갈 때 안전거리 확보
   ⑤ 횡단보도 정지 : 보행자를 발견하거나 정차한 선행차량에 대해 안전한 제동거리를 확보하며 정지
   ⑥ 저속혼잡 구간 : 끼어들기를 사전에 예측하고 감지해 차간 거리를 더 확보

30 차량 통합제어 시스템(AVSM, advanced vehicles safety management)

1) 충돌 위험을 줄여주기 위한 장치로 차량거리 감지센서를 통하여 선행차량과의 거리를 미리 인식하여 충돌 위험 단계에 따라,
2) 경고문 표시, 경고음, 안전벨트 떨림 등으로 충돌 위험을 운전자에게 알려주고,
3) 브레이크 제어력을 향상 시키며, 안전벨트를 자동으로 당김으로써 승객을 보호하는 시스템

31 조명 가변형 전조등(AFLS, adaptive front-lighting system)

1) 야간 주행시 도로조건, 주행상태, 기후변화에 따라 운전자의 시야를 최대한 확보해주는 지능형 전조등 시스템
2) 차량의 ECU로 부터 주행정보 (차속의 변화, 조향각, 트랜스미션 등의 센서)를 받아 처리
3) 헤드램프에 장착된 구동장치를 통해 램프의 상하좌우 움직임(조사각)을 조절
4) 벌브쉴드 구동장치는 상황에 맞는 빛의 형태를 조절한다.
5) **용도**
   ① 고속도로 : 일반도로 주행시보다 더 먼 곳까지 비춰줌
   ② 국도/곡선로 : 곡선로에서 스티어링휠과 연동, 차량 진행 방향으로 전조등 회전
   ③ 시가지/곡선로 : 가로등이 설치돼 있거나 주변 밝기가 충분한 곳에서 조명 길이를 줄이는 대신 좌우 폭을 넓혀 시야 확보
   ④ 시가지/교차로 : 교차로에서 추가 광원을 이용해 기존 전조등 빛이 도달하지 않는 좌우 측면부의 시야 확보
   ⑤ 우천/악천후 : 반대편 차선 차량의 전조등으로 인한 눈부심 최소화

32 운전자 정보 시스템(DIS, driver information system)

1) 스마트폰을 통한 원격시동/온도조절등 원격제어 및 차량관리 해 주는 서비스
2) 주행과 관련한 자동차의 모든 정보를 모니터를 통해 파악하고 제어하는 자동차 토털 네트워크 시스템으로 MOST, CAN/LIN 등을 통칭하는 용어
3) DIS는 DVD, 내비게이션, 텔레매틱스, TV, 라디오, 앰프 등의 멀티미디어 기기와 도어, 시트, 윈도, 미러, 공조장치, 스티어링 휠, 트립 컴퓨터 등의 각종 전자제어 장치를 제어하는 기능을 가짐
4) 기능
   ① 차량 설정
   ② 부품교환 시기
   ③ 일정관리
   ④ 블루투스폰 또는 핸즈프리 연결
   ⑤ 공조장치(FATC) 조절
   ⑥ Rear 설정 : 후면 모니터 제어

33 앞좌석 프리 액티브 시트벨트(PSB, pre active seat belt)

1) 긴급 브레이크, 미끄러짐 등의 위험상황 감지시 시트벨트를 당겨 탑승자를 보호하고 급제동시에도 시트벨트를 되감아 운전자의 쏠림 현상을 예방하는 기능을 한다.

2) 기능

① 충돌직전 작동 : 긴급제동시, 차량제어기능 상실시, 충돌위험 감지시

② 주행보조 기능 : 급제동시 정방으로 상체가 썰릴 때, 선회시 좌우쏠림이 있을 때, 빙판길 감지시

③ 느슨함 제거 기능

④ 복원보조 기능 : 안전벨트 해제시 자동 되감기

부록

CHAPTER VI

최신 기출문제

63회차

2018년 상반기

01 후륜구동 차량에서 사용되는 슬립이음과 자재이음에 대해 설명하시오.

1) 슬립이음(slip joint) : 변속기 주축 뒤끝에 스플라인을 통하여 설치되며, 뒷차축의 상하운동에 따라 변속기와 종감속기어 사이에서 길이 변화를 수반하게 되는데 이때 추진축의 길이변화를 가능하도록 하기 위해 설치되어 있다.
2) 자재이음(universal joint) : 변속기와 종감속기어 사이의 구동각도 변화를 주는 장치이며, 종류에는 십자형 자재 이음, 플렉시블 이음, 볼 엔드 트러니언 자재이음, 등속도 자재이음 등이 있다.

02 싱크로메시(synchromesh) 기구의 구성요소 3가지를 쓰시오.

1) 싱크로너이저 허브(synchronizer hub)
2) 싱크로나이저 슬리브(synchronizer sleeve)
3) 싱크로나이저 링(synchronizer ring)
4) 싱크로나이저 키(synchronizer key)
5) 싱크로나이저 스프링(synchronizer spring)

03 실린더 배열에 따른 엔진의 종류 4가지를 쓰시오.

1) 직렬형 기관(in-line engine)
2) V형 기관(V-type engine)
3) 수평 대향형 기관(horizontal opposed engine)
4) 방사형 기관(radial engine)

04 자동차 보수도장에서 페더에지(feather edge)에 대하여 설명하시오.

패널 손상이 발생한 경우, 이 부분에 대한 보수도장 시 후속작업인 퍼티나 프라이머 서페이서 등의 도료와 부착력을 증진시키기 위하여 단위 표면적을 넓게 연마하여 단차를 없애는 작업을 말한다.

05 배전기 방식과 비교한 전자배전 점화 방식(DLI, distributer less ignition)의 장점에 대하여 4가지를 쓰시오.

1) 엔진의 속도에 관계없이 2차 전압이 안정된다.
2) 고전압 배전부품이 없기 때문에 배전 누전이 없다.
3) 실린더별 점화시기 제어가 가능하다.
4) 점화 진각폭에 대한 제한이 없어서 내구성이 크다.
5) 점화시기가 정확하고 점화성능이 우수하다.
6) 고전압이 감소되어도 유효에너지 감소가 없기 때문에 실화가 적다.
7) 배전기가 없기 때문에 전파 장해가 없어 다른 전자장치에도 유리하다.

06 오일쿨러의 파손으로 인한 자동변속기오일(ATF)이 우유색으로 변하고 있다. 변색되는 이유를 설명하시오.

1) 오염되지 않은 자동변속기오일의 원래 색상은 투명도 높은 붉은색이지만 이 오일에 수분이 다량으로 혼입되거나 냉각수가 혼입되면 우유색으로 변질될 수 있다.
2) 이럴 때는 라디에이터와 오일쿨러를 수리하고 오일을 교환한다.

07 수동 변속기에서 다이어프램 형식 클러치의 특징 4가지를 설명하시오.

1) 압력판에 작용하는 힘이 균일하다.
2) 스프링이 원판이기 때문에 평형이 좋다.
3) 클러치 페달 조작력이 작아도 된다.
4) 구조가 간단하고 조작이 간편하고 정확하다.
5) 클러치 디스크가 마모되어도 압력판에 가해지는 압력의 변화가 적다.
6) 고속운전에서 원심력에 의한 스프링의 장력 변화가 적다.

08 베이퍼라이저와 믹서에 적용되는 LPG와 비교되는 LPI 관련 연료장치 구성 부품 4가지를 쓰시오

1) 봄베에 내장형 연료펌프가 있다.
2) 특수 재질의 연료공급 파이프가 있다.
3) LPI용 고압 인젝터가 있다.
4) 연료압력을 조절하는 레귤레이터가 있다.
5) LPI 전용 ECU가 있다.

09 제동력 시험시 제동력을 판정하는 공식과 판정기준을 쓰시오. (단 시험차량은 최고속도가 120km/h 이고, 차량 총중량이 차량 중량의 1.8배이다.) 자동차 안전기준 명시사항은 아래와 같다.

1. 제동능력
   가. 최고속도가 매시 80km 이상이고 차량총중량이 차량중량의 1.2배 이하인 자동차의 각축의 제동력의 합 : 차량총중량의 50% 이상
   나. 최고속도가 매시 80km 미만이고 차량총중량이 차량중량의 1.5배 이하인 자동차의 각축의 제동력의 합 : 차량총중량의 40% 이상
   다. 기타의 자동차
      (1) 각축의 제동력의 합 : 차량중량의 50% 이상
      (2) 각축의 제동력 : 각 축중의 50% (다만, 뒷축의 경우에는 당해 축중의 20%)이상

2. 좌우 바퀴의 제동력의 차 : 당해 축중의 8% 이내

1) 문제의 조건이 120km/h 이므로, 위 안전기준의 '가'에 일부 만족하지만, 차량 총중량이 차량중량의 1.8배이므로 '가'와 '나'를 만족하지 못한다. 따라서 이 차량의 판정기준은 '다'에 해당한다.

2) 공식과 적합판정 기준

① 제동력의 총합 $= \frac{\text{전후좌우 제동력의 합}}{\text{차량총중량}} \times 100$ 50% 이상

② 앞바퀴 제동력의 총합 $= \frac{\text{앞바퀴 좌우 제동력의 합}}{\text{앞 축중}} \times 100$ 50% 이상

③ 뒷바퀴 제동력의 총합 $= \frac{\text{뒷바퀴 좌우 제동력의 합}}{\text{뒷 축중}} \times 100$ 20% 이상

④ 좌우 제동력의 편차 $= \frac{\text{큰쪽 제동력} - \text{작은쪽 제동력}}{\text{당해 축중}} \times 100$ 8% 이내

⑤ 주차브레이크 제동력 $= \frac{\text{뒷바퀴 좌우 제동력의 합}}{\text{차량총중량}} \times 100$ 20% 이상

10 자동차 보수도장의 강제 건조과정에서 도막의 건조 상태에 영향을 미치는 요인 4가지를 쓰시오.

1) 시너의 선택
2) 온도 분포
3) 세팅 타임
4) 건조(가열) 시간
5) 건조기 선택
6) 도막과 건조기와의 거리

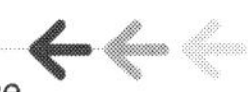

11 흡·배기 밸브가 클 때와 작을 때 연소에 미치는 영향을 설명하시오.

1) **밸브간극이 너무 크면**
① 정상운전 온도에서 밸브가 완전하게 열리지 못한다. (늦게 열리고 일찍 닫힌다.)
② 흡입 밸브 간극이 크면 흡입량 부족을 초래한다.
③ 배기 밸브 간극이 크면 배기의 불충분으로 기관이 과열된다.
④ 심한 소음이 나고 밸브기구에 충격을 준다.

2) **밸브간극이 너무 작으면**
① 일찍 열리고 늦게 닫혀 밸브 열림 기간이 길어진다.
② 블로다운으로 인하여 기관의 출력이 감소한다.
③ 흡입 밸브 간극이 작으면 역화(back fire) 및 실화(miss fire)가 발생한다.
④ 배기 밸브 간극이 작으면 후화(after fire)가 일어나기 쉽다.

12 엔진의 유압이 낮아지는 이유 3가지를 설명하시오.

1) 크랭크축 베어링의 과다 마멸로 오일간극이 커졌다.
2) 오일펌프의 마멸 또는 윤활회로에서 오일이 누출 된다.
3) 오일 팬의 오일량이 부족 하다.
4) 유압 조절 밸브 스프링 장력이 약하거나 파손되었다.
5) 오일이 연료 등으로 현저 하게 희석되었다.
6) 오일의 점도가 낮다.

13 입구제어 방식의 장·단점에 대하여 각각 2가지를 설명하시오.

1) **장점**
① 냉각수의 온도조절을 정밀하게 할 수 있다.
② 워밍업 시간이 단축된다.
③ 바이패스 파이프가 없어도 된다.

2) **단점**
① 냉각수 주입이 어렵다.
② 공기 빼기 작업이 어렵다.
③ 서모스탯 하우징 구조가 복잡하다.
④ 냉각수 통로 내 진공이 발생할 수 있다.

14 PNP형 파워 트랜지스터 기호를 보고 각각의 문제에 대하여 답하시오.

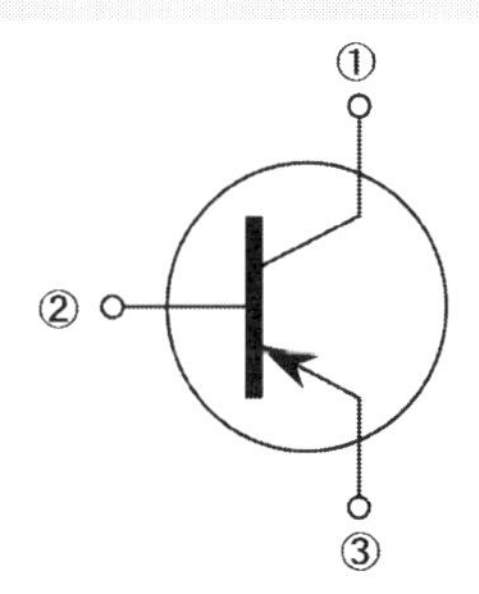

1) 파워 TR의 단자번호를 보고 해당 단자이름을 쓰시오.

① 컬렉터 (C)
② 베이스 (B)
③ 이미터 (E)

2) 전류의 흐름내용을 설명하시오.

① 소전류 : 이미터에서 베이스로 소전류 흐름
② 대전류 : 이미터에서 컬렉터로 대전류 흐름

64회차

2018년 하반기

01 에탁스(ETACS)에 연결되는 ON/OFF 스위치의 신호를 감지하는 방법 3가지를 쓰시오.

1) **풀업 전압**(pull-up) : 스위치 ON일 때 0V로 변화시키는 회로에 사용
2) **풀다운 전압**(pull-down) : 스위치 ON일 때 12V와 같은 전압을 인가해주는 회로에 사용
3) **스트로브 방식**(strobe method) : 평소에 펄스가 입력되다가 스위치 ON일 때 0V로 변화시키는 회로에 사용

02 브레이크 베이퍼록(vapor lock) 현상의 원인을 3가지를 쓰시오.

1) 긴 내리막길에서 과도한 브레이크를 사용하였다.
2) 브레이크 오일 변질에 의하여 비등점이 저하하였다.
3) 브레이크 드럼과 라이닝 끌림에 의하여 과열되었다.
4) 불량한 브레이크 오일을 사용하였다.
5) 마스터 실린더 및 브레이크슈 리턴 스프링의 쇠손으로 인하여 잔압이 저하하였다.

03 ECS 현가장치의 감쇠력 제어의 기능 및 방법에 대하여 쓰시오.

1) 기능

주행 조건이나 노면의 상태에 따라 쇽업소버의 감쇠력을 Super-soft, Soft, Medium, Hard의 4단계로 제어하여 쾌적한 승차감과 양호한 조향 안정성을 향상 시키는 기능을 한다.

2) 제어 방법

제어모드에 따라 쇽업소버 위쪽에 설치된 스텝모터의 구동에 의해 쇽업소버 내부로 연결된 컨트롤 로드가 회전하면서 오일 통로의 크기를 변화시켜 감쇠력을 제어한다.

04 차체 수정작업에서 센터라인 게이지(center line gauge)로 판단할 수 있는 프레임 손상 4가지를 쓰시오.

차량 프레임의 중심부를 측정함으로 프레임의 이상 상태를 진단하는 계측기로서 프레임의 상하, 좌우, 비틀림 변형을 측정할 수 있다.

1) 사이드 웨이(side way)
2) 새그(sag)
3) 트위스트(twist)
4) 다이아몬드(diamond)
5) 쇼트 레일(short rail)

05 도장에 있어서 가사시간(pot life)에 대하여 설명하시오.

1) 2액형 도료에서 주제와 경화제를 혼합한 후 도료가 굳지 않고 정상적으로 도장에 사용할 수 있는 한계시간을 말한다.
2) 가사시간을 초과하게 되면 젤리상태가 되고 분사도장을 할 수 없게 된다.
3) 도료의 종류 및 기온에 따라 차이가 있으나 우레탄 도료에서는 20℃ 상태에서 8~10시간이 일반적이다.

06 엔진출력이 현저히 저하될 때 분해정비 여부를 판단할 기준을 3가지 쓰시오.

1) **압축압력** : 규정 압축 압력의 70% 이하로 저하되는 경우
2) **윤활유 소비율** : 표준 윤활유 소비율의 50% 이상 증가하는 경우
3) **연료 소비율** : 표준 연료 소비율의 60% 이상 증가하는 경우

07 MAP센서 불량 시 엔진에 미치는 영향 3가지를 적으시오.

1) 흡입공기량 계측 어려움
2) 공연비 피드백 제어 어려움
3) 정확한 분사량 계산 어려움
3) 유해배출 가스 증가
4) 연료소비량 증가
5) 엔진의 출력 부족

08 오토라이트의 회로도에서 조도센서(CDS)의 저항과 트랜지스터 TR1, TR2의 ON/OFF 관계를 보고 아래 표에 마크하시오.

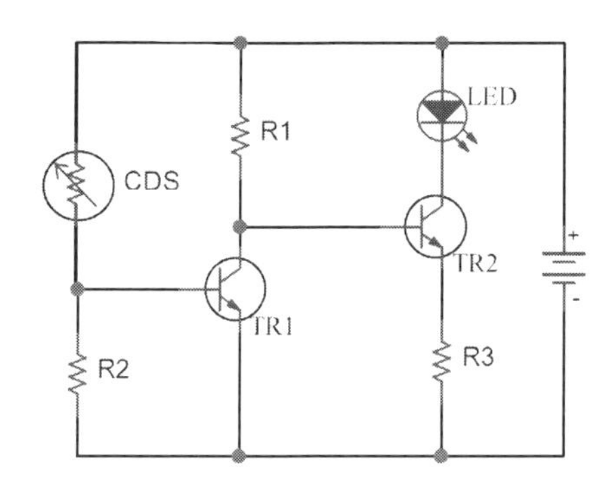

	CDS 센서 저항	TR1	TR2	LED ON/OFF
주간	□ 높음 / □ 낮음	□ ON / □ OFF	□ ON / □ OFF	□ ON / □ OFF
야간	□ 높음 / □ 낮음	□ ON / □ OFF	□ ON / □ OFF	□ ON / □ OFF

1) 주간에 CDS에 빛이 입사되면 센서의 저항이 낮아져서 저항 R2를 통하여 직렬회로가 구성된다. R2의 전압강하는 TR1의 베이스로 바이어스 전압이 걸리게 하고 TR1의 컬렉터에서 이미터로 전류가 흐르기 때문에 TR2의 베이스에 바이어스 전압이 걸리지 않아 LED가 소등된다.
2) 야간에 CDS에 빛이 없으면 센서의 저항이 높아져서 TR1의 베이스에 바이어스 전압이 걸리지 않아 OFF 되고, 저항 R1의 전압강하는 TR2의 베이스에 바이어스 전압을 공급하여 TR2의 컬렉터, 이미터와 R3로 전류가 흘러 LED가 점등된다.

	CDS 센서 저항	TR1	TR2	LED ON/OFF
주간	□ 높음 / ■ 낮음	■ ON / □ OFF	□ ON / ■ OFF	□ ON / ■ OFF
야간	■ 높음 / □ 낮음	□ ON / ■ OFF	■ ON / □ OFF	■ ON / □ OFF

09 보수도장의 스프레이 부스의 역할에 대하여 쓰시오.

1) 청결한 작업환경을 유지하여 먼지와 오물이 묻지 않도록 하여 도장 품질 향상을 도와준다.
2) 2액형 도료의 열처리를 도와 단단한 도막이 형성되도록 돕는다.
3) 도장 시 발생되는 도료 더스트나 분진 등을 필터를 통해 정화 후 외부로 방출 시킨다.

10 댐퍼 클러치(lock-up clutch)의 기능에 대한 설명으로 다음 빈칸에 알맞은 내용을 쓰시오.

댐퍼 클러치는 자동차의 주행속도가 일정 값에 도달하면 (①)의 펌프와 터빈을 기계적으로 (②) 시켜 (③)에 의한 손실을 최소화하여 정숙성을 도모하는 장치이다.

① 토크 컨버터 ② 직결 ③ 미끄러짐

11 다음 배출가스의 색깔에 따른 연소상태를 설명하시오.

1) 무색 : 정상 연소
2) 백색 : 연소실에서 엔진오일의 연소
3) 흑색 : 농후한 혼합기로 불완전연소
4) 엷은 황색 → 흑색 : 희박연소
5) 황색 → 흑색 : 노킹 연소

12 흡·배기 밸브 간극이 클 때 기관에 미치는 영향 3가지를 쓰시오.

1) 정상운전 온도에서 밸브가 늦게 열리고 일찍 닫히는 불완전 개폐가 발생한다.
2) 흡입 밸브 간극이 크면 흡입 열림 기간이 짧아 흡입 공기량이 작아 엔진 출력이 저하 된다.
3) 배기 밸브 간극이 크면 배기밸브의 열림 기간이 짧아서 배기량이 적어 신기 흡입량이 적어지면서 엔진이 과열 된다.
4) 로커암 이나 밸브 스템엔드 등의 밸브장치의 마멸이 증대되며 밸브 기구에 충격을 주면서 소음이 증가한다.

13 복선식 배선을 사용하는 이유에 대하여 설명하시오.

1) 일반적으로 자동차에는 단선식으로 배선을 하지만 전조등과 같이 비교적 큰 전류가 흐르는 회로에는 복선식 배선을 사용한다.
2) 이는 프레임 접지를 사용하는 단선식 배선 방식과 달리 접지도 전원선과 같이 접지선으로 함께 따라가서 회로를 구성하는 방식이다.
3) 접지 측에도 전선을 사용하기 때문에 접촉 불량이 적고 전류의 흐름이 안정적인 장점이 있다.

14 차량정비 작업 시 재사용하지 않고 신품으로 교체하는 부품 3가지를 쓰시오.

1) 오일실류
2) 오링류
3) 오일류
4) 필터류
5) 개스킷류
6) 분할핀
7) 플라스틱 너트
8) 록크 너트
9) 록크 와셔
10) 구동벨트류

15 크랭크각센서(CAS)가 불량일 때 나타날 수 있는 고장현상 5가지를 적으시오.

1) 갑자기 시동이 꺼짐
2) 냉간 또는 열간 시 시동 불가
3) 주행중 간헐적으로 충격
4) 출발 또는 급제동 시 충격
5) 주행성능 저하
6) 점화시기 불량
7) 공회전 불규칙
8) 엔진 회전속도 변화량 급변

65회차

2019년 상반기

01 자동차 감속 시 연료 컷의 목적을 2가지 적으시오.

1. 자동차 유해 배기가스 감소
2. 연비 향상 (연료 소비를 줄일 수 있다)
3. 엔진의 과열 방지 (감속시 연료 차단으로 엔진의 폭발을 억제하므로 엔진의 과열을 방지할 수 있다)

02 산소센서가 피드백하지 않는 이유 5가지를 적으시오.

1. 급 가속 시
2. 급 감속으로 인한 연료 차단 시
3. 산소센서 고장 시
4. 냉각수온도가 일정 온도 이하 시
5. 기관시동 후 연료 분사량 증량 시
6. 수온에 따른 연료의 증량 보정 제어 시

03 CVT 변속기에서 자체동력 손실 원인 3가지를 적으시오.

1. 자동변속기 오일의 누유
2. 무단 변속기 벨트와 풀리의 과도한 슬립
3. 토크 컨버터의 불량

04 배터리 화학식을 작성하시오.

	방 전	충 전
(+)	(1) $PbSO_4$	(2) PbO_2
(−)	(3) $PbSO_4$	(4) Pb
전해액	$2H_2O$	$2H_2SO_4$

05 삼원 촉매장치의 손상의 원인 5가지를 쓰시오. (외부 충격은 제외)

1. 무연 휘발유 전용 차량에 유연 가솔린을 사용하여 연소 시
2. 산소센서(공연비 센서, 람다 센서) 고장 시
3. 농후한 혼합비로 인한 HC 가스의 착화로 인한 폭발시
4. 과다한 엔진오일의 연소로 인한 삼원 촉매의 손상

06 자동변속기의 오일이 과열 또는 교환 주기가 지났을 때 변속기에 미치는 영향 3가지를 적으시오.

1. 각종 디스크 클러치의 슬립 및 마모를 촉진
2. 변속 시 변속 충격이 발생 된다.
3. 변속 시 변속 지연이 발생 된다.

07 차대번호를 보고 알 수 있는 정보 5가지를 적으시오.

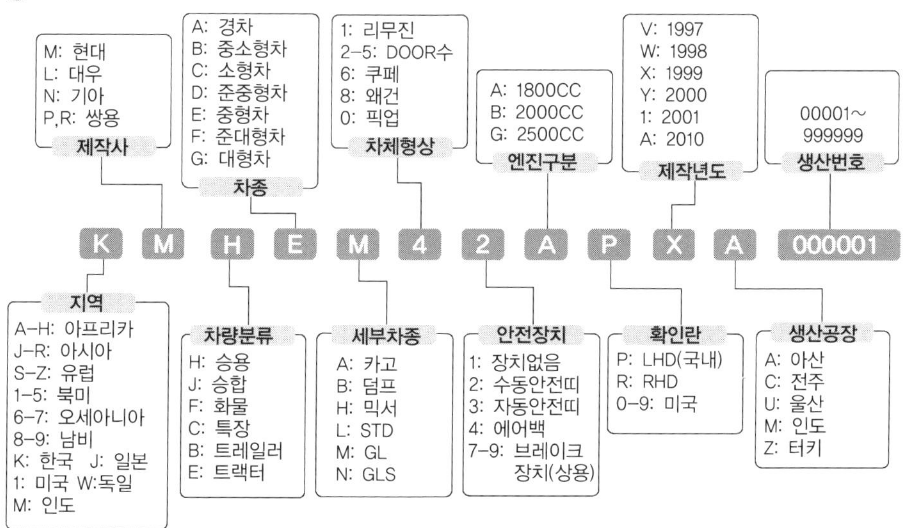

08 피스톤의 평균속도를 구하는 공식을 적으시오.

S(피스톤 평균 속도) = $\frac{LN}{30}$ or $\frac{2LN}{60}$ m/s

L : 행정의 길이 (m)

N : 엔진의 회전 수 (RPM)

09 홀센서, 피에조 효과, 펠티어 효과에 대하여 설명 하시오.

1. **홀센서 효과** : 자장 속에 반도체를 놓고 전류를 통하면 반도체의 단면에 전하가 발생하여 초전력이 생기는 현상. 조체에 전류를 흘리고 전류와 수직 방향으로 자계를 가하면 플레밍의 왼손법칙에 따라 전류와 자계 양쪽의 직각방향으로 로렌츠의 힘을 받아 하전 캐리어는 편향된다.

■ **홀센서** : 간단하게 설명해서 자기장을 감지하는 센서라고 할 수 있습니다. 홀센서를 이해하기 위해서는 홀효과(Hall-effect)에 대해서 이해를 해야 하는데요, 도체 또는 반도체 내부에 흐르는 전하의 이동방향에 수직한 방향으로 자기장을 가하게 되면, 금속 내부에 전하 흐름에 수직한 방향으로 전위차가 형성되게 되는데, 이러한 현상을 홀 현상이라고 합니다. 그리고 그렇게 형성되는 전위차를 홀 전압이라고 합니다.
홀센서는 홀효과를 적용하여 자기를 감지하는 센서입니다.
자성을 띈 물체(자석이나 전자석)가 다가오면 신호가 발생됩니다.

■ **홀센서의 응용분야**
홀센서는 BLDC 모터의 영구자석 위치를 검출하기 위한 센서로 사용되기도 하며, 차속 센서, 크랭크 각센서, 캠축 센서 등 자동차에도 많이 사용됩니다.
위치감지, 직류전류감지, 교류전류감지, 자장의 세기감지, 전류의 극성감지, 방향감지 회전체의 회선수 감지, 수위센서, 훼라이트 자장 세기를 감지하여 온도를 감지, 비접촉식 스위치

2. **피에조 효과** : 반도체 결정에 압력을 가하면 전기 저항이 변화하는 현상. 피에조 저항 효과에는 압력에 따라 금제대의 폭이 변화하고, 그에 수반하여 캐리어 농도가 변화하는 것에 따른 등방적인 것과 결정의 등 에너지면이 복잡한 형상을 사지고 있고, 전도 전자의 이동도에 방향성이 있으며, 적당한 방향으로 압력을 가하면 전자의 분포가 변화하는 데에 따른 이방적인 것이 있다. 피에조 압전 소자는 압전효과를 나타내는 물질(PZT 티탄산지르콘산연)을 이용한, 제어 시스템의 요소부품. 피에조 소자라고도 부른다. 용도로는 압전 액추에이터, 가속도 센서, 압력 센서 등이 있다. 대부분은 노크센서나 백소나(back sonar) 등의 소나, 액추에이터 등에 사용되는 압전효과를 가지는 소자이다.

3. **펠티어 효과** : 펠티어 현상은 서로 다른 2개의 반도체로 만든 회로에서 더욱 두드러진다. 전지 양끝에 2개의 동선을 연결하고 동선이 비스무트에 연결되어 있을 때 구리에서 비스무트 쪽으로 전류가 흐르는 접합부에서 온도가 올라가고 비스무트에서 구리 쪽으로 전류가 흐르는 접합부에서 온도가 내려간다. 이 현상은 1834년 프랑스의 물리학자인 장 샤를 아타나스 펠티에가 발견했는데 이것을 이용해 1960년대에 상업용 열전기 냉장고가 제작되었다

10 밸브 스프링의 서징 현상을 방지하는 스프링의 종류 3가지를 적으시오.

1. 2중 스프링의 사용　　2. 원추형 스프링 사용
3. 부등 피치 스프링 사용

11 차량 충돌 시 사고수리 손상부위를 레벨을 제외하고 3가지를 적으시오.

1. **센터라인**(center line) : 언더보디의 평행을 분석
2. **데이텀**(datum) : 언더보디의 상하 변형을 분석
3. **치수**(measeurment) : 보디의 원래 치수와 비교

12 엔진에서 흡입 체적 효율을 올리기 위한 방법 5가지를 적으시오.

1. 터보차져, 슈퍼 차져 사용　　2. 인터쿨러 사용
3. CVVT, CVVL, CVVD　　4. 가변 흡기 시스템
5. 텀블과 스월을 유도한다. 와류를 증가시킨다.

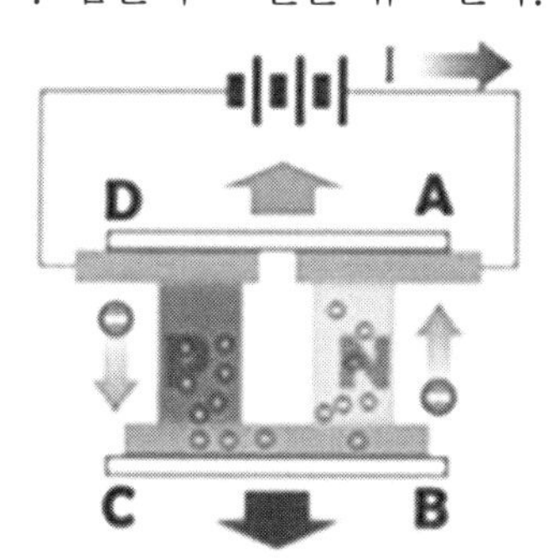

▲ 열전달 원리(Peltier effect)

1. Seeback effect와 반대의 개념
2. D접점에서 생성된 정공이 C접점으로 이동하면서 열을 실어 나르는 역할을 함
3. D-A플레이트는 지속적으로 차가워지며, C-B플레이트는 지속적으로 뜨거워짐.
4. 전루가 흐르는 방향을 바꾸면 정공의 흐름도 바꾸어, 열의 방출/흡수 연도 바뀜

13 다음 안료에 대한 설명이다. 물음에 대하여 답하시오.

무기안료는 (광물성)안료 라고도 불리우며 내후성, 내약품성에는 강하나 색상에는 미흡하다.

화학적으로 무기질인 안료를 가리키는데 천연광물 그대로 또는 천연광물을 가공, 분쇄하여 만드는 것과 아연, 타이타늄, 납, 철, 구리, 크로뮴 등의 금속 화합물을 원료로 하여 만드는 것이 있다. 유기안료에 비해 내광성, 내열성이 양호하고 유기용제에 녹지 않으며 도료, 인쇄잉크 등의 원료로 사용된다.

광물성 안료라고도 한다. 천연광물 그대로 만드는 것, 천연광물을 가공, 분쇄하여 만드는 것, 아연, 타이타늄, 납, 철, 구리, 크로뮴, 등의 금속화합물을 원료로 하여 만드는 것이 있다. 유기안료에 비해 일반적으로 불투명하고 농도도 불충분하지만, 내광성과 내열성이 좋고 유기용제에 녹지 않는다. 또 가격이 저렴하고 사용량도 많다.

14 흡배기 밸브가 작동 시 캠의 각부의 명칭 3가지를 적으시오.

1. 노우즈
2. 플랭크
3. 양정
4. 기초원
5. 캠 높이

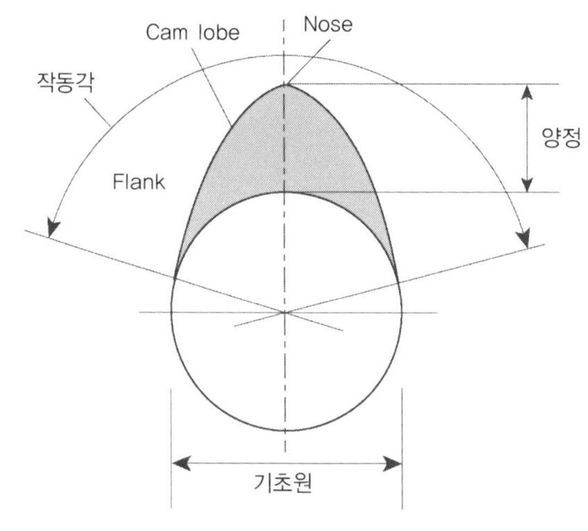

○ 캠의 접촉면 (Flank)
: 침탄처리, 고주파 열처리
○ Nose : 캠의 정상 지점
○ Cam lobe : 캠의 돌기부
○ Cam profile : lobe의 단면형상
○ Lift : 기초원과 노즈원의 거리
OHV형은 6.5~8.5 mm,
OHC형은 6.1~6.5 mm

▲ 캠의 명칭

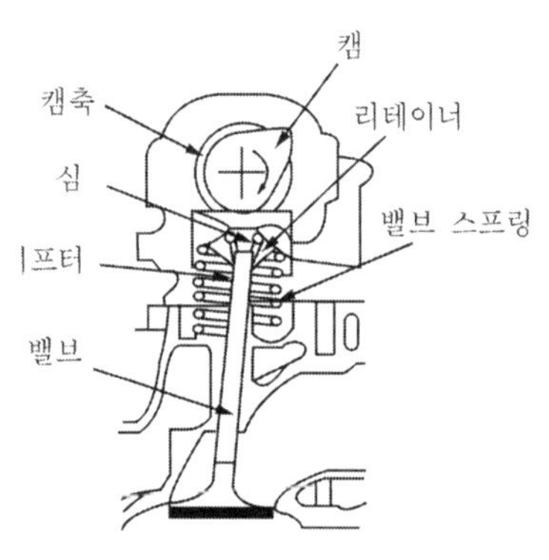

(a) OHC형(직접구동방식)

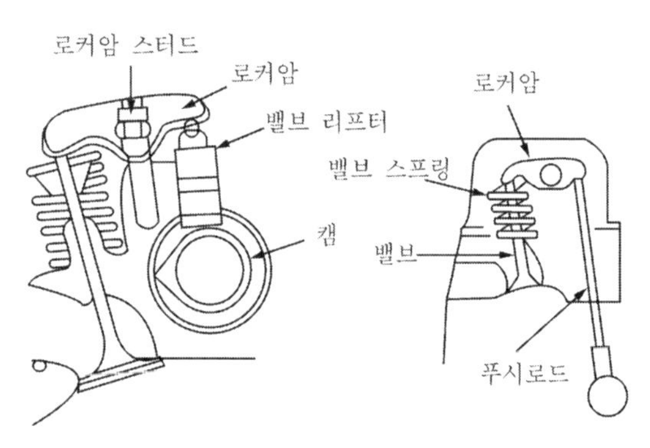

(b) OHC형(로커암방식) (c) OHV형(푸시로드방식)

2019년 하반기

01 다음 AND 회로의 논리진표에 맞는 것을 적으시오. (3점)

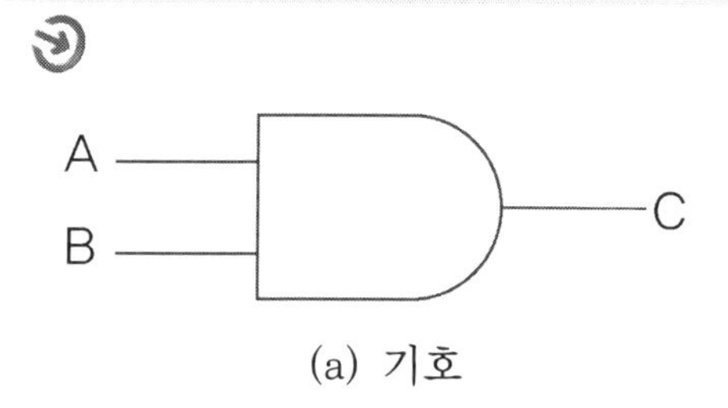

(a) 기호

입 력		출 력
A	B	C
0	0	0
0	1	0
1	0	0
1	1	1

(b) 진리표

A	B	C
1	1	(1)
0	1	(0)
1	0	(0)
0	0	(0)

(b) 진리표

02 VDC 입력요소 4가지를 적으시오. (4점)

1. 조향휠 각속도센서
2. 브레이크 마스터실린더 압력센서
3. 요레이트 센서 값
4. 휠 가속도센서 값
5. 휠 스피드센서 값
6. APS 악셀레이터 위치센서 값
7. 브레이크 S/W
8. TCS S/W

03 다음 중 엔진의 냉각수가 과열이 되는 원인 5가지를 적으시오. (4점)

1. 냉각수의 부족
2. 수온조절기 닫힌 상태로 고장
3. 라디에이터의 막힘
4. 라디에이터 냉각팬 고장
5. 라디에이터 캡 불량, 호스 누스, 실린더 헤드 가스켓 파손, 실린더 및 블록 균열
6. 실린더 헤드 볼트의 조임 불량 등
7. 엔진의 노킹 현상 발생
8. 팬벨트 유격 과다, 팬벨트가 끊어짐
9. 엔진오일이 부족하거나 없을 경우
10. 냉각 장치 워터 재킷에 물때가 많을 경우

04 타이어의 히트 세퍼레이트(The heat seperation)의 원인 3가지를 쓰시오. (3점)

공기압과 하중이 적당하여도 여름철에 장시간 고속 주행하면 타이어 내부의 발열이 급격히 상승하여 속도가 증가할수록 온도가 올라가고 트레드 고무와 코크스 간의 항력이 적어지고 결국은 고무가 분리되는 현상을 일으키거나 심한 경우에는 녹아서 타이어가 파열되기도 한다.

▪ **원인**

○ 여름철 장시간 고속 주행
○ 코드 층간 접착력 불량
○ 타이어의 압력 과소
○ 과대한 적재하중

05 프라이머서페이서 기능 3가지를 적으시오. (3점)

요구 조건 : 방청효과가 있고 부착력이 있는 동시에 연마성, 평활성(平滑性)도 우수해야 한다.
래커계, 우레탄계, 합성수지계, 에폭시계, 열경화성 아미노 알키드 프라이머 서피서등의 종류가 있다.

▪ **프라이머 서페이서의 기능**

○ 방청효과
○ 부착력
○ 실링
○ 메꿈 기능

06 기동전동기 회전이 느린 원인 3가지를 적으시오. (3점)

1. 배터리 충전 불량
2. 전기자 축의 휨
3. 플라이 휠의 링기어와 모터 피니언 거어의 물림 불량
4. 기동전동기 B단자와 배터리 단자의 불량
5. 접지 불량
6. 정류자와 브러시 마멸
7. 프런트 커버 리어 커버의 부시 마멸
8. 전기자의 단락
9. 필드 코일 접지 불량

07 프레임 수정기 종류 3가지 (3점)

1. 이동식 프레임 수정기
2. 폴식 보디 프레임 수정기
3. 정치식 보디 프레임 수정기
4. 바닥식 보디 프레임 수정기

■ **프레임 측정기**

○ 트램 게이지 : 차량의 기준 점간 거리 및 대각선 길이비교를 통한 차체 변형 측정기

○ 센터링 게이지 : 프레임의 수평 상태를 살펴보는 게이지

○ 줄자 : 거리 측정

08 IQA 인젝터 장점 3가지를 적으시오. (3점)

IQA(injector quantity adaptation)의 약자이며 초기 생산 신품의 인젝터를 전부화, 부분 아이들 파일석 분사구간 등 운전영역에서 분사된 유량을 측정하여 이것을 데이터 베이스화 한 인젝터이다. 이것을 생산라인에서 데이터 베이스의 정보를 엔진 ECU에 저장하여 엔젝터 별 분사시간 보정 및 기통간 분사량 편차를 감소시킬 수 있게 한 인젝터이다.

■ **장점**

○ 실린더별 분사연료량의 편차를 줄여 엔진의 정숙성을 향상 시킨다.

○ 배기가스 규제 대응에 용이하다.

○ 최적의 연료 분사 제어가 가능하다.

○ 연료량 학습이 가능하다.

09 삼원촉매 장치 화학반응식

가솔린은 탄소와 수소의 화합물인 탄화수소이므로 완전 연소하였을 때 탄소는 무해성 가스인 이산화탄소로, 수소는 수증기로 변화한다.

$C + O_2 = CO_2$ ---------- ①

$2H_2 + O_2 = 2H_2O$ ---------- ②

그러나 실린더 내에 산소의 공급이 부족한 상태로 연소하면 불완전 연소를 일으켜 일산화탄소가 발생한다.

$2C + O_2 = 2CO$ ---------- ③

$2CO + O_2 = 2CO_2$ ---------- ④

따라서 배출되는 일산화탄소의 양은 공급되는 공연비의 비율에 좌우하므로 일산화탄소 발생을 감소시키려면 희박한 혼합 가스를 공급하여야 한다. 그러나 혼합 가스가 희박하면 엔진의 출력 저하 및 실화의 원인이 된다.

○ **산화작용 화학반응식**

① $CO - \frac{1}{2}O_2 = CO_2$

② $mHC - \frac{5}{4}O_2 \rightarrow H_2O - mCO_2$

○ **환원작용 화학반응식**

$NOx + N_2H_4 \rightarrow N_2 + 2H_2O$

10 자동차 배터리의 설페이션 원인 4가지 (4점)

설페이션은 축전지 극판이 황산납으로 결체가 되는 것으로 축전지를 방전 상태로 장기간 방치하면 극판이 불활성 물질로 덮이는 현상을 말한다.

[발생 원인]

○ 과방전 하였을 경우
○ 장기간 방전 상태로 방치하였을 경우
○ 전해액의 비중이 너무 낮을 경우
○ 전해액의 부족으로 극판이 노출되었을 경우
○ 전해액에 불순물이 혼입되었을 경우
○ 불충분한 충전을 반복하였을 경우 등이다.

11 실린더 배열 별 엔진의 종류4가지를 적으시오. (4점)

1. 수평 대향형 엔진
2. 직렬형 엔진
3. V형 엔진
4. 성형 엔진
5. W형 엔진

12 레졸버 보정시기 (3점)

■ 레졸버 정의

레졸버는 모터 회전자의 위치를 측정하기 위한 센서입니다. 레졸버는 엔코더에 비해 기계적 강도가 높고 내구성이 우수하여 전기자동차, 로봇, 항공, 군사기기 등 고성능, 고정밀 구동이 필요한 분야에서 구동모터의 위치 센서로 쓰이고 있습니다. 특히, 영구자석 전동기(PMSM : Permanent Maganet Synchronous Motor)의 경우 절대 위치 검출을 통해 모터를 구동시켜야 하기 때문에 레졸버 보정이 필수적입니다.

■ 레졸버 보정 시기

○ 하이브리드 모터 교환 시
○ 하이브리드 자동변속기 교환 시
○ 하이브리드 엔진 교환 시
○ 엑셀 페달을 기동 시 출력 부족한 경우
○ ECU 업데이트 시

13 리미팅 밸브작동 (2점)

리미팅 밸브(limiting valve)

급제동시 발생한 과대한 마스터실린더의 유압을 뒷바퀴쪽에 전달되는 것을 차단하여 뒷바퀴가 잠기는 현상을 방지하고 제동안정성을 유지하는 밸브이다.

14 모노코크보디 변형 3가지. (3점)

1. 상하 굽음(Sag)
2. 좌우 굽음(Sway)
3. 비틀림(Twist)

15 와류종류 3개를 적고 설명하시오. (3점)

1. **스월**(Swirl) : 흡입공기가 실린더로 들어올 때 실린더의 원주 방향(수평방향)의 회전 와류 현상
2. **텀블**(Tumble) : 흡입공기가 피스톤헤드의 흡입에 의해 위 아래 방향(수직방향)의 회전 와류 현상
3. **스퀴시**(Squish) : 압축 상사점 부근에서 연소실벽과 피스톤 윗면과의 압축에 의해 생성되는 와류 현상

최신개정판

자동차 정비기능장 필답형 실기

제1판 발행 | 2017년 03월 15일
전면개정발행 | 2018년 03월 20일
개정2판3쇄발행 | 2023년 08월 10일

지 은 이 | 김인태
발 행 인 | 김길현
발 행 처 | (주)골든벨
등 록 | 제 1987-000018 호 Ⓒ 2017 Golden Bell
I S B N | 979-11-5806-221-7
가 격 | 25,000원

이 책을 만든 사람들

교 정 및 교 열 | 이상호
제 작 진 행 | 최병석
오 프 마 케 팅 | 우병춘, 이대권, 이강연
회 계 관 리 | 김경아
본 문 디 자 인 | 조경미, 박은경, 권정숙
웹 매 니 지 먼 트 | 안재명, 김경희
공 급 관 리 | 오민석, 정복순, 김봉식

㊅ 04316 서울특별시 용산구 245(원효로1가 53-1) 골든벨빌딩 5~6F
• TEL : 도서 주문 및 발송 02-713-4135 / 회계 경리 02-713-4137
내용 관련 문의 02-713-7452 / 해외 오퍼 및 광고 02-713-7453
• FAX : 02-718-5510 • http : // www.gbbook.co.kr • E-mail : 7134135@ naver.com